LOUIS I. KAHN AND
THE AMERICAN URBANISM

소통의 도시

루이스 칸과 미국현대도시건축

서정일 지음

소통의 도시

루이스 칸과 미국현대도시건축

심원문화사업회

이사장 이태규

사무장 신정환

1판 1쇄 2011년 6월 24일

지은이 서정일

발행인 김기현

발행처 시공문화사

등 록 1993년 3월 12일

주 소 서울시 서대문구 현저동 200 극동빌딩 5층(120-796)

전 화 02) 3147-1212, 2323, 737-3930

전 송 02) 3147-2626

ISBN 978-89-5592-189-4

http://www.spacetime.co.kr spacetime@korea.com

편 집 이순학

인 쇄 예림인쇄사

제 본 문종문화사

용 지 대림지업(주)

정가 15,000원

소통의 도시

루이스 칸과

미국현대도시건축

〈심원건축학술상〉 제2회 당선작

심원문화사업회가 주최하는 〈심원건축학술상〉은 건축 역사와 이론, 건축미학과 비평 분야의 전도유망한 신진학자 및 연구자를 발굴하여 저작을 지원하는 프로그램으로서 2008년에 제정되었다. 1년 이내 단행본으로 출판이 가능한 완성된 연구 성과물로서 세상에 발표되지 않은 원고를 응모 받아 그 중 매년 1편의 당선작을 선정하며, 당선작에 대하여는 단행본 출간과 저술지원비를 후원한다.

심원건축학술상 운영위원회

소통의 도시

루이스 칸과

미국현대도시건축

Spacetime

감사의 글

이 책이 나오기까지 많은 분들의 귀한 도움을 받았습니다.출판을 추천해 주신 배형민, 전봉희, 안창모, 전진삼 선생님, 심원문화사업회의 이태규 이사장님, 신정환 사무장님께 감사드립니다. 연구과정에서 김광현 교수님을 비롯한 국내 여러 학자분들의 선구적이고 진지한 학문적 관심과 노력에 크게 힘입었습니다. 김진균, 심우갑, 이상헌, 이영범, 김형준, 안웅희, 오광석, 전영훈, 백진, 송하엽 교수님께 특히 감사드립니다. 미국 펜실베이니아대학교 건축아카이브의 컨버스Julia Moore Converse 여사, 휘터커William Whitalker 소장, 낸시 손Nancy Thorne 같은 스탭들의 자상한 도움 없이는 연구가 불가능했습니다. 또한, 이 대학교의 브라운리David Brownlee교수님의 활기차고 자상한 지도, 드 롱 David De Long, 골드하겐Sarah Goldhagen 교수의 훌륭한 선행연구와 조언, 베즐리Dalibor Vesely교수의 격려와 경이로운 학문, 이 모든 분들로부터 그분들이 짐작할 것보다 훨씬 더 큰 영감을 받았기에 깊이 감사드립니다. 이종혁, 전보경, 김민준, 신은기, 김주영, 김춘호, 최순섭, 박은우, 권현아, 김승범, 홍지학의 우정어린 도움에 감사합니다. 건축가 정기용 선생님께서 베풀어 주신 풍부한 영감과 가르침이 이 책에 스며 있길 소망합니다. 김남두 교수님, 그리고 안재원 선생님을 비롯한 서울대학교 인문학연구원의 동료학자들의 격려 또한 감사했습니다. 사랑하는 부모님, 아내와 아들 '제현' 에게 책을 바칩니다.

들어가며

'소통의 부재.' 오늘날 사회 각 계층 간의 소통이 중요한 화두이고 또한 사회적 과제다. 이에 더해서 우리와 도시환경간의 소통 또한 중요한 문제다. 주변의 도시건축물들로부터 흔히 느끼게 되는 정신적 빈곤과 혼란을 '소통의 부재' 라는 말만큼 잘 대변하는 말이 있을까? 하루가 다르게 도시에 들어서는 아파트, 오피스빌딩, 공공건물에서 우리는 불만족스럽고 불쾌할 뿐 아니라, 거기 깃든 의미도 찾기 힘들거나 공감하기 어려운 것이 다반사다. 무의미함을 넘어 우리를 숨막히게까지 하는 그 '비인간적인' 건물들 대신 우리는 아름답고 예술적인 건축물을 요청하지만, 말이 쉽지 해답이 결코 간단하지 않다. 화려하거나 세련되지만 공감되지 않고 난해한 건물들이 어디 한 둘인가? 건축가들조차 서로 공통의 기반을 만들기보다는 서로의 디자인에 차이를 만드는 데에 더 열중하다 보면 그들끼리도 몰이해가 판치는 것이 오늘의 실정이다. 그나마 '소통가능한' 역사적 건물과 자연환경도 도시의 개조과정에서 힘없이 파괴되어 사라질 때 도시는 통제불가능한 '거대한 흰고래' 처럼 누렵고 신비한 존재로 간주되기도 한다. 문제의 원인을 알고도 해결하기 어려운데 문제파악조차 모호하다면, 함께 대안을 찾는 일은 더욱 힘든 것이 당연하다.

이런 난처하고 난해한 오늘날 한국뿐 아니라 세계 도처에서 마찬가지다. 진정한 해결의 실마리가 될 수 있는 한 가지 분명한 사실은 이 어려운 상황도 모두 역사적 산물이란 점이다. 20세기 들어 이런 현대도시의 병리적 현상을 가장 가속화하고 널리 퍼뜨린 대표적 진앙지는 미국도시였다. 이차대전 이후 미국에서는 1940년대와 50년대에 문명사에서 유례없는 막대한 도시개조사업을 벌였고 그 결과물인 도시환경에 대해 그들은 일찍부터 위에서 열거한 것과 같은 복잡한 실망감과 위기감에 처했다. 이 문제를 해결하기 위해 전문가들의 반성이 이어졌고, 특히 1950년대 후반에 전문가들은 고민을 공유하면서 각종 대안을 활발히 모색했다. 그 당시의 집단적 노력에 견줄만한 것이 지금까지도 찾아보기 힘들 정도이지만 똑같은 곤경은 지금도 거듭되고 있으니 결국 실패한 셈이다. 그 좌절의 역사의 원인에 대해서는 다양한 설명이 가능할 것이다. 한 가지 분명한 점은 당시에도 전문가들이 문제를 이해하는 방식이 저마다 너무도 다양해서 애당초 뜻이 잘 모아지기 어려웠고 공동의 해결이 쉽지 않았다는 점이다.

당시 미국의 도시건축전문가들이 다같이 즐겨 쓴 말도 바로 '소통' 이었다. 그런데 따지고 보면 그 소통이란 말에는 몇 가지로 정리되기 어려운 다양한 내용이 실릴 수 있었다. 사람과 사람간에, 사람과 건물간에, 건물과 건물간의 관계에 대해 어떤 부분에 초점을 맞추고 어떤 대안을 떠올리느냐에 따라 제각각 소통을 다르게 규정했던 것이다. 또한 소통과 결부되어 모두들 집착하듯이 되물은 질문은 도시의 질서가 무엇인가 하는 것이었다. 도시환경의 질서가 부족하다는 진단이었고, 따라서 질서가 새로 부여되어야 원하는 소통이 가능하다고 그들은 간주했다. 물론 도시의 질서에 대한 답도 너무나 다양했다. 이 책은 1장에서 필라델피아의 전문가들을 중심으로 삼아 그들이 바로 이런 소통과 질서의 물음에 대해 어떻게 답했는지를 살펴보면서 시작한다. 필라델피아는 20세기 중반 미국도시개조사업을 가장 활발하게 펼쳤던 도시 가운데 하나였고 또한 쟁쟁한 전문가들이 한 때 모여있던 곳이다. 이곳에서 루이스 멈퍼드, 에드먼드 베이컨을 위시한 여러 도시건축전문가들은 자신의 생각들을 고도로 가다듬고 서로 논의하고 있었고 때론 심각한 의견대립과 갈등을 드러냈다. 만일 우리가 아직도 이들의 입장을 명확히 가늠하고 비판할 수 있는 기준과 판단능력이 없다면 우리는 반세기전의 그들의 생산적인 논의로부터 결코 몇 발 자국 못 나간 셈이다. 이제 역사의 거울 앞에 그 당시의 생각들을 다시 비춰 본다면, 무엇이 진실된 반성이고 무엇이 허구인지가 조금씩 드러난다. 이와 더불어 우리가 지금 따르고 있는 건축과 도시의 조성방식들이 진정한 반성적 내용에 입각해 있는지 아니면 도구에 불과한 것인지도 함께 더 선명한 모습을 보여 줄 수 있다. 바로 이 때문에 그 논의를 다시 살펴볼 가치가 있다.

필라델피아의 그 인물들 가운데에는 우리가 이 책에서 중심적으로 다룰 건축가 루이스 칸이 있었다. 그도 당시 도시의 소통과 질서에 대한 자신의 고유한 입장을 견지했고 진지하게 발전시켰다. 무엇보다 그는 건축가로서 중요한 창작물을 제시했다. 지금까지 한국인들에게는 물론 미국과 세계의 건축가들에게 이 건축가는 주로 그의 기념비적인 개별 건축물들을 통해 알려져 있었다. 그가 미국도시의 문제, 나아가 타 문명권의 현대도시가 당면한 문제들을 고민했다는 사실은, 너무도 이상하게도, 잘 알려져 있지 않다. 오히려 신비한 예술 언어 속으로 숨은 고독한 예술가의 초상만 만연해 있다. 사실 그는 자신의 예술을 통해 도시를 위한 힘든 분투를 벌였고 시대의 담론 속에 적극 뛰어든 건축가였다. 몇몇 학자들이 칸 건축이 지닌 도시적, 사회적 가치에 대해 관심을 가지고 바라봤지만, 이제 건축가로 성장하는 초창기부터 그가 도시를 위해 뛰어든 긴 분투를 역사적 맥락에서 본격적으로 다 살펴 보자면 책 한 권을 더 써야 할 지도 모를 정도다.

이 책에서 나는 60년대 이후 달라진 미국의 도시건축의 현실과 논의과정에서 루이스 칸이 어떤 입장에서 도시를 바라봤을지 더 풍부하게 드러내고 싶었고, 더 중요하게는, 작품을 통해 그가 어떤 제안을 펼쳤을지를 드러내고 싶었다. 2장에서는 그가 도시에서의 소통을 어떻게 바라봤고 건축과 도시의 질서를 어떻게 파악했는지 그의 생각을 살펴볼 것이다. 더불어 그가 당시 도시사상들로부터 무엇을 적극 배웠는지, 또는 무엇을 반대했는지에 대해 접근해 볼 것이다. 3장에서는 60년대에 접어들며 미국에서 가장 중요했던 대표적 도시건축사업을 예로 들어 당시의 일반적 건축경향에 견주어 칸의 건축을 살펴 볼 것이다. 4장부터는 대부분 실현되지 못한 칸의 주요 도시건축작품들을 다룬다. 4장에서는 필라델피아 마스터플랜을, 5, 6장에서는 뉴욕과 캔자스시티에서의 고층건물 디자인을, 7장에서는 볼티모어 내항계획을, 그리고 8장에서는 이백주년 기념사업에서 칸과 필라델피아의 동료건축가들이 했던 협업을 살펴 볼 것이다. 마지막으로 9장은 이란의 테헤란을 위해 칸이 마지막으로 도모했던 도시의 꿈과 에피소드를 살펴볼 것이다. 이 모든 것을 살펴보기 위해서는 지금도 빛 바랜 도면과 스케치들 사이에서 생생히 남아있는 한 건축가의 정신을 다시 찬찬히 불러 내야 한다.

일러두기

1. 인명, 지명, 기관명은 국립국어연구원의 외래어표기법에 따랐다. 본문에는 원어를 병기하지 않되 내용의 이해를 위해 원어병기가 필요하다고 판단한 경우 해당 단어가 처음 등장할 때 병기했다. 국내외적으로 본문의 인명은 처음 표기할 때의 경우 성과 이름을 다 밝혔고 이후는 예외적인 경우를 제외하고는 이름을 생략하고 성만 썼다. 인명과 지명의 원어는 색인에 밝혔다. 인명은 가급적 원어에서 띄어 쓴 대로 한글로 표기했고, 지명과 기관명은 불가피한 경우가 아니면 모두 붙여 적었다.
2. 미국 도량형 표기를 우선하여 싣고 꺾쇠 [ ] 안에 우리나라에서 통용되는 도량형 표기를 병기했다.
3. 인용문 등에서 꺾쇠 [ ] 안의 내용은 이해를 돕기 위해 저자가 추가한 것이다.

목차

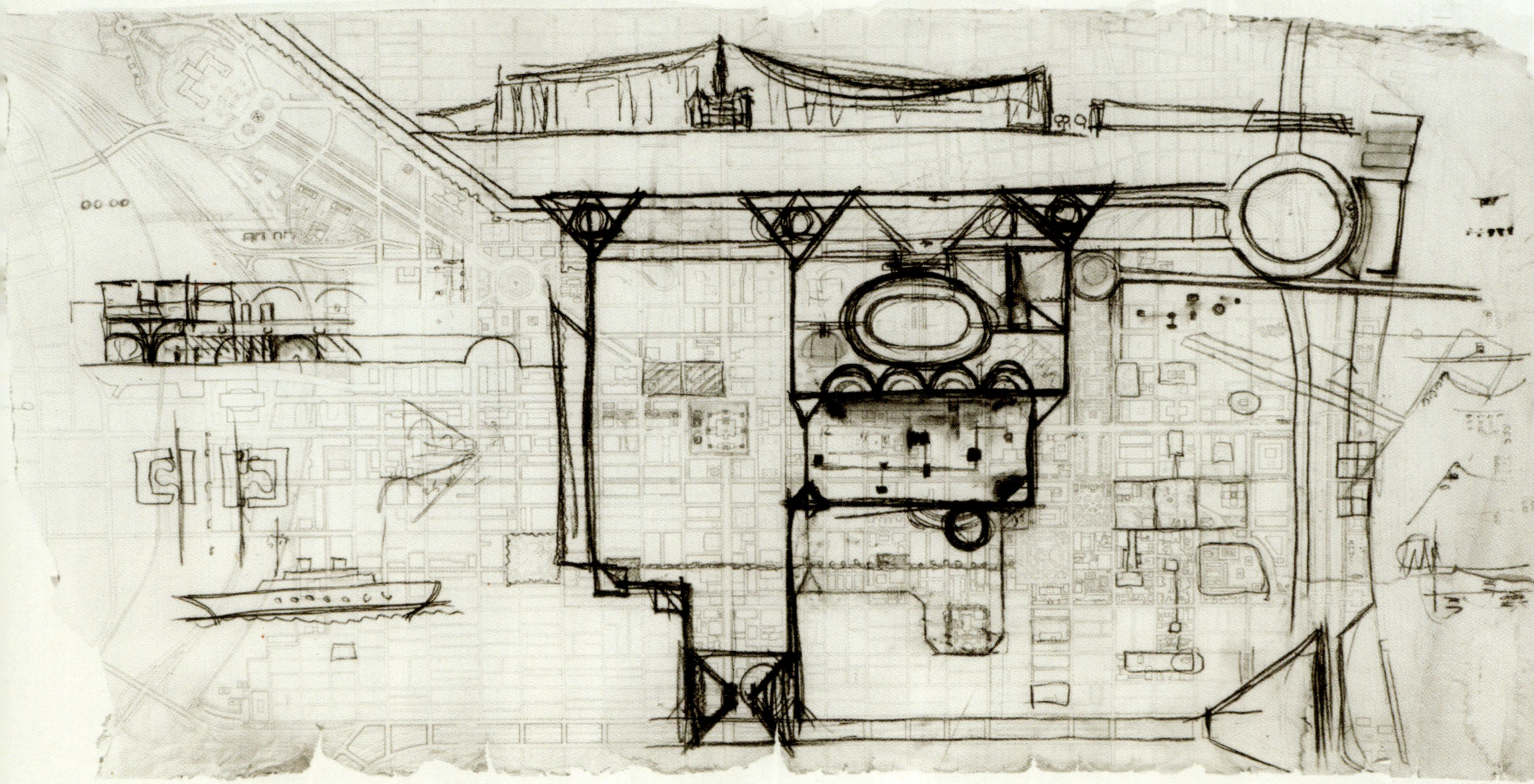

1-1 루이스 칸, 고가건축(Viaduct Architecture) 계획(1959–62)

1

미국현대도시건축과 필라델피아

20세기 후반 미국에서는 당대 도시환경에 대한 사회적 불만과 변화의 요청이 드높아지고 있었다. 이에 대응하여 1950, 60년대에 걸쳐 전문적인 논의가 활발하게 진행되었고 그 결과 다양한 이론들이 형성됐다. 여기서 다룬 핵심 주제 가운데 주목할 만한 것으로는 도시환경과 인간의 소통 문제가 있었는데,[1] 오늘날 그 이론적 성과는 충분히 잘 평가되어 있지 않다. 그나마 당시 케빈 린치 등이 발전시킨 도시형태이론이 주목받았고 지금도 종종 참조되지만, 이에 대한 평가는 모순적이다. 즉, 이런 주제의 연구로는 선구적이며 지금까지 그만한 연구가 없다는 호평이 있는가 하면, 반대로 그것은 자본주의도시의 발전과정에 무의미한 시도일 뿐 '낡은 유토피아를 추구하는 시도' 였다는 부정적인 평가도 있다.[2]

소통 문제가 언제부터 진지하게 다뤄졌는지 거슬러 올라가다 보면, 1940년대 무렵 폴 주커와 기디온 같은 인물들의 주장과 만나게 된다.[3] 이들은 건축분야의 새 과제에서 개인이 아닌 사회적 차원을 우선시해야 하며 특히 도시적 관점에서 새로운 건축표현을 모색하자고 주장했는데, 그 내용에서 이후 발전된 소통 논의와 밀접한 연관성을 찾아볼 수 있다. 폴 주커의 경우, 그는 건축표현을 사회통합 차원에서 고려해야하며 이 과제가 20세기 초 양식 · 미적 표현 · 기능 해결 등의 문제보다 더 시급하고 포괄적인 과제라고 주장했다.[4] 그는 이 맥락에서 기능주의를 극복하고 인간적 감정을 표현하는 건축을 요청했다.

> 다양한 성격의 인간 가치가 요구되는 건축유형, 즉, 개인주택 · 주거지 · 공공건물 등에서 기능주의는 실패했다. 기능적 진실을 넘어 진정한 양식이 될 설득력 있는 형태를 만들려면, 인간 감정을 표현해야 한다. 예술은 사실을 말하는 것만이 아니라 사실을 고귀하게 만든다.[5]

그는 '창조적 개별성' 의 감성적 효과를 지향하되 이 개별성에 질서를 부여해야 한다고 주장했고, 이에 덧붙여, 질서 부여 수단으로 도시계획을 지목했다. 도시계획은 그것이 교조적이지 않을 경우라면 도시환경을 제어하는 데 있어서 여전히 유효하다는 입장이었다. 같은 시기, 건축역사가 기디언이 이끄는 근대운동진영도 주커의 주장과 맥을 같이 했다. 기디언은 레제 · 서트 · 랑거 · 사리넨 · 임스 · 제켄도르프 · 미스 등과 함께 건축디자인에서 '감흥적 효과' 를 창출하는 과제를 제시하고 이른바 '현대적 기념비성' 논의를 이끌었다.[6] 이들은 건축디자인에서 감성표현이 보완돼야 한다는 점, 이것을 도시계획에 대한 새로운 접근방법에 통합시켜야 한다는 점에 동의했다.

이후 미국의 도시재개발이 본격화된 1950년대의 도시건축담론은 개량이념에 갇혀있었고, 도시설계에서 이론의 역할은 제한적이고 모호했다는 관찰이 있다.[7] 당시 도시 엘리트들이 경제적 이윤과 '상업적 실용주의' 를 추구한 데 비해, 건축 · 도시분야의 전문가들은 도시환경의 위기를 기정사실로 보면서 그 원인을 주로 '미적 · 문화적 가치의 위기' 로 봤고 그 대안으로 도시설계에서 예술적 자율성을 강조하기 시작했다. 논의가 비정치적인 틀 안에서 이루어지면서 건축도시 전문분야는 폐쇄적으로 변해 가고 있었고, 도시문제를 논의하기 위해 쓴 용어와 전제가, 정치적 영향을 배제한 기술적 · 조직적 수단에 국한됐다. 문제들을 '인간주의' 의 가치로 극복할 수 있다고 믿기 시작했다.[8]

1958년 도시설계비평 컨퍼런스

1960년대까지도 미국의 도시설계분야에서 명확한 목표나 주도적인 이론을 찾아보기 힘들었다. 이는 역사적 사실을 몇 가지 사례로 확인해 볼 수 있다. 우선, 1958년 도시설계비평 컨퍼런스는 펜실베이니아대학교가 주최하고 록펠러재단이 후원하여 도시설계비평의 양과 질을 높이려는 목적에서 열렸다. 참가자는 미국의 주요 건축가들과 루이스 멈퍼드, 캐서린 바우어, 케빈 린치, 제인 제이콥스 등 당시 미국의 주도적 도시사상가들이었는데,[9] 그들은 미국에서 만들어 지고 있는 도시환경이 실패라는 데에 의견을 같이 했다. "미국인들이 막대하게 생산해 낸 환경이 냉담하고 둔하며, 기껏해야 무의미하고, 최악의 경우에는 화려하고 허세적이고 비인간적이며," "기능적으로 조성된 인공환경이 정신적 · 미적 사명을 실현하지 못했다"는 데에 공감했고, 자각적 비판이 보이지 않았다는 점도 공감했다.

주요 논제는 도시설계에 대한 공공논의를 일으켜야 할지 아니면 환경의식을 진작해야 할지 등의 전략차원의 논의였다.[10] 참가자 대부분은 도시설계의 장래에 대해서 비관적이었다. 가까운 장래에 동의가 일어나는 것이 불가능하다고 봤고, 아예 동의를 추구하는 것 자체를 의문시하는 사람들도 있는 상황이었다. 도시설계의 타당성과 관련해서 전문가가 중시하는 가치와 대중이 중시하는 가치의 차이도 여기서 논의됐다. 일례로, 칸이 도시의 길에 대한 자신의 생각을 발표한 것에 대해 바우어는 '신비주의' 와 '구조지상주의' 를 지적했다. 그녀는 전문가와 대중의 의견이 격차가 심하다고 봤다. 전문가들이 디자인에 대한 자기만족감을 가지고 있다는 지적도 많았고, 디자인개념을 공공에게 설명할 때 의미 있는 용어를 쓰자는 주장도 있었다.

> 일부는 도시설계에 대한 개념적 이해가 부족한 점을 강조했는데 가장 훌륭한 교수들조차도 도시설계의 목표를 잘 모르고 제대로 고찰하지 못하고 있다고 봤다. 일부는 직업적 이상이 공유와 이해가 부족하다고 봤고, 일부는 실패의 책임을 전원도시의 주창자 같은 이상주의자나 건축가나 정책가의 탓으로 돌렸다. 일부는 전문가와 공공이 모두 도시형태의 뉘앙스에 어둡다고 봤다. 도시적 요소에 대한 비판적 평가를 내리기 전에 건축가와 비평가가 스스로 공부해야 한다고 결론 내렸다.[11]

1960-61 뉴욕건축연맹 포럼

칸과 바우어의 입장 차이는 다른 사례에서도 확인된다. 1960년 가을부터 1961년 봄 사이, 뉴욕에서는 뉴욕건축연맹이 주최하여 "건축의 새로운 힘"The New Forces in Architecture이란 제목으로 도시건축의 여러 문제들을 논의하는 연속토론회가 열렸다. 이 토론회는 물리적 도시환경의 위기에 대한 당시의 사회적 관심을 반영할 뿐 아니라, 전문가들 간에 견해 차이도 여실히 드러냈다.[12] 도시설계에 초점 맞춘 두 번째 토론회, "도시설계라는 새 예술: 우린 준비돼 있는가?"에는 캐서린 바우어, 건축가 호세 루이스 서트와 루이스 칸, 사회철학자 에르네스트 반 덴 하그가 참가했다.

기조발표를 한 건축가 울리히 프란젠Ulrich Franzen은 도시설계 분야에서 도시형태에 대한 적절한 전망이 제시되어 공유되지 못하고 있다고 지적했다. 많은 기대를 모았던 필라델피아 재개발도 저급한 투기용 건물들을 만들어냈을 뿐이었고 건축가들의 개별 건축물은 미학도 사회적 전망도 부족하다고 비판했다.

> 도시공간의 디자인을 거론할 때는 언제나 산마르코 광장의 사진을 들고 찬양하며 맨해튼 미드타운에 중세광장의 개념을 적용해야 한다는 의무를 느끼거나, 그것도 아니면 19세기 개념인 전원도시가 의존하기 더 편할 것이다. 이런 낡은 이상이 자극이 안 된다면, 30년 전 르 코르뷔제가 그린 다이어그램을 그 빈약한 제안에 가져다 붙이곤 한다.[13)]

바우어는 재개발을 통해 나아지는 것이 전혀 없다는 지적에 공감하면서 천편일률적인 개발이 거듭되고 도시의 특성과 역사가 파괴되는 주된 원인으로 관료주의적 개발을 지적했다.

> 개별 디자인은 질적으로 나아졌지만, 기술 · 경제 · 관료주의의 요청에 의한 대규모 사업에 의해 교외환경 · 공공주택 · 재개발 · 고속도로 건설의 전분야에서 과도한 표준화와 단조로운 건조환경이 빚어졌다. 이것은 미학적 문제이고 사회적 문제다. 이 때문에 도시환경이 특색을 잃어가고 있다.[14)]

건축디자인에 대한 비평에서, 그녀는 현대건축의 다원적 표현경향을 통틀어 부정했고 국제양식의 일체의 표현과 도그마가 실상은 기계미학을 찬미한다며 거부했다. 달리 말해서, "기술이념적 관점의 개별 미학" 또는 "신기한 발명과 멋들어진 형태의 유희"를 단호히 부정했다.

> 이 건물들은 전부 구성주의적 형태고 일종의 기술주의적 조각물들이다. 이 건물들이 결코 과학적이라고 보지 않는다 […] 가장 멋지고 현대적인 건축도 사회경제, 삶, 또는 아름다움의 목적에 지식을 응용해서 반영하지 않는다고 본다. 대체로 우리에겐 기술이념의 관점에서 개인적인 미적 표현을 반영한 것 밖에 없었다. 아무리 아름다운들, 정말 때론 아주 아름답긴 하지만, 그것들은 대개 멋진 형태 문제다. 멋진 형태, 멋진 표면 […] 가장 흥미롭다 한들, 박물관에서는 꽤 흥미로운 전시품이 되겠지만 도시는 못 만든다. 그것들이 만드는 것은 아이들와일드Idlewild다. 내게는 국제양식으로 된 미래도시가 아이들와일드다 […] 그럴싸한 형태를 갖고 노는 것은 아무리 창조적인들 결국 광고예술처럼 경쟁적으로 패키지를 만드는 것일 뿐이다. 신기함은 점점 더 빨리 패션유행을 타게 된다. 스커트 헴라인보다 더 빨리 말이다.

그녀는 '슬럼조차 아름답다는 불건전한 향수적 낭만' 이라든지 현대성에 반대되는 낭만적 향수나 복고주의도 분명히 반대했다. 예를 들어, 승용차 위주의 개별교통체제로부터 대중교통체제 중심으로 돌아가자는 식의 주장은 실효성 없는 낭만적 향수일 뿐이라고 지적했다. 그녀는 자신이 진정한 기능주의라고 부른 것, 즉, "사람들이 원하는 것, 사람들의 삶의 방식, 인간적 가치와 관계된 응용예술"을 원했다. 이를 통해서만 건축과 도시가 개별적이지 않은 객관적 표현에 이른다는 주장이었다. 객관적 표현을 추구하더라도 각 도시는 각자 조건이 다르므로 결코 같은 경향으로 가지 않는다는 설명이었고, 그 객관적 표현의 구체적 사례로는 스웨덴 현대건축을 꼽았다.

> 기능주의란 건축과 도시가 순전히 개인적이고 개별적인 표현을 위해 분리된 개별예술이 아니란 뜻이다. 그것은 사람들이 원하는 것, 사람들이 사는 방식, 인간적 가치와 관계된 응용예술이다. 넓은 의미의 기능주의, 그것만이 도시설계의 유일한 기준이 될 것이다. 도시를 조직하는 데에 있어서, 어떤 전문분야는 꼭 필요하지만, 기계의 원칙은 보자르 같은 역사주의보다 더 낫지도 못하지도 않다. 간단히 말해, 기능주의로 돌아가야 한다. 모든 건축과 도시는 개별적인 표현을 위해 서로 동떨어진 개별적 건축이 아니라, 사람들이 원하는 것에 결부된 응용예술이어야 한다. 기능주의를 더 넓은 의미로 받아들이면, 그것이 도시설계의 유일한 원칙이 될 것이다.

한편, 사회철학자 반 덴 하그는 도시건축에 양식이 없는 당대의 현실은 이 시대 자체가 양식이 없기 때문이라고 설명했고, 자발적이고 자생적인 미적 충족estheic gratification을 꾸준히 키워 나아가야 한다고 다음과 같이 주장했다(기능주의를 주장한 바우어는 이 주장에 동의하지 않았다).

> 우리에겐 양식이 없다. 막스 레너가 미국문명이라고 부른 것, 다원주의라고 하는 것을, 건축에서는 이 양식 없음을 국제양식이니 기능주의니 하고 불렀다. 이 국제양식 – 차라리 양식 포기라는 게 더 나은데 – 은 정직을 근거로 삼아 왔지만, 그 정직이란 무척 열등한 덕목이며, 필요하긴 해도 충분하지는 않은 덕목이다. 하지만, 나는 시대정신에 속하지 않은 건축을 요청하지는 않는다. 양식이 없는 시대에 우리는 기껏해야 정직한 건물을 지을 뿐이다. 문제는 그것이 충분하지 않다는 점이다. 실용적 문제를 꾸밈없이 해결하는 것 이상으로 건물을 만들지 못하는 무능함이 주로 가장 심각하게 나타나는 영역은, 기념비 건물, 교회, 행정청사, 일반 도시설계다. 사람들이 미적경험에 도달하지 못할수록 우리는 더 많이 잃게 된다. 나는 자발적이고 자생적인 미적 행위를 요청한다.

또한, 반 덴 하그는 도시설계의 실천방안으로, 도시기능을 분할하지 말 것, 길에 관심을 두고 그것을 다양하게 할 것, 공공공간을 많이 둘 것, 채우기보다 비울 것, 도시에서 자동차를 줄일 것, 공원과 정원을 가질 것 등을 지적했다.

이 포럼에 참가한 두 명의 건축가, 호세 루이스 서트와 루이스 칸은 바우어와 반 덴 하그의 입장과 대립되는 견해들을 드러냈다. 특히, 기념비적 건축의 가치에 대한 입장이 확연히 달랐다. 서트는 당시를 사회의 모든 분야가 혼돈상태라고 규정하고 건축과 도시계획의 사이영역인 도시설계분야에 아무도 책임지지 않는 것이 문제지만 이 분야에 대한 관심이 본격적으로 제기되는 시점이니 점차 해결되리라 낙관했다. 도시를 구성하는 것은 나무라든지 익명적 건물만이 아니며, 고차원적인 도시적 특질을 부여하는 기념비건물들이 도시를 구성하는 데 있어서 중요하다는 것이 그의 주장이었다. 연관된 형태들이 서로 잘 짜맞추어지지 않아 무질서와 부조화가 남아있는 것이 그에게는 더 문재였던 것이다. 서트는 단일한 기념비건물의 표현문제도 지적했다. 일례로 미스반데어로에가 디자인한 시그램빌딩(1962년 완공)을 들어 그것이 오피스 건축에 부정적인 영향을 줬다고 언급했는데, 커튼월은 "미국화"가 도시 곳곳에 작용한 증거라고 지적하며, 커튼월 건물외관은, 직종과 무관하게 평균적 관료를 위해, 프라이버시, 전망, 채광과 무관하게 만든 "익명적 파사드"라고 비판했다.[15] 한 가지 창문유형을 반복하여 커튼월을 만드는 것은 마치 한 줄로 기타를 연주하는 것 같은 단조로움이라며 서트 자신은 그 대안을 모색하며 버내큘러 또는 전통적 건물을 현대화하는 시도를 하기도 했다.

칸도 건축기념비의 필요성에 공감하기는 서트와 마찬가지였다. 탁월한 초월적 특질을 가진 디자인에 대한 요청과 당위성을 주장했다.

> 하지만 바로 지금 제 각각의 건축은 사방으로 눈을 감고 있고, 다른 건축이 없길 바라고 있다. […] 진정 그 주위에, 똑같이 존경받을 만한 것들을 끌어 모으길 바라면서 모두가 그 자리에 놓여 있다. 만약 이 흐름에서 어떤 확실한 논리를 세우고 그것에 훌륭한 건축을 부여하지 못한다면, '충분히 괜찮은' 건축이 되지는 못할 것이다.[16]

필라델피아파

1960년대부터 미국의 도시설계분야는 보자르 전통과 전원도시 전통과 단절하고 그 대신 유럽의 영향 속에 이론적 계보를 형성했다는 것이 일반적일 견해인 것 같다. 즉, 하버드대학교의 서트와 팀텐Team X 영향권의 계보를 하나로 보고, 코넬대학교의 로우Colin Rowe를 중심으로 한 계보를 다른 하나로 보거나, 여기에 펜실베이니아대학교의 데니스 스콧-브라운Denis Scott-Brown을 세 번째 주요한 발전축으로 보고 그들의 원칙이 지금도 도시설계교육에 중요한 전통으로 남아 있다고 보는 식이다.[17] 하지만, 미국에 끼친 유럽의 영향이라는 관점은 다소 협소하다. 펜실베이니아대학교를 중심으로 한 계획 · 디자인 집단이 있었던 필라델피아만 해도 다양한 논의가 발전한 것을 확인할 수 있기 때문이다. 이 집단의 논의를 자세히 들여다보면, 여기서도 건축과 도시계획 사이의 갈등과 직능 분리가 심화되는 와중에 도시설계의 새로운 분야를 중심으로 하여 도시문제의 근본원인을 '소통 문제'로 해석하고 그 해법을 찾는 노력들이 있었다. 소통문제는 계획보다 디자인과 더욱 밀접했으며 또한, 소통을 도구적으로 사용하는 경향과 성찰적으로 사용하는 경향이 모두 있었다.

1961년 4월 건축전문잡지 『프로그레시브 아키텍처』는 필라델피아를 근거지로 두고 활동하는 건축전문가 집단을 "되려는 바 … 필라델피아파"Wanting to Be … The Philadelphia School라는 제목으로 특집기사로 소개했다. 당시 미국 내의 여러 디자인 경향 중 상대적으로 일관된 디자인 접근방식을 건축가집단으로 이들을 지목한 것이었다.[18] 하지만 이 건축가집단을 더 잘 이해하기 위해서는, 도시계획을 포함하여 필라델피아를 기반으로 실무와 교육을 주도한 전문가집단들을 포괄적으로 살펴볼 필요가 있다.[19] 여기에는 건축가로 칸 · 주글러Romaldo Giurgola · 벤추리Robert Venturi · 스콧-브라운Denise Scott-Brown 등을 포함하여, 도시계획분야의 전문가들로 홈스 퍼킨스G. Holmes Perkins · 멈퍼드Lewis Mumford · 베이컨Edmund Bacon · 크레인David Crane 같은 인물이 속해 있었다.[20]

이들 중 상당수는 펜실베이니아대학교의 교수진이었다. 도시계획가인 홈스 퍼킨스가 펜실베이니아 대학에 부임한 1950년대부터 이 대학은 기존의 보자르 교육 전통을 쇄신하여 활발한 담론을 펼쳤다. 홈스 퍼킨스의 설명에 따르면, 도시계획과 건축디자인, 조경디자인의 교수진은 공식학술행사 말고도 일상적 만남을 통해 서로 의견과 경향을 나눴고, "도시생활현실에 깊숙이 개입한" 현실참여 성향을 지녔다.[21]

> 건축을 사회적 예술로 보는 입장이 우리의 여러 가지 노력에 스며 있었다. 새로운 프로그램에 영감을 줬고 전체 환경을 포괄하는 관점을 키웠고 연구를 자극했고 새로운 방법론의 모색을 촉발했고 교수진이 커뮤니티 과제에 참여하도록 고무했고, 칸의 지도 아래 인간정신의 갖가지 필요에 화답하는 살아있는 건축을 창조하려고 노력했다 […] 학생들도 똑같이 관여했다.

도시설계에서 건축가의 새로운 역할 규정

필라델피아파의 정치적 구심점은 G. 홈스 퍼킨스였다. 그는 1951년 펜실베이니아대학교 예술대학원에 부임하여 보자르 교육을 현대식 교육으로 쇄신했고, 도시계획 · 도시설계 · 건축디자인의 교육을 총괄하면서 각각의 역할을 조정하는 데에 있어서 영향력을 행사했다.[22] 분야간 역할 분담에 대한 그의 생각이란, 도시계획가는 경제사회학적 분석술을 수단 삼지만, 건축가는 '도시를 창의적으로 디자인하는 일'을 통해 '도시에 형태를 부여하는 역할'을 맡아야 한다는 것이었다. 즉,

> 이제부터 도시설계는 건축가의 가장 주요한 책임이 된다. 건축가의 관심과 행동은 조경, 예술, 도시계획, 기술, 실로 전반적인 도시환경에 영향을 줄 것이다. 하지만 그의 훈련은 가장 부적절하다. 건축가의 가장 독특한 사회의 공헌은 창조적 디자인이어야 한다.[23]

그는 도시설계를 건축가의 주요 임무로 규정한 동시에 건축가의 역할을 한정했다. 즉, 경제학자나 사회학자의 분석술을 건축가에게 기대하고 요구할 수 없으니 그것은 계획가의 역할과 혼동하는 것이며 정치 · 경제 · 기술 분야의 요인은 건축가의 개입과 통제를 넘는다는 설명이었다. 그렇다면 건축가가 무엇으로 도시설계에 결정적 역할을 한다는 것인가 하면, 그에게 그 근거란 다름 아닌 '건축가의 의지'였다. 건축가의 교육상황이 "통탄할"만큼 기대수준에 못 미치지만 건축가에게 도시설계를 주도할 책임을 맡기는 근거는 이 의지 때문이라는 것이 그의 설명이었다.[24]

> 이 상황에서 건축적 전망은 지극히 제한되어 있고 직관에 의존할 수밖에 없다. 도시의 사회적 삶의 잠재적 풍부함을 디자인에 반영하지 못하고 규칙과 평균에 너무 기대고 있으며 개인에 대한 진정한 인간적 이해를 결여하고 있다 […] 하지만 반대로 건축가의 역

할을 길게 보면 사회적 역할과 기술적 능력이 신장되어 왔다.

이런 논리라면 자연히 건축가의 의지 또는 이념적 역할이 강조되기 마련이었다. 홈스 퍼킨스가 제시한 건축가에 대한 새로운 전망과 개념으로 인해, 건축가는 도시환경을 전망하는 자신의 역할을 계획적 내용과는 무관하게 수행해야 했다. 홈스 퍼킨스는 당시 '풍요의 경제', 기술적 가능성, 막대한 규모를 고려할 때 경제적 · 기술적 제약조차도 건축가에게 부차적 문제라고 제시했고, 건축가에게는 형태창조를 통한 '감성적 · 지적 · 정신적 충족'의 과제만을 남겼다. 그는 도심재개발과 중산층 교외이동의 문제를 사회적 분리의 문제로 파악했고 그 대안으로 도심고용 창출과 산업의 교외이전 방지와 같은 '물질적' 목표를 인정했다. 하지만, 그런 물질적 목표만으로는 불충분하며 '감성적 · 지적 · 정신적 충족'이 필요한데, 그것을 맡을 일이 건축가에게 요구된다는 주장이었다.[25] 즉,

> 지금 우리의 접근방식은 거의 전적으로 경제 · 사회보장 · 건강과 관련되어 있다. 하지만, 이러한 물질적 접근방식은 충분하지 않다. 그것이 삶의 기반을 아무리 적절히 다루든 그 이상의 문제가 다 남아 있다. 인간운명에 대한 우리의 새로운 관점은 감성적 · 지적 · 정신적 충족을 고려해야만 한다.[26]

홈스 퍼킨스는 당시 도시재개발 현상설계가 광의의 건축적 해석의 관점에서 판정되고 있었고 도시거주를 위한 인간적 환경을 창조하는 능력에 의해 결정됐다는 점을 환기시켰다(이 책의 3장에서 다룰 샌프란시스코 골든게이트웨이 사업의 사례와도 직접적으로 관계있는 지적이었다). 그에게 이 '인간적 환경'은 고도의 생산성과 무관한 것이었으니, "베니스는 저생산성의 시대에 지어졌지만 인간적 환경이란 점에서 훨씬 가치가 크다"고 봤다. 또한, 민주사회에서는 경제결정론과 기술의 시대도 끝났으니, 기술이 형태결정요인이긴 해도 지적 · 정신적 요소를 모조리 배제하는 까닭에 그 자체로는 부적합하다고 봤다. 더구나, 홈스 퍼킨스는 건축가에게 당면문제의 해결책 뿐 아니라 미래환경에 대한 전망을 요청했다. 즉, 도시의 삶을 새롭게 표현하는 적극적 과제를 건축가에게 맡겼다.

> 새롭고 예견되지 않은 대응을 건물과 공간에 부여하는 건축가의 역할은 건축가에게 두 가지 부담을 가져다 준다. 즉, 건축가는 단일한 행위로 현재를 만족시키는 동시에 미래의 문을 열어야 한다. 건축가의 역할은 내일의 도시환경을 창조함에 있어 결정적이다.

단, 그는 건축가의 개인적이고 유토피아적인 전망을 경계한 대신 현실적이고 객관적인 전망을 요청했는데,[27] 이를 위해 공유해야 할 몇가지 원칙을 그는 다음과 같이 제시했다. 즉, 1) 디자인의 가치판단에 사회적 가치를 함양할 것 2) 개인의 존엄성을 인식하고, 대조, 공간위계, 기회의 무한한 변화를 포함하는 선택의 다양성과 자유를 제공할 것 3) 부단한 재생, 건강한 성장을 가장 효과적으로 고무하는 디자인을 선호할 것 4) 인간과 인간의 모든 작품을 자연의 일부로 인식할 것. 단, 변화나 다양성을 추구하는 것은 무작정 해서는 안 되며, 사회적 풍토에서 미묘한 척도 변화에 민감할 때만 가치가 있다고 그는 덧붙였다.[28]

이후의 역사를 되돌아보면, 이런 역할규정은 도시계획과 건축디자인의 틈을 더 키울 수 있는 단서로 작용했다고 볼 수 있다. 그가 건축가에게 일임한 도시설계의 역할은 양면적이었다. 즉, 건축가는 "건축가의 의지"를 발현하여 표현의 중요성과 미래의 전망을 맡되, 기술 · 경제 · 정치적 결정에 대해 무관심해 질 위험이 있었다. 이런 상황에서 도시건축에 있어서의 건축가의 역할은 더욱 긴장된 활동범위를 가질 수 밖에 없게 된다. 앞으로 확인해 볼 수 있듯이 루이스 칸을 비롯한 당시의 건축가들의 디자인이 충분히 안정된 실현성의 근거를 가지지 못하게 되는 것도, 바로 이런 이유 때문이었다고 할 수 있다.

크레인의 상징도시론

1960년대에 펜실베이니아대학교의 도시설계교육을 책임진 인물은 데이비드 크레인David Crane이었다. 크레인 자신은 "도시설계가 예술이자 진정 미학과 관계된다"고 주장하며 "도시계획이 미적책무를 인정하지 않는 것"을 문제 삼았다. 그는 자신이 추구하는 '미학적' 도시론에 '상징도시' The City Symbolic라는 이름을 붙였다.[29] "예술가의 임무는 전체성과 비가시적인 것을 드러내려는 인간욕구를 충족하는 것"인데, "도시에서는 이 욕구가 더욱 강렬하기에, 도시설계자의 임무는 비가시적인 것을 보려는 이 기본적 인간욕구를 충족시키는 일"이라는 주장이었다. 그러면서 그는 도시 전체이미지를 문제로 삼았고, 대도시의 규모에서 연속된 뼈대를 물리적 디자인으로 구체화하는 것을 핵심 목표로 잡았다.

그는 미국도시계획의 역사적 단계를 물리적 도시City Physical, 사회적 도시City Social, 과정적 도시City Procedural로 설명했는데,[30] 여기서 과정적 도시란 계획 개념에 몰입한 결과, 조성된 성과보다 수단과 과정에 더 관심을 더 가지는 경향을 비판적으로 가리켰는데, 그는 과정에 주목해서만은 의미있는 도시형태를 구현할 수 없다고 주장했다.

> 대담함과 상상력이 없는 것은, 수단이 물리적 목표를 낳는 드문 경우에 나오는 산물의 질보다 덜 문제다 […] 일례로, 건축가는 의도한 순환 패턴을 따르게 하고 싶다면 출입구를 드러내야 한다. 하지만 토지이용계획은 '출입구'를 두지 못한다. 형태 구상이 이렇게 불충분하므로 도시가 상징적으로 '읽히지' 못하게 되고, 비합리적이게 되고, 따라서 비기능적인 적층물을 낳게 된다.

그는 "디자인 없는 계획을 선호하는 부류" 뿐 아니라 "도시질서에 대한 지각없이 디자인하는 부류"도 비난했으니, 질서 없이 디자인된 도시, 물리적으로 가장 파괴적인 도시를 '치장도시' Cosmetic City(계획된 혼돈의 도시)라고 폄하해서 불렀다. 그에게 도시설계의 으뜸 과제는 질서를 드러내는 디자인이었고, 이것은 곧 상징의 과제였다. 그는 도시는 거대한 메시지체계, 즉 상징적 정보수단이 돼야 한다는 생각을 이어 나아갔다.

> 대규모 디자인의 철학에는 목표가 있어야 하지, 기법이나 형태를 가지고 시작해서는 안 된다. 일차적 목표는 기능적 예술이 오래도록 지녀온 상징의 과제에 있다. 도시는 거대한 메시지체계, 즉 상징적 정보수단이어야 한다. 또한 실용적 관심, 또는 도시가 도시자체의 가치라든지 여느 가치를 어떻게 반영하는가 하는 정신적 감각에 필요한 잇따른 지각가능

한 정보를 시민에게 제공해야 한다. 케빈 린치의 '심상성' imageability이란 말은 이 상징적 특질을 포괄하지 못한다. 이 상징적 특질에 따라 우리는 '공간 · 시간 · 건축'의 개념을 확장해서 현대도시의 거대한 규모와 잠재적 비체계성disjointedness을 반영해야 한다.

그는 그 밖의 목표로 환경적 도덕성과 인간의 자연과의 상호연관성에 대한 고찰, 건물의 조직된 변화가능성과 영구성, 공공적 도시형태에 대한 더 공고하고 명백한 결정 절차, 사적인 도시건설을 위한 질서 잡힌 자유, 개별 용도의 선택과 활용성을 충분히 허용하는 불특정 구조 등의 목표를 제시했다. 그는 도시계획의 절차문제에 대해서는 계획상의 결정이 내려지는 추상적이고 비과학적인 절차에 대해 '타운빌딩' townbuilding 개념을, 정치적 우회성과 부정적 디자인의 문제에 대해서는 '캐피탈 디자인' capital designing 개념을 제시했다. 특히 후자는 도시환경과 교외환경에서 공공이 비용을 부담함에도 불구하고 디자인되지 않는 몫(40~55퍼센트)을 더 창조적으로 디자인하는 것과 관련되는 것으로 봤다.

크레인은 상징도시를 위한 물리적 구조물의 속성으로 '상징장소, 공간-셀터 연속성, 구조물의 일반성, 체계적 리듬'의 네 가지를 제시했다.

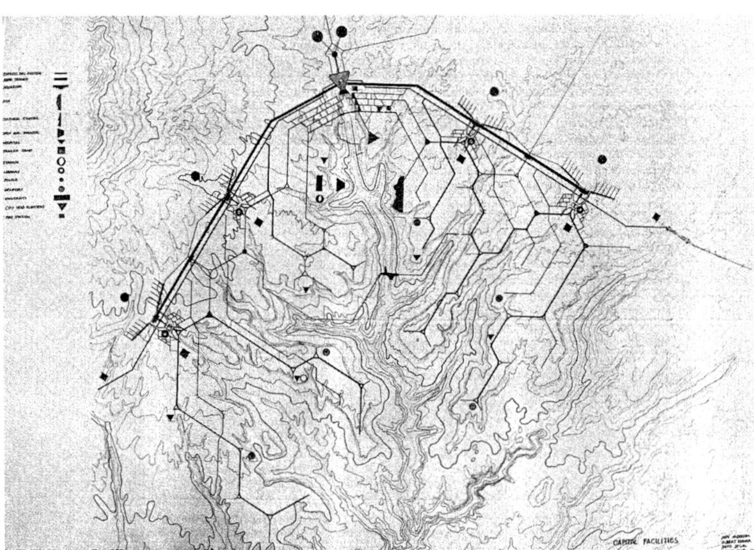

1-2 데이비드 크레인, 캐피털 웹(Capital Web) 개념에 의한 도시디자인(1960)

사용자가 지각가능한 메시지를 도시가 전달하는 방식은 기본적으로 세 가지 매체에 따른다. 즉, 첫째, 건물, 공간, 기타 인공물의 의미있는 외관적 특징에 의해서, 둘째, 알려져 있는 지리적 장소나 기억할만한 물리적 사건의 연속 속에서 상대적 위치나 장소에 의해서, 셋째, 언어적 기호 또는 다른 명백한 문장적 상징에 의해서다 […] (이 중) 상징적 장소는 잘 이해되지 않고 있다.

크레인은 도시의 상징에서 외관 · 기호적 상징보다 장소적 상징성이 더 강하고 근원적이라고 주장했다. "따라서, 주차장의 상징적 질서가 강하면, 설령 그것을 디자이너가 신고전주의양식의 신전형태로 디자인한들 그것이 주차장임을 사용자가 알고 찾을 수 있게 된다. 캐피털 디자인에서 사적私的 자유가 고안되기 위해서도, 상징적 규칙을 정해서 그것을 공공소유의 공간과 건물의 장소적 상징에 기본적으로 취급해야 한다"고 그는 주장했다. 실무적으로 그는 1960년대에 보스턴재개발국 업무에 관여하면서 도시계획에서 미학적 목표를 전반적으로 재설정하고 캐피탈 디자인을 도입할 것을 주장했다.[31)]

크레인이 주장한 내용을 필라델피아의 건축가들의 작업과 비교하는 것은 흥미롭다. 가령, 1960년대 칸의 도시설계 제안에서도 연관된 요소들이 있음을 부정할 수 없다. 비록 세부 수준에서는 서로 내용이 다르다 하더라도, 서로 영향관계에 놓여 있었다고 충분히 짐작할 만한 것이다. [도판 1.1, 1.2]

베이컨의 상징도식

당시 필라델피아 도시계획국의 실력자였던 에드먼드 베이컨 또한 도시환경의 소통에 대해 독자적인 주장을 펼쳤다. 즉, 계획가 자신이 물리적 소통수단으로서 "도식형태의 상징언어"를 개발해야 하며, 이 상징언어야말로 공공건축의 핵심이라는 주장이었다. 도시디자인의 문제는 "공공에 대한 선의가 부족한 것이 문제가 아니라, 쉽게 인지되는 형태에 대한 생각을 공공에 제공하는 능력이 부족한 것이 문제"라며, 도시디자인의 문제를 윤리보다 기술의 문제로 끌고 갔다.

디자이너가 곤경에 처하게 되는 것은 상징을 크게 혼동하기 때문이다. 그 때문에 가장 비참하고 당황스러운 상징언어를 만들어 내게 된다. 추상적이고 분석적인 계획가에게도

> 이 점은 마찬가지다. 결국, 명확한 상징을 다양하게 발전시켜야 하고 이것이 균형잡힌 사고과정을 불러 일으켜서 디자인과 공간구성의 문제를 해결해야 한다. 유용한 물리적 소통 수단이 되려면 상징언어가 도식diagram 형태로 나타나야 한다.[32)]

그는 왜 명확한 상징언어는 도식 형태여야 하는가를 설명함에 있어서, "고귀한 논리적 도식은 한 번 기록되면 결코 사라지지 않으며 먼 훗날 그것 스스로가 살아 남아 스스로 커지는 일관성을 주장할 것"이라는 버냄Daniel H. Burnham의 말을 인용하기도 하면서, 도시설계자가 당면한 기본문제는 "고귀한 논리적 도식," 공공의 의식에 전파될 만큼 애매하지 않은 명증한 도식을 만드는 것이라고 주장했다. 나아가 그는 당대의 도식이 어떤 형태여야 하는지를 이론화했고, 이와 관련해서 주로 시지각적 차원에서 공간경험의 역사적 발전을 주장했다. 그에 따르면, "디자이너가 디자인의 개념을 소통하려면 공간에 대한 파악이 재현을 거쳐 실현 상태로 개념전달수단이 돼야 하며," 도시공간의 시지각적 경험은 과거와 근본적으로 다른데, 중세 · 르네상스 · 바로크 · 현대의 도시공간 지각방식의 차이는 파악 · 재현 · 실현 사이의 통일성의 관점에서 구분된다는 설명이다.

> 중세에는 파악 · 재현 · 실현이 완벽하고 완결된 통일을 이뤘는데, 물리적 환경의 규모가 아주 작았기 때문이다. 그때 재현과 실현은 하나였다. 브루넬레스키가 투시도를 발견한 뒤부터 개인중심 시대에 전체의 직관적 체계는 폐쇄됐고 그 결과 공간파악방식이 아주 변했다. 투시도를 통해 […] 파악은 단일 시점에 단일 개체가 관찰하는 파악으로 굳어졌다. 건물은 환경과 무관한 대상으로 이해됐다 […] 투시도가 발전하면서 바로크시대에 단일 운동체계가 등장했다. 연속된 평행후퇴면이라는 공간개념이 등장했고, 이것은 운동의

	Apprehension	Representation	Realization
Intuitive			
individual Centered		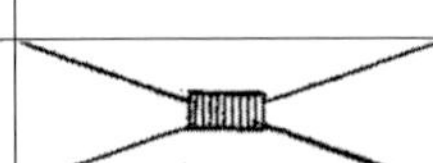	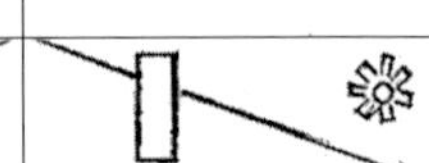
Single Movement System	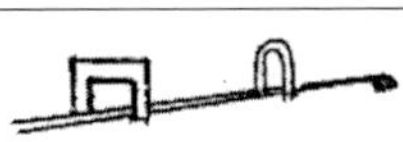		
Simultaneous Movement System	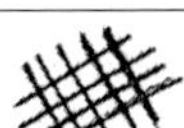	KLEE	?

에드먼드 베이컨, '파악 · 재현 · 실현'에 관한 도식
("Civic Design Symposium 1": University of Pennsylvania, Graduate School of Fine Arts, 1963에서 인용)

측면이 체계에 주입된 개념이었다. 체계를 따라 연속된 경험의 개념을 투사했고, 이에 따라 총체적 도시상이라는 개념이 나타났다. 오늘날은 각각의 수준에서 똑같은 힘으로 기존개념들이 모두 깨어졌다 […] 이제는 지상에서 빠른 속도의 움직임이 전혀 다른 도시설계의 차원을 요청한다. 공간파악은 아주 혁명적으로 바뀌었고, 오랫 동안 이어오던 개인중심 · 땅중심의 인간세계는 완전히 흐트러졌다. 우리 시대는 동시운동체계를 가진다. 이것을 이해하는 것이 도시설계의 핵심이다.

베이컨은 '공간 속의 운동과 사물의 관계에 진실로 입각한 설계개념' 을 가지고 '동시운동체계를 이해하는 것이 도시설계의 핵심' 이라고 주장하며, 도시설계의 보편적 원칙을 주장했다. 실제로 베이컨은 자신이 필라델피아에서 추진한 도시개조사업들에 이러한 논리를 근거로 내세웠는데, 서사이어티힐 개발과 인디펜던스 몰 개발이 대표적 사례다. 하지만 당시 멈퍼드 같은 인물은 이에 대해 도저히 납득할 수 없는 사업들이자 허구적 논리임을 지적하고 맞섰다. 1963년의 한 심포지움에서 멈퍼드는 베이컨이 추진한 사업과 그 명분을 맹렬히 비판하는 말을 남기고 회의장을 박차고 나갔다. 그것은 도저히 화해될 수 없는 의견차이였다.

공간관계에서 훌륭히 완성된 형태가 베이컨씨에게 보인다니, 내게는 인디펜던스 홀 지역의 전체개념이 파괴된 것이 보일 뿐이다. 그것[서사이어티힐]은 경관에 흠이다. 더 적당한 규모로 지었어야 했다. 이 무지막지한 건물의 내용이란 대체 무엇인가? 그것은 제켄도르프씨가 돈을 번단 사실이다![33]

멈퍼드의 문명적 도시론: 복잡성 · 환원 · 대면소통

이 사람, 즉, 독자적이고 영향력 있는 도시사상가였던 루이스 멈퍼드(1895-1990)도 1950년대와 1960년대 초에 펜실베이니아대학교에서 가르치고 있었다. 그가 필라델피아의 전문가 담론에서도 중요한 몫을 맡았을 것임은 분명하지만, 그 구체적 내용은 여전히 잘 드러나 있지 않다. 그는 미국과 건축과 도시계획에 대해서 이미 수많은 비평을 썼고, 또한, 『도시의 문화』(1938), 『역사 속의 도시』(1961) 같은 노작들을 통해 도시의 역사에 대한 해석과 도시의 존재이유, 도시의 미래에 대한 전망과 현실적 해법을 일관되게 통합하는 설명을 내놓기 위해 노력했다. 요컨데, 그에게 도시의 존재이유는, 문명의 결집장소로서 "제도들이 상호 관통하는 곳"이었다. 즉,

> 한 제도가 다른 제도와 상호 관통하는 것이 도시의 본질이다. 이것을 세 단어로 요약하면, 만남 · 섞임 · 혼융(상호풍부화)이다.[34)]

멈퍼드는 도시를 과밀집중화하거나 교외로 분산시키는 대신, 생태적 차원에서 적정밀도로 유지할 것을 주장했다. 그가 볼 때, 도시가 교외화로 인해 힘을 잃게 되는 것은 문명 자체를 잃는 것과 마찬가지였고, 프랭크 로이드 라이트 처럼 과밀화를 반대하여 도시를 해체하자고 주장하는 것은 도시가 제도와 조직의 상호작용이라는 장점 때문에 사라지지 않을 것임을 이해하지 못하는 처사였다.

멈퍼드는 도시의 본질을 문화적 다양성에서 찾았다. 동시대 건축과 도시에 대한 멈퍼드의 비평의 요지는, 도시의 본질인 문화다양성을 제거해 버린 것에 대한 비판이었다. 예를 들어, 르 코르뷔제의 위니테 다비타시옹Unité d'Habitation은 기능과 형태의 변화를 수용하지 않으며, 필라델피아의 펜센터에는 "공간과 기능이 통제되어 있어 사람이 인간존재로 남을 희망이 없었다." 에로 사리넨의 런던 대사관은 그 관료성이 문제였다. 멈포드가 좋은 건축의 사례로 알도 반 아이크의 암스테르담 고아원을 든 이유는, 그 건물이 복합성을 가진 일종의 소도시로서, 유기체가 가진 복합성을 가졌다고 봤기 때문이었다.

멈퍼드에게 도시설계의 핵심문제는, 도시의 본질인 문화적 다양성을 위해 활용가능한 문화자원(정보와 에너지)의 양을 어떻게 통제하느냐였다. 도시설계의 핵심과제는 과거형태에 기반하되 문화적 가용자원을 다스릴 수 있는 새로운 도시형태를 만드는 것이었다. 그는 문화자원의 양을 통제하기 위해 "기계적 통제 대신 대면소통(양방향소통) 방식"

을 진작시키고 복합성과 환원이라는 방식을 잘 다룰 줄 알아야 한다고 제시했다. 기계적 통제는 복잡한 단위를 단순한 단위로 축소시키므로 자유롭고 독자적인 삶을 사라지게 만든다는 것이며, "인간이 길에서 직접 얼굴을 맞대게 하여(전화로 침묵을 소통할 수 있는가?)" 도시를 만남의 장소로 되돌려야만 도시가 비로소 인간감수성의 가치를 교환하는 장소가 된다는 주장이었다.

> 복잡성은 끝없는 소통에서 단위의 위계라는 관점에서 다룰 수 있다. 각 단위는 안정되고 복잡하며 자체에 복잡성이라는 더 높은 질서를 결부시킨다. 작은 단위는 큰 단위로 이끄는 통제고리에서 간섭될 지라도 안정적으로 남는다. 도시에서도 마찬가지의 것이 적용된다. 근린단위로부터 지역규모까지 복합성은 더 작은 공동체들의 개별적 성격이 유지되며 다루어질 수 있다. 대규모적 조직술을 완벽화하는 것이 필요하다.[35]

멈퍼드는 진정한 도시형태에는 복잡성의 환원도 필요하다고 봤다. 하워드의 통찰을 들며, 그는 모든 유기체에 성장한계가 있고 그 한계는 부분적으로는 복잡성에 의해 결정되며, 복잡성을 보유하려면 도시패턴을 환원적으로 유지할 필요가 있다고 주장했다. 멈퍼드는 현대건축이 따라야 할 질서에 대해 다음과 같이 제시했다

> 현대건축이 국제양식주의자 · 경험주의자 · 브루털리스트 · 신낭만주의자처럼 여러 파편과 매너리즘으로 해체되기만 하지 않으려면 어떤 질서의 원칙에 따라야 한다. 그 질서는 인간발전에 대한 것과 똑같이 일관된 이론을 건축에 결합시켜야 한다. 기계적 진보의 개념은 충분하지 않다. 진보에 의미를 부여하는 요소인 인간 자신을 배제시키기 때문이거나, 인간성을 진보에 복무하는 단순한 도구로 전락시키기 때문이다.[35]

도시에서 복합성과 환원의 방식을 잘 다뤄야 한다는 멈퍼드의 주장은 펜실베이니아 대학교의 조경학과를 이끌던 이언 맥하그의 생태주의와도 통했다고 할 수 있겠다. 맥하그에 따르면, 도시형태 결정요인은 경제 · 사회적 요소 말고도 자연과학, 특히 생태학이 가장 잘 조명해 주는 것이었다.

멈포드에게 도시는 "돌과 철의 형태로 스스로를 가시화하는 지역적 거주가 있는 질서 잡힌 표현"으로서, 그 표현적 차원도 중요했다. 도시에서 예술 · 시 · 건축의 내구적 상징형태에 기회가 최대한 주어져야 함에도 불구하고, 표준화되고 제어된 도시만을 생각하는 것이 문제였다. 도시에는 자연적 · 사회적 · 문화적 다양함이 표현돼야 하며, 도시설계는

사회문화적 기능, 이해관계, 힘의 상호관통과 상호반응에 바탕을 둬야 한다는 것이 그의 주장이었다. 그는 "예술로서 도시설계가 비로소 가능한 것은, 문명이 잉여를 즐기고 실용성을 넘어선 제도와 형태를 추구할 때"라고 봤다.

주걸러의 도시: 가치의 건축적 종합예술

건축가 로말도 주걸러는 도시를 물리적 계획의 측면을 넘어 포괄적으로 이해할 것을 주장했다. 그는 도시주의(어버니즘)란 말을 "물질적 계획을 설명하는 것 말고도 도시집합체의 삶을 목표로 하는 복잡한 분야를 포함하여," "조건, 동기, 삶의 필요, 도시발전에 대한 일반적 연구"라는 뜻으로 쓰자고 했다.[36]

> 도시주의는 정교한 과학은 아닐지라도, 가장 넓은 뜻에서, 도시집합체를 표현하는 온갖 가치의 건축적 종합을 목표로 하는 분야를 뜻한다. 도시주의는 예술이라는 뜻이다.

주걸러에게 도시주의는 과학이 아닌 가치의 종합술이자 오래된 예술이었다. 그는 도시디자인의 창조적 원동력을 "경제상황의 특성, 공동체구조, 교통기술"로 꼽았다. 정치·경제·기술적 요인에 대한 장악을 놓치지 않으려는 의도가 보이지만, 주걸러는 도시의 표현(재현)이 예술적 질서에 관한 것임(여기서 예술이라 함은 정신적 형태나, 자동적·이론적·인식적 형태가 아니라 실용적 형태를 더 우위에 둔 것임을 그는 밝혔다)을 들고 생생한 삶을 형태에 담아야 한다는 원칙을 제시했다. 그는 다음의 관점에서 도시의 재현이 예술적 질서에 관한 것이라고 밝혔다.

> 미적 형태가 실용적 기능을 무시하는 것이 아니라 실용적 기능에 의해 미적 기능을 획득하는 것이다. 기능을 가진 예술이 아니라 예술 형태로 고양되어야만 하는 기능인 것이다. 예술은 순수하고 자유로운 시적 상상에 의해서만 발생하는 것이 아니라 삶의 사회적·기술적·역사적 실체와 합쳐지고, 그 삶으로부터 실용적 결말, 기능, 사회적·심리적 조건을 제 것으로 만든다.
>
> 인간행위는 [마르크스주의의 주장처럼] 경제구조에 의해서만 조건지워지진 않는다. 그것은 도시의 경우, 기능·지리상황·환경·역사전통·심리 등 복잡한 요인으로 결정된

다. 구조는 실로 경험적 세계이며, 그것은 추상적 경험이 아니라 생생한 경험이며 여기에는 모든 상호작용, 필요, 새로운 균형이 필요한 균형상실이 포함된다.

어떤 도시주의자가 경험에 논리적 · 추상적 질서를 부여하길 원하거나 혹은 자연스런 경험과정을 따르지 않고자 한다면 그를 경계해야 한다. 왜냐하면 그는 이론이 아니라, 사회적 삶이 자신의 삶인 사회의 드라마 안에 살아야 하며, 정치 · 사회적 프로그램의 전망에 따라 조직되는 것이 아니라 자기 공동체의 현실과 그 공동체의 요구 · 부족함 · 환영 · 열망과 긴밀하게 접촉해야 한다.

한 현상의 내용을 이렇게 애써서 실현하는 것이 예술과정의 본질이다. 최종 종합은 도시형태의 범위이기도 한 예술작품, 그 작품에 질서를 향한 다양한 인간 열망을 승화시킬 수 있는 예술작품이다.

또한, 그는 문제 자체를 고려하지 않는다면 각종 계획기법은 그 자체로 타당성을 주장할 수 없다는 원칙을 제시했다. "다중동시통행은 도시를 재현하지도 않고, 도시를 표현히기에 실로 충분하지도 않다"는 지적도, 교통계획에 우선권을 둔 경향과 그것에 입각한 도시적 표현개념(베이컨이 주장하는 것과 같은)를 반박한 것으로 볼 수 있다. 또한, 그는 '도시형태가 내부공간에 의해 결정돼야 한다' 는 원칙을 제시했다.[37]

육중한 건물들과 거대경간의 고요함, 움직임이 일어나는 외부역학의 일시적 빛과 일시적 건물과 병치되어 걸러진 자연광이 있는 그런 건물들의 고요함. 여전히 건축의 고요한 현상이란 내부공간의 경험이다. 사회적 내용을 기술적 도구와 시에서 산문, 미에서 추에 이르는 온갖 수준의 표현가치를 한정하고 함께 결합하는 것은 전부 내부공간이다. 내부공간은 건축의 모든 표명이 자체적으로 입증하고 적용되는 핵심으로 늘 남을 것이다.

주걸러 스스로는 과거지향적이지 않다고 주장했다. 그는 스미슨 · 콰로니 · 당게 · 알토 · 메타볼리즘의 사례에서 "건축과 도시형태의 형태적 통합 경향"을 추구하고 있다고 제시했는데, 그것은 메가스트럭처에 대한 관심이었다. 그에게 도시공간의 핵심은 "거대도시구조물의 내부공간"으로서 이 공간에서 도시역학이 해결되며 인간적 차원이 재설정된다고 봤다. 이것이 그가 간주한 기념비적 건축공간의 가치였다.

소통에 대한 이해 차이

필라델피아의 도시건축전문가들은 그 관점에 있어서 서로 공통점만큼 차이도 컸다. 그들은 일반적으로 도시의 총체적 환경의 차원에서 도시의 질서와 소통을 모색했다. 이를 위해 그들이 상정한 도시설계의 과제는, 도시환경을 예술적으로 다루는 일, 달리 말해, 예술적 건축언어를 통해 도시환경을 통제하는 일이었다. 그들은 감정적 · 지적 · 심리적 · 정신적 만족을 위해 건축과 도시를 내구적이고 상징적인 예술형태로 만들어야 한다는 입장을 어느 정도 공유하고 있었다. 그 접근방법에 있어서 그들은 과학주의적 방법에 전적으로 기대지만은 않았다. 이후 살펴보겠지만 케피시와 린치가 도시의 물리환경이 감각을 통해 관찰자인 시민에게 미치는 즉각적 시지각적 작용으로 소통을 이해하던 것과는 달랐던 것이다. 또한, 건축가들은 정치 · 경제 · 기술적 고려사항으로부터 풀려나 – 또는 배제되어 – 자유롭게 도시형태를 모색하는 것이 가능해진 상황이었다. 과거의 선례를 참조하기 보다 새로운 현대적 언어를 모색하는 것에 더욱 초점을 맞추었다.

하지만, 소통에 대한 이해는 종종 서로 모순적이었다. 즉, 멈포드는 문화적 · 사회적 이해관계와 힘이 상호관통하고 반응하는 것을 소통으로 봤고 이런 방식의 소통을 통해서만 기능과 형태의 변화와 다양성이 유기체적으로 확보된다고 주장했다. 그는 비정상적이고 억압된 소통 기능을 회복하는 것이 도시설계가 달성해야 할 중요한 목표라고 봤다. 이에 비해 베이컨은 유용한 물리적 소통수단을 추구하며 도식형태의 명확한 상징언어를 주장했다. 한편, 크레인은 '상징적 장소, 공간-셸터의 연속성, 구조물의 일반성, 체계적 리듬' 같은 일련의 상징적 특질이 물리적 도시환경의 소통에 중요한 역할을 한다고 봤다. 베이컨과 크레인의 생각에서 우리는 도시형태의 자율성과 미의식을 찾아볼 수 있다. (그리고 루이스 칸도) 주걸러는 인간의 공통된 열망 또는 규정할 수 없는 공동성을 도시환경과 인간의 소통의 바탕으로 여겼다. 그들은 자신들의 디자인작업에서 기술과 문화를 조화시키려고 시도했다.

이들이 소통에 대해서 서로 다르게 이해한 까닭은, 도시의 질서와 성장에 대해 서로 달리 이해한데 있었다. 그들 대부분은 도시의 질서가 외적으로 표현되어야 한다는 데에 뜻을 같이 했다. 전체적이고 비가시적인 것을 드러내야 한다는 점은 크레인과 베이컨도 서로 다르지 않았다.[38] 멈포드와 칸 등은 소통을 도시의 물리환경이 감각을 통해 시민에게 미치는 즉각적 시지각 작용으로 이해되던 것을 넘어서려 했다.

하지만, 우리는 크레인의 캐피털 디자인과 칸의 1962년의 필라델피아 도시설계안의 유사성을 지나치기 어렵다. 또한, 도시건축의 내구적 상징적 형태를 실현할 기회를 부여해야 한다는 멈포드의 입장에 칸과 주걸러 등이 동조했다 하더라도, 후자의 건축가들이 취한 기념비적 형태가 멈퍼드가 추구한 유기적 복합성의 기준에 부합했을 것인지도 물음이 남는다.

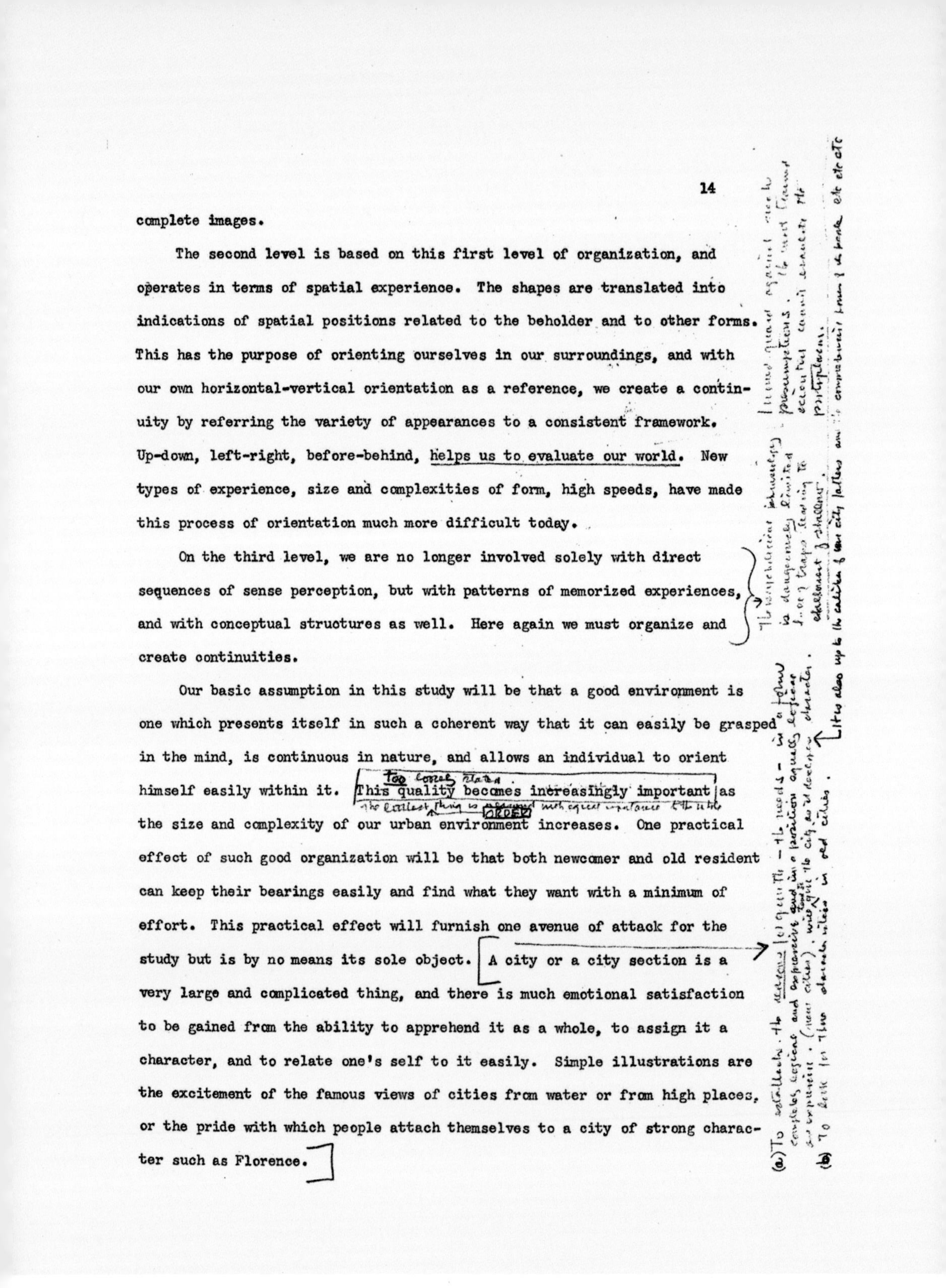

complete images.

The second level is based on this first level of organization, and operates in terms of spatial experience. The shapes are translated into indications of spatial positions related to the beholder and to other forms. This has the purpose of orienting ourselves in our surroundings, and with our own horizontal-vertical orientation as a reference, we create a continuity by referring the variety of appearances to a consistent framework. Up-down, left-right, before-behind, helps us to evaluate our world. New types of experience, size and complexities of form, high speeds, have made this process of orientation much more difficult today.

On the third level, we are no longer involved solely with direct sequences of sense perception, but with patterns of memorized experiences, and with conceptual structures as well. Here again we must organize and create continuities.

Our basic assumption in this study will be that a good environment is one which presents itself in such a coherent way that it can easily be grasped in the mind, is continuous in nature, and allows an individual to orient himself easily within it. This quality becomes increasingly important as the size and complexity of our urban environment increases. One practical effect of such good organization will be that both newcomer and old resident can keep their bearings easily and find what they want with a minimum of effort. This practical effect will furnish one avenue of attack for the study but is by no means its sole object. A city or a city section is a very large and complicated thing, and there is much emotional satisfaction to be gained from the ability to apprehend it as a whole, to assign it a character, and to relate one's self to it easily. Simple illustrations are the excitement of the famous views of cities from water or from high places, or the pride with which people attach themselves to a city of strong character such as Florence.

2-1 케피시와 린치, 「도시의 지각형태」The Perceptual Form of the City (1955년 6월).
연구계획서 위에 적은 칸의 메모.

2

도시건축에 대한 칸의 생각

질문자: 오늘날 도시문제 중에서 가장 중요한 것은 사람들과 우리 자녀들이 지닐 가치의 문제일 텐데, 이것이 물질적 가치가 아니냐는 이야기가 종종 있습니다. 환경의 관점에서 왜 이렇게 됐고 아이들을 위해 어떻게 해야 이것을 바꿀 수 있을지 우리가 말할 수 있을까요?
루이스 칸: 선생님의 질문은 새로 모임을 가지고 그 주제로 삼아야겠습니다. 제게는 그 물음만이 오직 의미 있습니다. 다른 물음은 모두 이 물음에 답하기 위한 수단일 뿐입니다.

– 크렌브룩 예술학교 세미나(1961년)[1)]

두뇌는 다르지만, 우리 안에는 영혼의 공동성으로부터 오는 정의할 수 없는 소통이 있다. 영혼은 모두에게 똑같다. 따라서 다 같은 영혼이야말로 참으로 인간의 소통이다 [...] 기계는 더욱 더 풍부해 질 수 밖에 없고, 경탄스러워지기까지 한다. 하지만, 기계는 정신에 영감을 주는 걸로 항상 그쳐야 하지, 그 자체가 목적이 돼서는 안된다. 모든 종류의 기술도 마찬가지다. 모든 종류의 정보도 마찬가지다.[2)]

– 루이스 칸, 1969년 강의에서

과학적 접근에 대한 비판

필라델피아의 전문가집단의 한 사람으로서, 루이스 칸은 도시건축과 소통에 대해 어떤 생각을 품었을까? 이 주제에 대한 칸의 생각은 그의 여러 단편적 언술로부터 찾아내어 종합해야 한다. 우선, 실마리로서, 1950년대 중반, 교리 케피시Gyorgy Kepes와 케빈 린치Kevin Lynch가 수행한 도시환경에 대한 연구에 대해 칸이 어떻게 평가했는지 추적해 보는 것이 흥미로울 것이다.

"도시의 지각 형태"The Perceptual Form of the City라는 제목의 그 연구는, 도시의 '형태특질' form-quality을 찾아냄으로써 도시의 총체적 또는 부분적 도시환경을 일관되고 통일되게 만드는 방법을 발전시키는 것이 연구목적이었다.[3] 루이스 칸은 1955년 초 이 연구의 초기단계에 연구진들에게 자신의 큰 관심을 내비쳤고 린치는 1955년 8월 당시까지 진행된 연구진행에 대한 보고와 향후 연구계획에 대해 쓴 문서를 칸에게 보냈고 조언을 부탁했다. 루이스 칸 컬렉션에 남아 있는 이 보고서의 여백에는 소상한 칸의 필기가 마치 상세한 주를 단 듯 적혀 있다.[4] [도판 2.1]

연구진은 다음의 전제에서 출발했다. 즉, 일관된 도시환경이 시민에게 공동체감을 부여할 것이란 점은 분명하기에 연구의 필요성은 충분히 동의돼 있고, 다만, 그런 일관된 도시환경이 과학적으로 달성가능함을 실증적으로 증명하는 일만 남았다는 것이다. 그들은 환경에 대한 주체의 지각을 시지각 위주로 파악했고, 여러 사람에게 공통된 지각의 측면에서 도시환경의 질서를 찾으려 했다. 그들은 도시환경의 요소 전반을 연구대상에 포함시켜, 개인이 환경과 접촉하는 범위와 심도를 어떤 식으로 확장시킬 수 있을지 그 요소들을 모색했다.[5] 중간보고서에 이 연구의 목적과 방법이 잘 드러나 있다. 즉, 이 연구는 "도시환경이 감각을 통해 시민에게 미치는 즉각적 작용에 대한 것"이며, "이런 지각경험은 특성상 다양하고 시간을 거치는 과정적인 것"이며, 지각경험의 역동적 특질과 복합적 자극을 지각경험에 대한 분석적 기술에 반영할 것이라는 설명이었다. 연구목적은 "현재의 문화적 맥락과 그 미래적 변화가능성에 있어서, 인간요구에 가장 잘 부응하는 환경을 조성하는 방법을 배우는 것"으로서 이런 점에서 "표준적 연구이자 표준적 원칙에 의해 조직"된다고 봤다. 정확한 서술로부터 도출되는 규범적 법칙을 찾는 것이 연구의 목표라는 것이었다.[6]

연구진은 도시환경을 총체적 환경과 부분적 환경으로 구분해서 그 두 가지 모두를 다뤘다. 그들은 도시의 가치에 대해 일관성(연결성)과 성장수용을 전제했다. 여기서 일관성이라 함은, "환경의 복잡한 물리적 요소들의 장중하고 설득력 있고 가독성 있는 연관성"으로서 "지각적 · 감성적 · 개념적 연속성으로서 지각되는 물리적 패턴"이다. "이 연속성은 복잡함과 풍부함을 은폐해서 얻어지는 것이 아니라, 그것을 발전시키고 상호연결시켜 획득된다."

또한 성장수용은 "인간의 성장 · 발전을 고무하는 세계의 요청"을 전제한 것이었다. 연구진은 "자극이나 불쾌함, 일관성을 깨는 것" 같은 불연속적 경험을 제공하는 환경이 "발전을 고무하는(수용하는) 환경"이라고 봤다. 이런 경험으로부터 "보는 사람은 지각적 또는 개념적 능력을 조직하고 때로 그것에 도전하기 때문"이다. 이 때문에 환경은 개인의 신체와 관련해 리듬을 제공해야 하며, 개인이 조정하고 다룰 수 있는 범위의 "유연한 것"이 돼야 한다는 설명이다. 이처럼, 성장수용이란 일관성으로 충족되지 않는, 통제가능한 변화의 자극이라는 보완적 특성으로 봤다.

칸은, 이 연구가 "도시건설의 실행가능한 '디자인요소'를 발견하고 이해하고자" 한다면, 삶의 방식을 받아들여야 그런 디자인요소를 공식화할 수 있다고 봤고,[7] 그 연구는 "디자이너가 공간의 도시적 특징에 반응하는 것에 대한 지적 토론을 즐겁게 해야 하며", '무엇인가'의 문제보다 더 중요한 '무엇이 되려는가'의 문제를 다뤘어야 했다고 썼다.[8] 물리적 도시환경을 연구하기 위해 심리학적 연구방법을 적용하는 것에 대해서도 칸은 부정적이었다.[9]

연구진은 게슈탈트 지각이론을 바탕으로 지각과정을 이해한다고 밝혔고,[10] 이를 통해 "지각적 환경의 객관적 특성을 파악하려" 했다. 그들에 의하면, "여러 개인이 한 장면에 대해 가지는 유사성을 발견함으로써 도시설계의 지각 효과를 판단하는 기반을 찾는" 동시에[11] "도시를 지각하는 과정에 관한 것이 목표로서, 시민이 도시 주변 환경을 관찰하고 즐기는 것을 교육하는 데 적용될 수 있을 것이며," "마지막 목적은 작은 도시의 지각환경의 객관적 특성을 자세히 체계적으로 서술하고 분석하여" "그 방법을 발전시켜 물리적, 문화적 배경이 아주 다른 도시에도 적용하려는 것"이었다.

연구진은 소규모 환경끼리도 지각적 일관성이 있어야 한다고 전제했지만 (2부 '도시 소규모환경과 그 지각에 대한 연구') 칸은 이에 동의하지 않았다. "도시의 한 단편은 다른 단편과 연관이 없어도 여전히 하나의 무대배경이다"라는 것이 칸의 입장이었다.[12] 그에게는 연구진의 연구방법도 문제였다.[13] 즉, "관찰과 분석을 통한 사례로부터 다른 장소의 디자인에 대해 배운다는 계획적 목적으로 한 도시구역의 삶과 사지를 해부해 드러내거나 심지어 의식화하는 것은 문제 있다"고 칸은 생각했다.[14] 도시구역이 실제 보이는 대로 종합적 그림을 구해 객관적 환경에 대한 주체의 관계를 분석한다는 연구방식에 대해, 칸은 환경이 결코 객관적이지 않다고 대응했다.[15] 칸은 연구진이 연구자료의 구성방법을 성급하게 결정했고 예상된 서술 뒤에 놓인 질서를 더 연구하지 않았다고 봤다.[16]

보고서 3부 '도시에서 방향과 인식수단 연구'는 도시의 총체적 상에 대한 인식단계에 관한 설명을 담고 있었다. "도시규모에서 지각과 개념의 구성을 가능하게 하는 형태적 특질"과 "도시나 도시지역이 전체로 파악되거나 감각되는 범위에 대한 것"에 대해 "시각적 통일원칙을 도시에 적용하여 사람들이 도시전체를 어떻게 생각하는지" 또 "어떤 수단과 안내지침에 의해 그 안에서 위치잡고 목표지점으로 움직이는지" 연구하는 대목

이었다. 칸은 근본적으로 사람의 지각능력이 공식화될 수 있는지 재삼 묻는다.[17]

케피시와 린치는 게슈탈트원칙을 1차적 지각수준으로 설정하고 그것으로부터 2차적 수준의 공간경험인 방향지각이 작동한다고 봤다.

> 2단계에서 […] 형태는 보는 사람과 그 밖의 형태와 관련된 공간적 위치의 징표로 번역된다. 이것은 주위환경에서 자기 방향을 잡기 위해서며, 우리는 수평수직 방향을 참조하여 다양한 외관을 일관된 프레임에 연결시켜 연속성을 만든다. 상하전후좌우가 세상을 평가하도록 도와준다. 새로운 경험, 형태의 크기와 복잡함, 속도증가 때문에 오늘날 이 방향잡기 과정이 훨씬 더 어려워졌다.

하지만 지각작용을 이렇게 파악하는 것, 또한 이 지각작용 때문에 사람과 환경이 연속된다는 주장을 칸은 받아들일 수 없었다.[18] 기억된 경험패턴과 개념구조의 관여로 이행하는 '3차 수준'을 설정하는 시간경과상의 '지각과정'에 대해서도 칸은 회의적이었다. 심리학적 용어를 위험할 정도로 한정했고 얕은 개념으로 이해했을 공산이 크다는 지적이었다.[19] 연구진은 또한 다음과 같이 설명했다.

> 도시나 도시구역은 아주 크고 복잡하다. 도시를 전체로 이해하고 도시에 성격을 부여하고 자신을 도시와 쉽게 연관시키는 능력으로부터, 많은 감정적 만족감이 얻어진다. 쉽게 말하면 물이나 높은 곳에서 도시의 유명한 광경을 보는 흥분, 또는 사람들이 자신을 플로렌스처럼 성격이 강한 도시와 연관시키는 자부심이다.

이에 대해 칸은 "성장의 요구를 완벽히 논리적이고 표현적인 형태와 입장에서 설정해야만" 도시가 성격을 가질 수 있을 것이라고 봤다.[20] 한편, 연구진은 도시의 일관성이 물리적 특성에서 나올 뿐 아니라 개인과 집단의 환경과 결부된 경험, 명칭과 여타 지적 개념, 또는 그저 친숙함에 똑같이 기반 한다고 봤지만, 칸에게는 이렇게 "모든 걸 산입하려 해도 질서의 원천 없이는 부족하다"고 봤다.[21] 또한, 칸은 연구진이 도시의 성격을 '이미지 효과, 또는 조형적 효과'의 뜻으로 본다고 의구심을 품고, 도시에 성격을 부여하는 것은 오히려 '목적의 위대함, 사랑의 위대함, 희생의 위대함' 같은 것이라고 표명했다.[22]

질서의 개념에 대해, 칸은 "일련번호 체계나 엄격한 형태의 표준화같이 도시에 큰 개념적 질서를 부여하는 것"으로서 질서를 파악하면 오해라고 봤다.[23] 연구진도 이런 질서 개념에 회의적이었고 그런 기술이 무의미하다고 본 대신, "큰 전체를 견지하도록 부분을 세분화하지 못하기에 복잡 다양한 세부 현실을 가리키지 못하는 질서를 만들어 방향잡기의 목적도 꺾어버릴 것이라고 봤다." 이에 비해 칸의 질서개념은 다소 난해하고 애매하다. 칸은 다음과 같이 썼다.

> 질서다! 창조의 핵심으로서 존재하려는 것의 적어도 이상인 것에 작용하는 것 / 그 방향을 찾는다는 것은 이미 형성된 디자인의 원천을 찾는 것[24)]

연구진은 도시에 질서를 부여하는 방식에 있어서 이른바 경험적 · 직관적 테크닉을 호소했다. 즉,

> 많은 디자이너들이 거대한 도시환경에 "형태" 또는 "통일성"을 부여함으로써 이 [구성 과정의] 문제와 간접적으로 싸워 왔다. 이 원천으로부터 우리는 잇따른 <u>직관적 테크닉</u>, 가령 축선이라든지, 압도적 랜드마크, 통합된 재료나 상세, 또는 분명한 경계를 가진다. [밑줄은 칸의 표시]

여기서 직관적 기술, 즉, 축 · 랜드마크 · 재료 · 경계 따위를 린치는 나중에 자신의 단독저서인 『도시이미지』The Image of the City(1960)에서 도시설계방법으로 자세히 개념화했는데, 이것을 "직관적 기술"로 간주하는 것을 칸은 부정했다. 연구진은 "직관적"이란 말을 "선험적"이라는 뜻으로 쓴 것인데, 칸은 연구진이 직관적 테크닉이라고 말한 것이 테크닉 수단으로 배우는 것이지 직관적 테크닉이란 건 없다고 썼다.[25)] 연구진이 직관적 기술, 즉, 선험성에 기인하는 보편타당성을 설정했다면, 칸에게는 그런 선험적 기술이란 애당초 없다는 생각이었다.

연구진은 예술가의 직관과 경험에서 나온 기술이 연속성을 유지하고 변화를 구조화하는 데 이바지한다고 했지만,[26)] 이에 대해 칸은 "예술가에게는 성장을 기대할 수 없다고? 그렇지 않다"고 대꾸했다.[27)] 칸은 "도시의 전체적 연속성이 린치가 중시하는 차원 말고도 통행의 연속성("by foot, by water, by plane")에 크게 기반한다"고 봤다.[28)]

연구진이 도시의 총체적 환경을 연구하는 방법으로 제시한 여덟 가지 방법은 도시의 부분환경에 대한 연구방법과 거의 비슷했는데, 칸은 특히 망원관찰의 결과가 무용할 것으로 봤다.

연구진이 "통일성과 성격"을 상정한 것에 대해, 칸은 "성격에 의한 통일에 대해 기존 사례에 입각할 때는 이미 마음이 정해져 있다"고 지적했고, 기존 도시의 질서와 같은 "자

동차 시대나 마차 시대에는 동일한 질서가 불가능하다"고 봤다.[29] 이에 더해서, "다른 시각예술에서 발전된 시각통일의 원칙을 적용하여 도시형태의 일관성 이론을 발전시키는 목적"에 대해, 칸은 시각통일은 항상 변하는 값이고 시각적 질서의 일관성은 "수용하기에 너무 강력한 질서"라며 거부했다.[30]

칸은 일부 연구내용을 긍정적으로 평가했다. 즉, 이 연구의 4부는 무질서하고 과잉된 간판 등 도로시설물 때문에 생기는 혼란을 가로환경에 통합하여 정리하는 방안에 대한 것이었는데,[31] 그는 그 중요성을 인정했다. 연구진이 주의를 환기하는 기법, 단순화 가능성, 환경의 "코딩"원칙,[32] 공간적 위치를 검토할 것이라는 점에 대해서도 긍정적이었다. 다만, 연구진들이 소통이란 말을 가장 좁은 뜻으로 쓴다며, 칸 자신은 "지향성이나 상호작용"이란 측면에서 소통이란 말을 쓰는 것이 옳다고 봤다.[33]

〈부록 B: 도시와 도시순환에서 자연요소에 관한 연구의 몇 가지 제안〉은 1) 도시의 자연요소 연구, 2) 도시순환체계의 지각성 연구로 구성되어 있었다. 다음은 이 부분에 대한 연구진의 설명이다.

> 도시생활의 기회를 계절의 리듬과 자연의 색채 몇 형상들을 다시 만질 기회와 화해하는 것을 취해야 하며 이에 있어서 기술 발전을 금지하거나 도시적 존재의 진정한 의미를 흐려서는 안 된다 [···] 요약하면, 우리는 자연경관 요소의 모양 패턴과, 그것들의 다른 용도에의 연관성을 분석할 수 있다. 즉 에워싸인 광장, 가지 모양이나 방사상의 녹지, 공원의 평평한 띠 등. 그런 형태들의 세부적 시각 효과가 조사돼야 한다. 한 지역의 유형과 다른 지역의 유형 사이의 구조적 연관성, 대조와 보충성의 요인.

칸은 이를 매우 긍정적으로 받아들였다. 특히 도시패턴에 의한 자연지세 표현, 밝은 분위기와 건축요소의 색, 모양, 형태와의 연관성에 대한 지적에 대해 칸은 긍정적이고 놀라운 생각이라고 받아들였다.

케피시와 린치의 연구에 대한 칸의 평가를 정리해 보자면, 칸은 도시의 형태적 특질을 "이미지"로 규정하는 것을 부정했다. 도시경험을 과학적으로 분석하는 시도는 방법선택에 이미 규정된 범주 밖의 도시경험을 모조리 놓치는 것으로 봤을 것이다. 총체적이고 조화된 시각 환경을 추구하는 이들의 시도가 헛되다는 판단은 칸 뿐 아니라 후대의 비평가로부터도 나왔다. 그것은 곧 고도로 수학화되는 계획에 대해 이미지로 도피한 대표적 방식이란 지적이다.

린치는 도시사회학의 비참하리도 기본요소적인 것에 대한 연구를 게스탈트 심리학의 전통과 통합하여, 전체형태를 도시에 도입하여, 사회적 목적을 염두에 두고 설계되고 사용되는 중요한 장소로 가득한 대도시에 개인과 집단이 다시 친근해지는 장소로 도시를 만들고자 열망한 도시구조의 재조직화를 제안했다. 이것도 똑같이 낡은 유토피아로서, 이 경우 익명의 관찰자는 더 이상 퇴니스Tönnies가 제시한 '공동체'에 향수적으로 기대진 않는다 하더라도, 형태에 대한, 있을 법하지 않은, '집단의지'라는 공통분모에서 도출한 이미지를 그리워하며 호소하는 점에서는 같다. 더 큰 규모에서 카밀로 지테의 생각이 부흥한 것 같았다.[34]

그렇다면, 도시의 특질 · 가치 · 소통의 개념을 과학적으로 규정하려는 시도에 대해 칸 자신은 어떤 대안적 답변을 가지고 있었던 것일까? 1955년, 케피시와 린치가 그들의 연구를 진행하던 것과 거의 같은 시점에, 칸은 "질서란"Order Is이라는 글을 발표한 것에 주목해 보자. 이것은 케피시와 린치 식의 접근방법에 대한 대응이자 칸 스스로 질서에 대한 물음에 답을 제시한 것일 수 있다. 다음은 칸이 기고한 글의 전문이다.[35]

질서란

디자인이란 질서 안에 형태 만듦이다.

형태는 구성의 한 체계에서 나온다

성장이란 하나의 구성이다

질서 안에 창조의 힘이 있다

디자인 안에 수단이 있다—어디서 언제 무엇으로 얼마만큼으로

공간의 본질은 그것이 되려는 바를 반영한다

음악당은 하나의 스트라다바리우스인가

아니면 그것은 하나의 귀인가

음악당은 한 창작도구로서

바하나 바르톡에 맞추거나

지휘자에 의해 연주되거나 한 것인가

아니면 그것은 하나의 회합장인가

공간의 본질 안에 특정 방식으로 존재하려는 정신과 의지가 있다

디자인은 저 의지를 충실히 따라야 한다

따라서 줄무늬를 그린 말이라고 얼룩말이 아니다.

철도역 이전에 한 건물이 있으며
그것은 길이 되려 하며
그것은 성장한다 길의 요구들로부터
운동의 질서로부터
윤곽들이 모여 매끄럽게 됐다

본질—왜—를 통해

질서—무엇—을 통해

디자인—어떻게—를 통해

하나의 형태가 형태에 내재한 구조요소들로부터 떠오른다.

하나의 돔은 어떻게 그것을 짓는가의 물음들이 나올 때 고안되지는 않는다.
네르비는 한 아치를 성장시키며
풀러는 한 돔을 성장시킨다

모차르트의 작곡들은 디자인들이다
그것들은 **질서**의 수행들이다—직관적이다
디자인은 더 많은 디자인들을 부추긴다
디자인들은 그것들의 상(像)을 질서로부터 이끌어낸다
상은 기억이다—형태다
양식은 하나의 채택된 질서다

똑같은 **질서**가 코끼리를 만들었고 인간을 만들었다
그것들은 다른 디자인들이다
다른 열망으로부터 시작되며
다른 조건으로부터 꼴을 갖춘다

질서가 아름다움을 수반하지는 않는다
똑같은 질서가 난장이와 아도니스를 만들었다

디자인은 아름다움을 만드는 것이 아니다
아름다움이 나오는 것은 선택
친화
통합
사랑으로부터다

예술은 질서 안에 삶의 형태 만듦의 한 가지다—심적이다

질서는 만질 수 없다

그것은 창조적 의식의 한 단계며

영원히 더 높은 단계로 되어가며

그 질서가 더 높을수록 디자인의 다양성은 더 커진다

질서는 통합을 떠받든다

공간이 되려는 바로부터 건축가에게 낯섦이 계시될 수도 있다

질서로부터 그는 창조의 힘과 자기비평의 힘을 이끌어 낼 것이다

이 낯섦에 형태를 부여하기 위해서

아름다움이 진화할 것이다

[텍스트의 배열과 굵은 글씨체는 칸 자신에 의한 것임.]

세심하게 글을 가다듬은 노력에도 불구하고 쉽게 내용을 이해하기는 어려운 텍스트다. 하지만 이 짧은 텍스트에 질서에 대한 칸의 고유한 입장이 확신있게 표명된 것은 분명하다. 도시건축담론에서 질서가 지배개념이 되고 있으면서도 애매하고도 서로 다르게 이해되던 상황에서, 칸 스스로 질서 개념을 잘 규정해야만 하는 동기가 강했을 것이라고 충분히 짐작할 수 있다. 칸은 이 텍스트에서, 창작행위와 관련된 여러 개념들, 즉, 본질 · 형태 · 디자인 · 성장 · 아름다움 등과 관련지어 질서의 역할을 규정하려고 시도했다. 그의 개념이 필라델피아의 다른 도시건축전문가들의 개념과 다른 점을 끄집어 내 본다면, 우선, 칸에게 질서는 창조의 원천이다. 하지만 조화로운 배열 자체는 아니다. 디자인 즉 '어떻게'의 수준에 있지 않고 구체적으로 만질 수도 없다. 질서는 찾아내는 것이지 부여하는 것이 아니다. 케피시와 린치처럼 도시환경의 지각적 질서를 추구하는 것으로는 실제 질서를 포착할 수 없는 까닭은, 표현되려는 것이 무엇인지 묻지 않기 때문이었다. 결국, 칸에게 도시의 "질서"는 도시가 "되려고 하는 바"를 이해하는 것과 마찬가지다.

그의 실제 작품을 전반적으로 살펴보면 개별건축물이건 도시이건 성장에 대해서도 충분히 수용적이었다고 볼 수 있다. 도시의 시각환경을 일관되게 통제할 수는 없다고 봤고, 그런 일관성으로 인해 도시민의 공동체감이 쉽게 보장되는 것이라고도 생각하지 않았다. 칸의 건축표현의 한계와 문제점을 지적한 비평 가운데에는 그의 건축이 너무 강력하고도 고정된 시각적 질서를 주장한다는 입장도 있지만, 칸 스스로는 명백히 이 점을 부정하고 있는 것이다.

이와 관련해서 함께 재해석해야할 개념이, 칸의 건축표현의 특징을 설명하는 열쇠말로 흔히 간주되어 온 '기념비성'이다. 해석하는 사람에 따라 칸 건축의 기념비성은 일차적으로 구축적 특질에 기인하는 것으로 보기도 하고, 또는 기하학적 특질로 해명하기도

한다.[36] 하지만, 기하학과 구조는 함께 설명될 필요가 있을 뿐더러, 표현의 의미를 온전히 드러내지 못할 수 있다. 이 대목에서 생각해 봐야할 점은, 칸 스스로 "기념비성에서 기념비성으로 변하는 정신적 발전"에 대해 언급한 사실이다.

> 지난 12년 동안 내게 있었던 정신적 발전 때문에, 나는 완전히 새로운 주제, 즉, '기념비성'에 관해 말하기로 했다. 분명 놀랍겠지만 나는 운명이 도움과 행운으로, 내가 바라는 대로 상당히 방향을 설정할 수 있었고, 스스로 '기념비성'에서 '기념비성'으로 기꺼이 변하는 정신적 발전을 겪었다.[37]

1944년 칸은 기념비성의 긍정적 가치를 표명하며 구조에 깃든 영속적 특질을 가리켰던 것이 사실이다.[38] 하지만 이에 비해 1970년 칸의 기념비성 언급은 확연히 관점이 달랐다. 즉,

> 내가 볼 때, 기념비적이란 것은 별 다른 것이 아니다. 더하거나 뺄 수 없는 것과 관계할 뿐이고 기념비적인 것은 진정 뭐든지 그렇다. 그것은 크기와 무관하다. 대헌장이 기념비적이고 기저귀 핀이 기념비적이다. 더할 것도 뺄 것도 없기 때문이다. 하지만 크기만 하거나 두드러진다거나 대리석으로 만들어졌다고 해서 기념비적이라는 말이 압도하는 것이다. 그렇지 않다. 그것은 사람들을 모을 수 있게 하는 노력을 얼마나 기꺼이 기울일 것인가 하는 것일 뿐, 그 이상이 아니다.[39]

칸은 자기 건축의 기념비성을 부인하지 않았다. 나중의 회고에서 보듯이 가장 포괄적인 의미의 기념비성은 '더하거나 뺄 것 없는' 상태와 연관되어 있다. 고전주의적 건축이론, 가령, 알베르티의 『건축론』De re aedificatoria에서 아름다움의 원인을 콘킨니타스concinnitas에 돌리며 설명한 대목, 즉, "한 부분을 빼냈을 때 전체가 약화되고 훼손되는 통일성"을 떠올리는 말이다. 칸은 기념비성에 대한 이 규정에서 그것을 질서에 대한 특정한 수준의 디자인으로 봤다면 어떨까? 칸에게 질서와 디자인 자체는 아름다움을 만드는 것이 아니듯, 기념비성도 미적 규정과는 거리가 있다고 봐야 할 것이다.

칸이 기념비성 규정을 설명하는 이 대목에서 빠뜨리지 말 대목은 그것이 "사람들을 모으는 노력"과 결부돼 있다는 설명이다. 실제로 사람들이 모이는 공간이라기보다는 사람들의 마음을 모은다는 것으로 볼 만한 맥락이다. 그것은 일종의 '공동체감'과 관련되어 있을것이다. 칸에게 "예술은, 공통 언어를 찾으려는 예술이며, 그 언어는 자기 규칙을

떠나 건축주에게 닿기 위한 언어"다.[40] 칸은 건축을 일차적으로 예술의 입장에서 봤고 창작자와 여러 수용자가 공유할 수 있는 언어로 봤다. 결국, 기념비성은 소통가능한 건축언어를 가리킨다.

칸의 기념비성에 대해 종종 그 역사적 참조성과 상징성이 주목 받았다. 일찍이 스컬리Vincent Scully는 그 역사적, 종교적 의미를 지적했다. 폰모스Stanislaus von Moss는 그것을 역사적 건축형태의 이미지를 복원하는 보수적 접근방식으로 봤다. 타푸리도 칸의 건축언어가 향수와 상징에 관련된다며 칸이 비밀스럽고 불가해한 특질을 회복하려고 건축을 상징으로 변형시켰다고 봤다. 즉, 칸의 건축은 "특수한 기능 문제 뿐 아니라 상징을 표현"하며 이 상징은 "암시성이 풍부한 기하학적 관계"에 의했고 그 외관은 저개발국가에서는 확실히 "상징적 위풍"을 가졌다는 설명이다. 타푸리는 칸이 보자르보다는 로마제국이나 후기고전세계에 의해 고무된 "새로운 기념비주의"를 목표로 삼았다고까지 봤다. "그리스적 로고스를 참조했다기보다 제도와 권력이 된 세속적 측면의 신념을 찬양했다"는 것이다.[41] 이에 비해 칸의 상징은 '그것 이닌 다른 것'을 제시한다는 점에서 상징의 원래 의미에 충실하다는 설명도 있다.[42] 칸의 건축은 '현대적 인식공간'을 제시하며, 그 공간에서 "주관과 개별은 자체를 제한, 거부, 탈중심화함으로써만 실현될 수 있는 한편, 기원신화에 관한 부단한 자기물음을 통해 주관적 유한성을 띠고, 동시적 논리적 이성의 분류화를 재차 재점검하게 하고 […] 어둡고 맹목적인 진보의 변화와 불가피한 시간의 침식을 가리킨다"는 설명이다.

기념비성과 상징성을 긍정적으로 보는 경향은 그것을 민주사회의 요구와 연관시키곤 한다. 커티스는 칸을 기념비성과 관련한 20세기의 몇 안 되는 중요한 건축가로 꼽으며 그 기념비성을 '상징적 추상' emblematic abstraction 개념으로 해명한다. 즉, 다카 국회의사당 같은 건물에서 칸은 "시설의 모순을 해석하고 동서양전통을 통합하는 능력을 보였다"고 평가하면서,[43] 커티스는 칸의 형태에서 직설적인 상징적 의미 대신 다양하고 복잡한 추상적 의미를 읽었다. 그것을 통해 칸이 민주사회의 이미지를 만들려고 고심했다고 그는 다음과 같이 설명한다.

> 기념비성 문제는 형태의 힘, 상징, 기억, 의식儀式과 관련되며, 칸의 가치도 이와 관련된다. 칸의 경우, 민주적 기념비성이라는 어려운 모순과도 관계있는데, 권위와 참여의 균형을 유지하는 것이 그 목적이 되는 문제이다. 다카 국회의사당과 주변 행정건물의 특수사례에서는 사회하부구조를 '읽어내는' 것도 기념비성의 문제였고, 종교적 · 세속적 가치와

지역적 건축전통의 층위를 고려해서 이 하부구조를 해석하는 문제이기도 했다… 칸은 역사적 원천을 초월해서 자신의 질서를 만들었다. 그 질서는 이미지를 응축하고 순화하는데, 이 질서는 무엇보다 추상적이다. 칸이 모더니스트적 추상을 사용한 것은 복잡한 내용을 담고 때론 형이상학적 공허를 담기 위해서였다… 칸의 '상징적 추상'은—라이트나 르코르뷔제처럼— 재현의 의미가 너무 특수하지 않고 한 형태에 여러 의미가 공존하게 했다. 칸은 과거를 사용했지만 또한 버렸다. 시간과 발명을 통해 작업함으로써 시간의 퇴적에 놓인 긴 의미의 바다를 추구했다.[44]

골드하겐 또한 칸 건축의 기념비성이 민주사회의 요구와 어떻게 관련되는지 설명하려 했다. 즉, 그녀는 칸의 모더니즘을 "참여적 공동체를 키우기 위해 기념비성을 상징적 도구로 구사하고, 자아를 상황 지으려고 진정성을 그 기념비성과 결부하는 새로운 모더니즘"으로 해명했다.[45] 그녀에 따르면 "칸은 두 가지 사회적-건축적 관계를 만드는데 전념했는데, 하나는 사람들이 공통된 감정을 키우도록 기념비성의 인상을 창조하는 것, 다른 하나는 사람들이 스스로를 자각하도록 진정성의 경험을 부여하는 것이었다."[46] 이 때 그녀는 칸의 기념비성을 거대함, 육중함, 독특함(린치의 심상성imageability 개념)으로 본다. 즉, "영구성, 시각성, '심상성' 때문에 사람들이 자신들을 그 안에 들어있는 정치적 제도와 그들이 복무하는 사회의 물질적 상징으로 보게 한다"는 설명이다.[47] 그녀는 이른바 즉물적 표현에 바탕을 둔 진정성 개념을 기념비성과 구분하여, 기념비성을 거의 미적 속성으로 파악했는데,[48] 칸의 기념비성을 이차대전 이후 기념비성 논의의 맥락에 직접 연결하는 시도이기도 하다.

하지만, 이 기념비성에는 건물 안과 밖의 관계, 또는 건물의 내적 내용과 외적 형태에 대한 칸의 입장이 결부되어 있음 또한 틀림 없다. 칸 말년에 한 대학생이 건축의 외관에 대해 질문한 데 대해 그가 답장한 글의 내용을 읽어 보면, 우리는 공공적 건축표현으로서의 칸의 기념비성을 이해하는 또 하나의 중요하고도 기본적인 단서를 찾을 수 있다.

나는 건물의 바깥을 공공적 관점에서 깊이 의식한다 […] 건축가의 최고 관심사는 건물의 본질이다. 해를 거듭하는 건물의 성격을 재고해야만 그 해결책이 타당해 진다 […] 파사드는 다른 건물에 동조하기 위해 [건물에서] 떨어져 나가는 경향이 있다. 하지만 진정코 달성해야 할 것인 바, 만약 건물의 성격을 새로 깨닫고 거기에 새로운 활기를 부여하게 되면, 건물 외관은 건물 내부 때문에 낯설고 새로운 모습이 된다. 그때 새로운 개성을 가지고 서게 되며, 이 개성으로부터 **새로운 도시적 참조**가 도출된다. 모든 건물은 **인간의**

시설을 반영해야 한다. 모든 시설은 **"인간의 동의"**에서 유래한 원래 영감이 아름다운 자극을 잃었기 때문에 문제가 된다. 즉, 덜 영감 받은 운영상의 결정이 잇따라 씻겨 나간 것이다. 이것이 건축가가 동기의 원천으로서 느껴야 할 지점이다. 나는 해법이 아니라 건축가의 욕구에 의해 생겨나는 새로운 개체를 생각했으면 해서 이렇게 말한다. **안팎이 하나인 개체**지, 파사드와 안이 분리된 것이 아니다.[49)]

(강조표시는 저자에 의함)

칸은 이 글에서 건물의 외부 표현을 주변과 동화시키거나 동조시키는 것이 우선이 아니라고 말한다. 건물의 본질을 이해하는 것이 우선이고, 그러면 건물 내부로 인해 건물 외부가 기꺼이 낯설고 새로운 모습이 될 수도 있다는 설명이다. 이 때 '안팎이 하나인 개체'란 어떤 모습을 가리키는 것일까? 칸의 건축작품에서 안팎의 구조나 형상이 종종 대조적인 모습을 가진다는 지적들도 있기 때문이다.[50)] 칸이 자신의 건물의 안과 밖이 일치한다고 주장한 것은 건물의 내적 의미와 외관 표현이 적절한 관계를 가지는 것을 가리킨 것이 아닐까? '건물의 본질'과 관련해서 건물개체가 안팎에서 분리되지 않아야 한다는 뜻으로 본다면, 이 때 건물 안이 바깥에 투사되는 것을 뜻한다기보다는[51)] 안팎이 존재론적으로 긴밀하게 연관돼야 한다는 뜻으로 풀이할 수 있다. 바깥은 안의 기능적 총합을 단순히 지시하거나 대체하는 것이 아니라 내부를 적극 생성하는 것이라고 볼 수 있다. 본질에 충실한 건축의 바깥은 도시에 대해 '낯설어' 보일 수 있다. 하지만 안의 내용과 떨어지지 않음으로써, 도시에 대해 안의 내용을 바깥에 내밀어 새로운 도시적 참조항을 제안할 수 있어야 한다. 바로 그런 자신감이 기념비성의 특징일 것이다.

멈퍼드의 생각과 마찬가지로 칸에게도 건축의 일차적 가치는 제도(시설)의 가치에 있었다. 만약 건축의 안의 내용을 궁극적으로 그 시설의 내용으로 본다면 바깥의 표현도 그 시설의 표현이어야 한다. 그런데, 한 건축물이 어떻게 만들어졌는지를 표현의 내용으로 중시한 문제가 남는다. 그런데, "어떻게 만들어졌는지"를 시공과 구조의 합리적 표명, 이른바 "구조합리주의" 경향으로 환원하는 것은 칸 스스로 버린 기념비성의 개념에 부합하지 않으므로, 오히려 시설의 측면에서 해석한다면 어떻게 될까. "어떻게 만들어졌는지"와 건설의 정황을 밝히는 것은 어쩌면 시설과 독립된 "건물의 되고 싶은 바"의 차원으로 여길 수 있지 않을까?

이 정도 이해의 바탕에서 칸의 도시건축작품들에서 그 소통적 측면을 해명해 보자.

3-1 루이스 칸, 루즈벨트 기념비. 1960년 디자인(위)과 1973년 디자인(아래)

3

60년대 공공건축의 표현 위기

1960년대 초에 진행된 미국의 대규모 공공건축사업들에서는 디자인을 둘러싼 당시의 위기의식이 드러났다. 당시 디자인에 대한 관점은 전문가들 뿐 아니라 전문가와 일반대중 사이에도 격차가 심했는데, 샌프란시스코와 워싱턴디시의 사업들이 이 점에서 주목할 만하다. 샌프란시스코의 골든게이트웨이 사업은 샌프란시스코 도심의 밀집·노후한 도매시장지역을 주택단지로 재개발하는 사업이었다. 약 8만 제곱미터 땅에 2200세대의 공동주택을 1억 달러를 들여 짓는 사업으로서 당시 미국역사상 최대규모였다.[1] [도판 3.2] 사업기획사들은, 기존 저소득층 주거 개발 대신 도시중산층 주거 개발사업의 전환이라는 데에 의미를 뒀고, 중심업무지구쇠퇴와 중산층주택부족의 문제를 동시에 해결할 것으로 기대했다.[2]

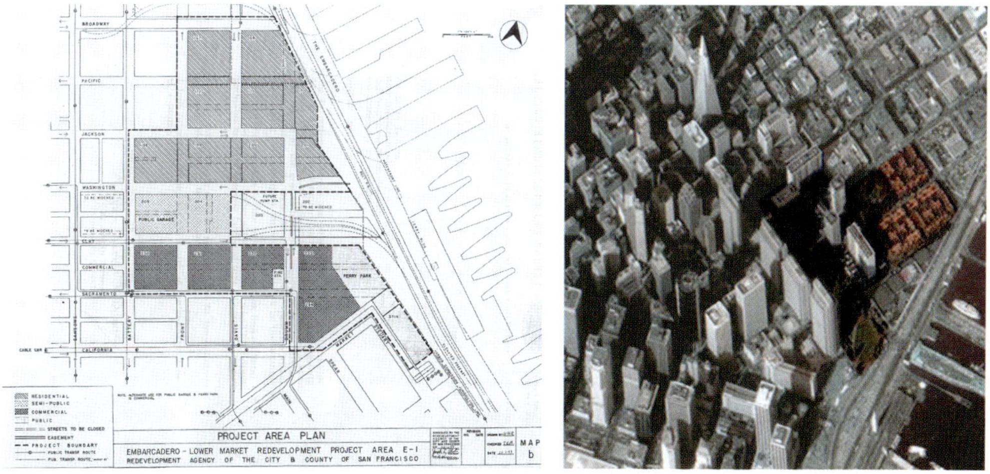

3-2 샌프란시스코 골든게이트웨이 프로젝트. 사업구역도(왼쪽)와 현황(오른쪽)

이 사업의 현상설계심사과정의 논의내용을 통해 당시 문제가 된 디자인 관련 이슈를 추적해 보자. 심사위원이던 루이스 칸의 요청으로 샌프란시스코 재개발국은 각 제출안에 대한 심사내용을 비공개문서로 남겼는데, 평가문의 최종수정은 칸이 맡았다.[3] 현상설계에 참여한 대부분의 건축가들은 샌프란시스코의 주거 맥락을 존중한다는 입장을 표명했다. 하지만, 도시주거맥락을 어떻게 재현하는가에 대한 이슈의 해석은 당선작인 워스트 등의 출품작을 비롯하여 [도판 3.3] 건축가들마다 또한 심사위원들마다 서로 달랐다. 심사위원들은 다양성이 경제적으로 더 타당하다며 단조로운 배치를 거부했고, 이 때문에 맥스위니Angus McSweeney의 제출안이나 만 존슨 멘던홀Mann, Johnson & Mendenhall과 콜릿 스팩먼Corlett & Spackman의 제출안 등을 부정적으로 평가했다. 칸은 안셴의 디자인이 샌프란시스코의 실루엣을 축소판으로 모방하는 접근방식은 소극적인데다가 결과적으로 "외관의 표현과 건물의 내적 본질을 분리시킨다"고 봤다. "미묘한 점이지만, 나는 건축가의 작업이 표현presentation이어야지 재현representation이어선 안 된다는 느낌이 강하게 들며," "덜 개인적이고 더 강한 공공인 외관이 되길 바란다"고 지적했다. 칸은 주거건축에서 단독적 형태들을 구사하는 것보다는 그루핑을 선호했고, '건물의 본질'을 표현할 것을 주장했다.

앤더슨Lawrence B. Anderson과 치암피Mario Ciampi는 주거건물도 어느 정도 기념비성을 띨 수 있다고 보아, 에스오엠SOM의 기념비적 디자인을 옹호했다.[도판 3.4] 단, 그 압도적인 기념비성을 다소 누그러뜨릴 필요가 있다는 단서를 달았다.

> 이 디자인의 대담성과 기념성은 매력적이다. 확실히 강력하고, 넓은 개방공간을 뒀고, 이는 커다란 아파트 건물 세 채에 사람들을 모두 수용할 때 생길 문제와 일관성을 가진다. 550-750 피트 길이의 22층 건물들로 이루어진 아파트 건물들은 아주 잘 배치됐다. 단조로움에다 압도적인 중압감이 있어서, 이 안을 채택한다면 건물들을 다시 디자인할 필요는 있다. […] 하지만, 어떤 건축적 개념도 이 압도적 기념성은 누그러뜨려야 한다.[4]

루이스 칸은 에스오엠의 디자인이 주거건축물에 기념비성을 부여한 것을 이유로 그것을 선정하기 거부했고,[5] 루비츠니츠Lubicz-Nycz의 제출안에 대해서도 마찬가지였다. "에펠탑은 하나로 족하다"는 설명이다.[6] [도판 3.5]

> 건축가의 개성을 도시의 개성에 복속시킬 만한 건축가의 소양이 충분할지 우려된다. 이 건물은 거주처일 뿐인데도 마치 랜드마크인 양 너무 튀는 것에 동의할 수 없다. 그리 되면 거주자들은 모두 자기를 특별하다고 느낄 텐데 삶이란 것이 그렇지 않다. 공공건물이

라면 몰라도 주거건물로는 좋지 않다. 그 땅에 정말 눈에 뜨이지 않게 퍼져 있어야 한다 [⋯] 이 원칙은 개별 디자인이라기보다 하나의 원칙으로 인정될 정도로 좋아야 한다.

페리니 골든게이트웨이 현상설계안 심사평: “대지를 제약하는 길들을 존중하고 건물을 차량진입을 위해 도로면에서 디자인하면서 집과 아파트를 배치했다. 이러한 접근방식은 우리시대의 삶의 방식이라는 건축적 함의에 있어서 긍정적이다. 차량은 길에 속한 것으로서 길에 직접 연관된 현대의 건축발전에 영향을 미쳐야 한다. 이 점은 매우 추천할 만한 자세이며, 잘 실행되면 많은 도시가 따를 만한 사례가 된다. 발표에서 받은 전체적인 인상은, 그 길들이 통과교통을 야기한다는 주장이 있음에도 불구하고, 길에 친근하고 자연스런 측면이 있다는 점이다 [⋯] 공원의 위치가 프론트길과 데이비스길을 면하여 개발부지의 공공적 활용을 제공한다. 이런 계획 태도는 재개발국이 샌프란시스코 시민에게 더 많은 이익을 줄 좋은 전제가 된다. 다양한 판상형 건물, 타워, 듀플렉스 메조넷을 옥상정원으로 덮인 길 높이의 주차장 위에 신중하게 모아서 배치했다. 흥미로운 자기부여적 조건의 다양성에서, 공원조성과 차와 거리의 건축의 표명이 확실하다. 다양함을 신중하게 의도한 다른 조건들에서는 디자인의 참신함이 과해지거나 건축적으로 취약해 지거나 너무 특정하거나 전혀 테마가 없을

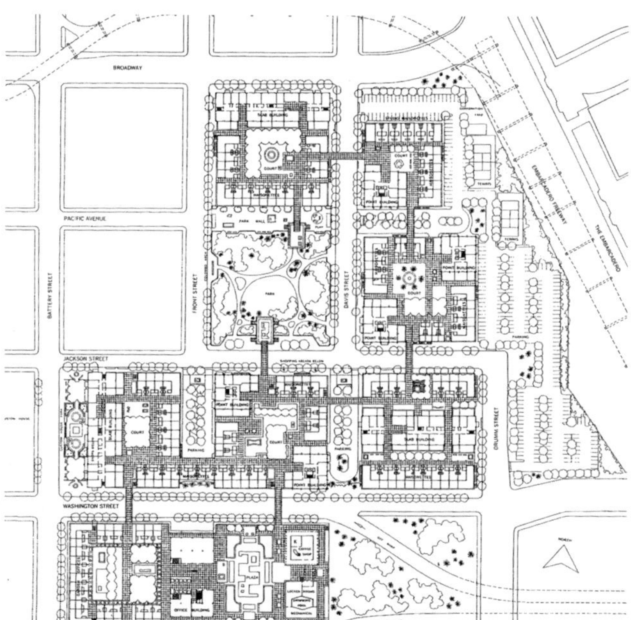

3-3 페리니, 골든게이트웨이 현상설계안
(참여건축가: Wurster, Bernardi & Emmons with De Mars & Reay)

수 있다. 판상형 건물은 원래 추하며 멋있게 마무리되지 않는다. 타워형 건물이 더 고유한 미를 가지고 다양한 그루핑에 속할 수 있다. 메조넷은 더 규율화시켜 도로면의 공간적 요구에 구조적으로 조화시킬 수 있다. 구조물을 단순화한 것은 더 익명적이 될 수 있겠지만 도시설계에서는 더 오래 지속된다. 샌프란시스코의 다양한 환경을 일반적으로 모방해서 색채와 건물의 다양성을 디자인의 전제로 채택하는 것은 미심쩍은 점이다. 인공적으로 평탄한 땅과 비인간적인 고속도로의 조건이 디자인 지침이 돼야 한다. 대체로 새롭고 건전한 계획개념이고 따뜻함이 충만하다."

에스오엠의 현상설계안 심사평: "이 안은 엠바르카데로 고속도로의 비인간적 규모와 항만의 개방적 규모에 대해 기념비적이고 회화적으로 건물의 매스를 택했다. 살기 위한 장소로 건물의 특성을 고려하기보다는 세 동의 매스를 집중배치했고 전체 22에이커 땅에서 10에이커를 공원에 할당했는데, 토지개발자에겐 추천할 만한 접근법이고, 주차를 그루핑하고 상점과 커뮤니티 수요공간을 둔 것도 추천할 만하다. 이런 집중방식으로 입구와 동선을 명확히 했는데 다른 제출안에서는 이 점이 불명료했다. 타워 슬래브와 주택에 필요한 공간수요를 사이트에 흩뿌린 것은, 거주성의 관점에서는 더 유효하겠지만, 자동차도로의 규모와 무관한데다 수변대지의 인접성과도 무관하다. 건물 매스의 디자인을 평가하면 […] 매스들이 바람직하지 않다는 것이 즉각적으로 느껴지는 반응이다. 집합의 방식이 바람직하지 않아서라기보다 집합의 성격이 딱딱한 벽을 만들어 주변의 섬세한 기존 건물들의 전망을 가리기 때문이다.

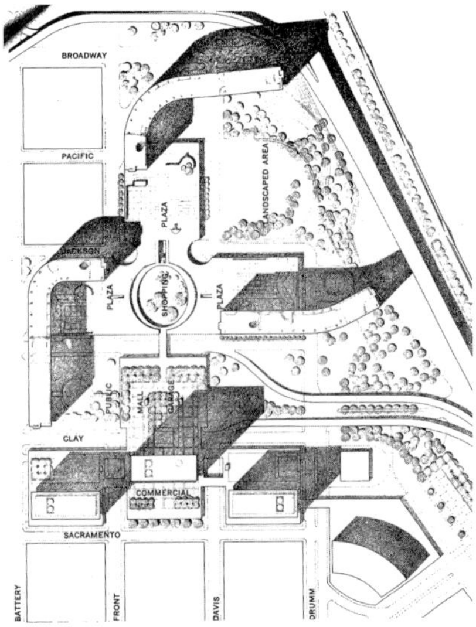

3-4 에스오엠, 골든게이트웨이 현상설계안

판상형 건물의 이런 특성 때문에 심사위원 대부분이 이에 반대한다. 건축가에게 제안하자면, 물리적으로 구획된 클러스터로부터 각 건물군을 성장시키는 입장에서 연구해서 각 건물군이 내부아파트공간의 해결에서 다양성을 뚜렷이 표현했더라면, 집결방식 때문에 큰 성을 닮은 발코니형 타워와 펜트하우스를 낳았을 것이다. 세 개의 성이 됐더라면, 각각이 서로 평면의 다양성의 확장의 노력을 통해 달라지며 판상형 건물 세 동을 대체하고 집중에 대해 더 크게 공감대를 낳았을 것이다. 그러나 이 제출안의 문제점을 건축가가 그것을 제안하지 않았다는 것이다. 이 아이디어는 판상형 건물의 벽 같은 장애물을 허용했고, 그것은 압도적이고 공기 흐름을 막고 다른 부지에 그림자를 드리우며, 건물 끝을 비건축적으로 강하게 굽혀 더욱 추하다. 따라서 건물을 만듦에 있어서 감성이 없고 건축예술도 전혀 없다. 다만 집중방식, 이른바 조각적 태도의 공공디자인의 접근방식과 그 결과로 생기는 공원 땅 자체가 이 특별한 장소에서 장점이 될 뿐이다."

루비츠-니츠 골든게이트웨이 현상설계안 심사평: "제출안 가운데 가장 독창적이다. 독특한 분위기로 공공성을 부여하고 있어서 랜드마크가 될 수 있다. 이 제출안과 다른 제출안들은 성격을 희생하지 않고 설립된 질서를 통해 다양성에 대한 끊임없는 욕구가 내적으로 획득될 수 있다. 다른 건축가들의 시도와 대조적으로, 건물 높이는 다양하지만 그렇다고 샌프란시스코의 경사지형을 모방하지는 않는다. 모든 부분이 통합되어 있기 때문에 무지막지한 고속도로를 극복하는 강한 자신감이 있다. 주위환경을 융통성 있게 변형시켰고, 경제적이며, 새로운 유형에 대답한다. 네 부분은 셋으로 할 수도 있었을 것이다. 각 부분은 전혀 다른 내적 공간개념을 가질 수 있다. 방위에 대한 적응성과 모양과 건설 유형의 유연성이 경제적 강점을 지닌다. 단위평면은 단순하다. 이 디자인은 존재 의지를 반

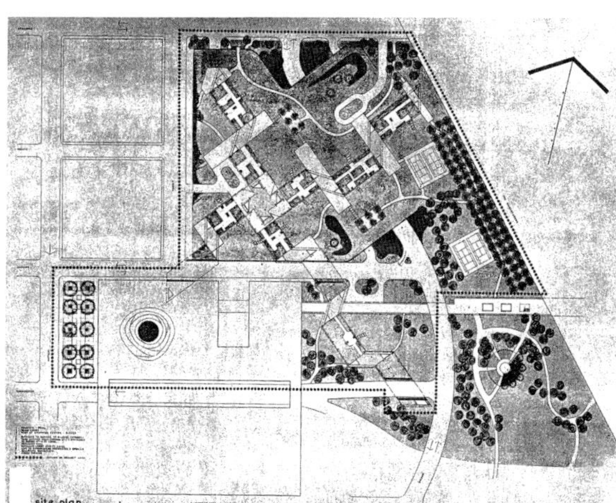

3-5 루비츠-니츠, 골든게이트웨이 현상설계안

영한다. 사회에게 만들어져야함을 요청한다. 단, 도면과 모형이 건축가의 충분한 재능을 드러내지 않는다. 이런 디자인에서는 탁월함이 모든 구석에 스며있어야 한다. 모든 디테일이 전체적 확신을 향해 작용해야 한다. 철저한 예술가만 이것을 평온하게 수용할 만하게 하며 그 낯선 시작을 보유할 수 있다. 상점, 주차장 등 다른 건물은 두드러지지 않은데 아파트와 대지와는 성격이 맞지 않다. 이것이 차량문제에 대해 공감하기 어려운 이유다. 건축가에게 제안하기로는, 네 단위 섹터가 중앙에서 모이지 않고 개방공간이라든지 작은 플라자에서 모였다면 더 나았을 것이다. 또한 건물이 플라자를 면해 약간 솟았다면 더 나았을 것이다."

안센 앨런, 골든게이트웨이 현상설계안 심사평: "예술적이지만 비논리적인 높이는, '샌프란시스코 실루엣'을 축소판으로 모방한 것은 골든게이트웨이사업의 건축적 문제를 해결함에 있어서 소극적 접근방식이다 […] 오늘날도 예전처럼 도시 실루엣은 저절로 진화한다. 하지만, 인공적으로 평지로 조성한 해변의 이 사업부지에서는 가파른 지형 조건이 없는 건축디자인이 요구된다. 굽이치는 높낮이의 아파트 건물로써 지금의 샌프란시스코의 성격을 반영한다는 것은 평지에서는 부적절하고 작위적이다… 남쪽 지상건물에 주차장을 집중배치한 개념은 부지 북쪽을 자유롭게 식재하겠다는 것이다. 상업공간을 이 주차지역에 배치한 것도 주차지역의 특징적 차이를 풍부하게 만든다. 이 주차장 상부의 건물은 지상의 건물과 비슷한데, 이는 곧, 이 건물의 구조체 때문에 주차장 동선이 부자연스러워질것을 뜻한다. 주차장과 아파트를 결합시킨 블록은 복잡하고 추하다. 굽이치는 아파트 건물을 주차장의 경직된 요구에 적응시키려다보니 그렇게 됐다. 건물을 서로 다른 기능으로 분리시켜 명확히 규정하는 것이 경제성과 아름다움에서 나을 수 있다."

3-6 안센 앨런, 골든게이트웨이 현상설계안

루즈벨트기념비 사업

비슷한 시기에 진행된 프랭클린 델러노 루즈벨트 기념비 건립사업도 당시 공공적 건축표현의 문제와 이에 대한 사회적 인식을 잘 보여준다. 이 사업은 기획에서부터 완공에 이르기까지 논란과 우여곡절을 겪어 그 동안 디자인도 여러 번 바뀌었고 결국 사업을 시작한 지 50여년이 지난 뒤에야 지어졌다. 1959년에 공개현상설계를 진행함으로써 그 과정이 시작되었는데, 기념비의 대지는 워싱턴 디시의 웨스트 포토맥 공원에 66에이커 면적의 땅으로 정했다.[7] 대지는 북쪽으로는 몰, 서쪽으로는 포토맥 강, 동쪽으로는 타이들 베이슨Tidal Basin이 있었고, 기존 세 기념비(워싱턴 기념비, 링컨 기념비, 제퍼슨 기념비)를 꼭짓점으로 하는 직각삼각형의 한 변에 해당했다. [도판 3.7]

디자인의 핵심이슈는 경관과의 조화문제였다. 즉, 웨스트 포토맥 공원은 워싱턴 디시의 기념비구역에서 개발할 수 있을 마지막 땅으로, 이 기념비가 이 구역의 마지막 개발사업이 될 것이란 점, 따라서 기념비의 성격, 대지위치, 주변환경과의 연관성이 도시의 미래에 중요하다는 점, 전체공원지역의 가치를 이 기념비공원을 통해 더욱 강화해야 한다는 점이 디자인 지침에 명기됐다.[8] 한편, 기술적 요구사항으로는, 원래 습지 자리이던 이곳 토양상태 때문에 암반지지기초가 불가능할 것이란 점, 기초조성 비용을 고려할 점이 제시됐다. 하지만, 전반적으로 "주변과의 조화," "진정한 루즈벨트"의 표현이라는 추상적인 제한만 부여했을 뿐,[9] 딱히 프로그램의 제약을 두지는 않고 순수한 조경디자인에서부터 실제 건물디자인에 이르기까지 모든 것을 허용했기에, 제출된 총 574개의 출품작은 꽤 다양하고 혼란하기까지 했다. [도판 3.8]

사실, 애초에 이 기념비의 건립사업 자체를 반대하는 입장들이 있었는데, 워싱턴 디시의 전통적 도시형태와 그것을 뒷받침하는 녹지체계가 훼손될 것이 우려된다는 점이 주된 이유였다.[10] 원래 다른 용도로 기획되어 남겨진 자리에 이 기념비가 들어서게 되면 그 규모나 위치상 도시 전체경관과 관련될 수밖에 없는데, 기존 기념비들이 랑팡L' Enfan이 디자인한 몰의 특징을 강화하고 있다 치면 도시배후지인 포토맥 강변의 자연환경이 펜타곤(1943년 완공)이라든지 교량들로 인해 이미 물리적으로나 시각적으로 훼손됐고, 계획도시인 워싱턴의 전체질서가 위협 받고 있는 상태에서 더 이상 훼손시키지 않아야 한다는 입장이었다.

사업추진을 반대하는 여론을 안고, 디자인심사위원단은 뉴욕소재 페더슨 · 틸니William Pederson, Bradford Tilney사무소의 디자인을 당선작으로 선정했다. [도판 3.9] 하지만, 이제는

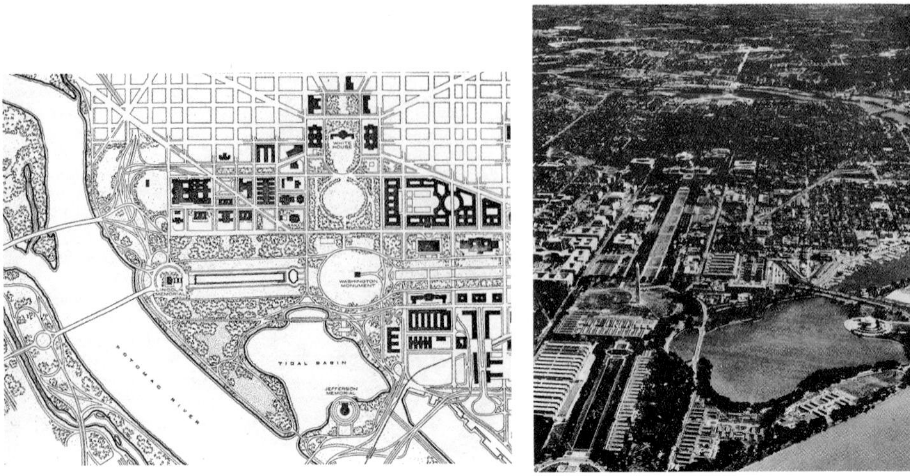

3-7 미국 워싱턴 디시, 루즈벨트기념비 사업부지

당선작 자체에 대한 논란이 덧붙었다. 국회는 자문기구인 연방예술위원회(CFA)의 승인이 필요했지만 이 논란을 이유로 들어 연방예술위원회는 당선작을 승인하지 않았다.[11] 페더슨의 당선작은 최고높이 172피트(약 52미터)의 콘크리트판 여덟 개를 서로 비스듬히 배치하고 그 판의 표면에 루즈벨트의 어록을 새긴다는 것이 주된 디자인 요소였다. 심사단과 기념사업회가 이 디자인을 선정한 이유는, 그것이 "현대적이면서도 선사시대의 스톤헨지같은 원시성이 깃들어 있고," "그 기념비적 특질이(루즈벨트의 위대함이라는) 아이디어를 간명하게 전한다"는 것 때문이었다.[12]

> 서로 다른 높이의 플랫폼들을 방문자가 지나면서, 시선이 바뀌고 새로운 공간이 의미를 얻는다. 다양한 접근으로부터 방문자가 전체를 인식할 욕구를 만족시키고, 육중하지 않으면서도 멀리서 보인다. 그것의 개방적 성격은 경관의 자연미를 통합한다 […] 해가 움직이면서 빛과 그림자가 바뀌며 놀기 때문에 건물에 생기가 돌게 되고 그 정신적 의미를 키우는 살아있는 실체의 느낌을 준다 […] 브루노 제비는 제출작들이 아카데믹(신전형태)/ 모던(공원조경)/ 상징주의(이 둘의 조합)의 세 가지 "레토릭"에 한정됐는데 당선작은 최종작 가운데 유일하게 독창적인 생각을 내보였다고 평가했다.[13]

"위인이나 사건을 기억하려고 큰돈을 들여 건축적 성소를 짓는데 투자하는 것이 과연 옳은지" 물으며 기념사업 자체를 반대하는 여론은 여전히 드셌고, 그 뿐 아니라, 선정된 디자인에 대해 언론도 "인스턴트 스톤헨지"instant Stonehenge라든지 "즉석 냉동 북엔드"라

일 시	주 요 일 정
1946년	미국국회, 루즈벨트 기념비 건립위원회 설립 요청
1955년 8월	루즈벨트 기념사업 위원회 설치
1958년	워싱턴 D.C. 웨스트 포토맥 공원에 부지선정
1959년 9월	의회비준을 받아 공개현상설계 진행
1960년 12월	디자인심사위원단, 페더슨틸니사무소의 디자인 당선작 선정. 연방예술위원회 기각
1965년	제한적 설계현상 진행
1966년	마르셀 브로이어를 건축가로 선정
1967년	연방예술위원회가 브로이어의 제출안 기각
1969년	브로이어 재설계안을 제출, 연방예술위원회로부터 재차 거부
1973년	루즈벨트 섬 부지에 칸의 디자인 제출
1970년대 말	로렌스 할프린(Lawrence Halprin)의 디자인 승인
1997년	사업완료

프랭클린 D. 루즈벨트기념비 건립사업의 주요진행과정

는 등 그 건축적 내용을 의문시하고 비꼬아 비판했다. 과시적인 랜드마크를 짓기 보다 회화적 형식이 더 중요하다거나, 순수조형물이 아닌 실용적 건물이 더 충분히 예술적인 디자인일 수 있다는 주장들도 있었다.

> 미스반데어로에가 위스키회사를 위해 디자인해서 지은 고층업무빌딩인 시그램 건물이 탁월한 현대미국의 기념비라는 데에 오늘날 많은 전문가들이 동의할 것이다… 민주적 방법이라고 해서 공공적 기념비에 늘 이상적인 해결인 것은 아니다.[14)]

연방예술위원회가 당선작을 기각하자, 미국건축가협회를 위시한 전문가들이 당선작에 대해 지지의사를 밝혔다(서트 · 크레이튼Thomas H. Creighton · 해스컬Haskell · 기디언Giedion · 제비Zevi · 레스카즈Lescase · 존슨Johnson 등이 지지에 동참했다). 페더슨 자신은 전문가의 평가가 호의적인데 비해서 비전문가인 대중들은 디자인의 순수조형예술적 가치를 전혀 몰라서 부정적으로 평가한다고 항변했다. 현상설계자문을 맡은 당시 필라델피아 도시계획국장 베이컨도 자신의 도식적 도시설계론에 입각하여 당선작을 옹호했는데, 그것은 "이전 기술로 지을 수 없던 것인데다, 일소점 투시도의 한계에서 자유로운" 디자인이며, "절대성이 아닌 상대성"과 "공간경험의 유동성"에 기반한 디자인으로서, "미국문화의 활력을 매우 잘 표현했다"고 했다.

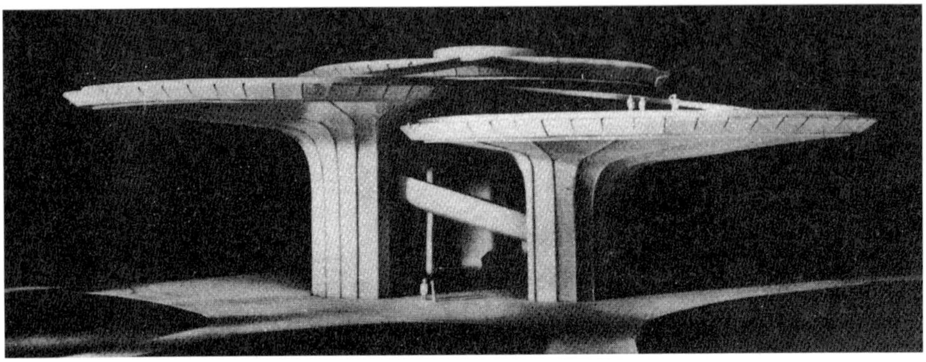

3-8 루즈벨트기념비의 현상설계안들
(a) Geddes, Brecher, Qualls and Cunningham의 제출안

(b) Jean B. Fletcher, Norman Fletcher, Walter Gropius, John C. Harkness, Louis A. Mcmillan, Benjamin Thompson의 제출안

(c) Peter Blake and Julian Neski, architects. James B. Baker, associates의 제출안

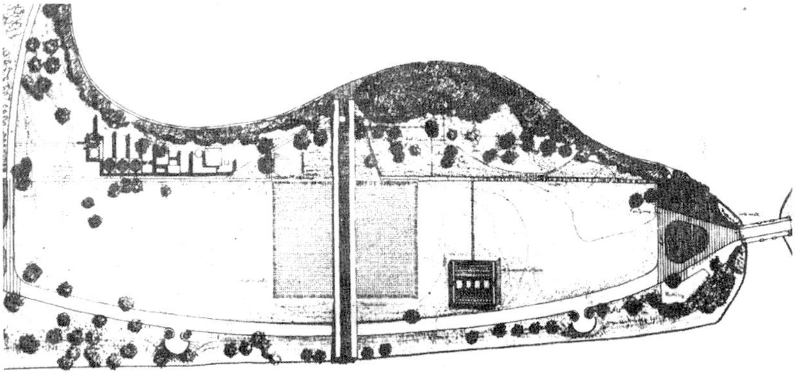

(d) Ehrman B. Michell, architect. David Crane and Romaldo Giurgola, associates의 제출안

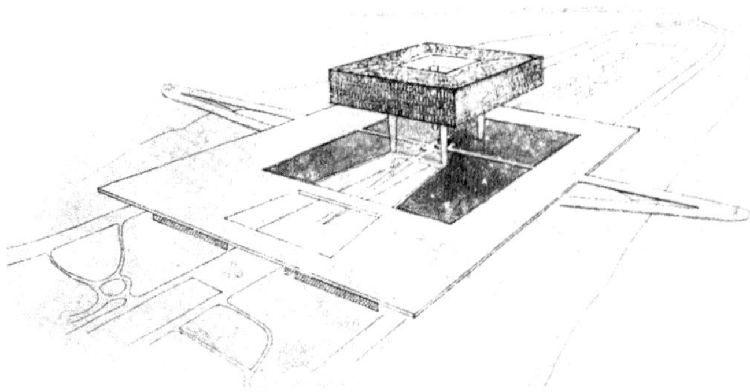

(e) 해리슨과 아브라모비츠의 제출안

(f) 미노루 야마사키와 로렌스 할프린의 제출안

(g) 필립존슨의 제출안

(a)

(b)

(c)

(d)

3-9 페더슨, 루즈벨트기념비. 현상설계 당선작(a, b)과 재설계안(c, d)

페더슨이 나중에 대체하여 제출한 디자인에 대해서도 연방예술위원회에서는 이 추상적인 기념비의 중앙부에 루즈벨트 조각상을 설치하느냐 문제로 논란이 있었고, 결국 루즈벨트 가족 측의 반대까지 겹쳐 페더슨의 안은 국회승인을 못 받고 영원히 폐기됐다.

이런 논란과 더불어 당시 일부 건축가들은 이 현상설계의 핵심문제가 기념비성의 문제라고 재인식했다. 즉, 민주사회의 목적에 부합하면서도 현대건축의 매체로 의미 있고 감흥을 줄 수 있는 형식이 무엇인가 하는 문제로 봤고, 일차적으로 기능 · 기술 · 경제 문제가 아닌 "표현 문제"로 인식하고 있었다.[15)]

당시 상당수의 제출안들이 완결된 단일 대상의 형태를 통해 공공적 권위를 얻으려 시도한 것에 비해 일부 건축가의 디자인은 차별적인 접근방법을 보여줬다. 이 가운데, 칸과 벤추리의 디자인을 살펴보면, 긴 부지 전체를 활용하면서 포토맥 강의 경관을 중시한 점이 우선 차별적이었다. 칸의 디자인의 주된 내용은, 포토맥 강변을 따라 완만한 원호를 따라 일렬로 60개의 분수를 배치한 것이었다. [도판 3.1, 3.10] 포장된 보행로(폭 100-160피트, 길이 2500피트) 로부터, 몇 단을 내려가면 각 분수마다 지름 20피트의 수반이 놓여있고, 여기서 수직으로 쏘아 올리는 물 높이는 50피트였다. 과도한 건축적 요소를 사용하는 대신 조경적 디자인에 가까운 이 디자인은 구조적인 측면에서는 기초에 부담되지 않는 장점도 충분하여, 현상설계의 요구사항에도 적극 부합했다.

전체적인 효과로 치면, 물의 장막이 대지와 강 사이에 길게 펼쳐져 장대하면서도 조용한,숭고하면서도 경쾌한 장관을 만들었을 것이다. 칸은 이와 비슷한 형식을 당시 다카 국회의사당에서 시도한 적 있는데, 거기서는 초승달 모양의 호수를 두었고, 루즈벨트 기념비의 경우 그 원호를 지형에 맞췄다. 길고 넓은 수막은 시시각각 변하는 시각적 장관과 더불어 물의 움직임과 소리, 촉각을 활성하여 이 장소의 느낌을 풍부하게 만들었을 것이다.

사람들은 강변의 산책로를 거닐며 또는 개별 분수에 머무르며 경관은 물론 기념의 대상을 관조할 수 있는 가능성이 제공됐을 것이다.

단순한 벽돌바닥패턴을 포함하여 단순한 형태로 동일하게 반복된 개별 분수는 지극히 단순한 요소의 반복으로 인해 미니멀리즘적이기도 하다. 이와 동시에, 입구에서 분수에 이르는 위상과 거리의 표현도 단순하게 정제되어 있어, 분수를 내려 걸어와 분수와 강변까지 이르는 짧은 여정 또한 세심하게 제어되어 있다. 긴 산책로의 중앙부는 폭이 더 부풀어 넓어져 사람이 모일 수 있는 장소도 마련되어 있다.

또한, 기존 기념비들과의 연관성의 측면에서 바라본다면, 칸의 스케치에도 잘 드러나 있듯이 이 기념비는 그 위치와 긴 형상으로 인해 링컨기념비와 제퍼슨기념비를 이어주는 암시를 할 뿐 아니라 워싱턴기념비의 오벨리스크의 규모(높이 556피트)와도 대비되며, 고전적 열주랑을 떠올리기조차 하는 물기둥들은 기념비들의 고전양식적 외관과 조응하기도 한다.

이런 다양한 의미들이 발현될 수 있는 잠재성을 단순하고도 결코 육중하지 않은, 덜 공고한 형태에 담아 내는 칸의 능력은 뉴욕 맨해튼의 유태인 기념비 등 그의 다른 기념비들에서도 찾아볼 수 있는 특징이다. 이 사례에서 확인할 수 있듯이, 우리는 칸의 건축표현의 특질로서의 기념비성을 구축성과 기하학, 물질, 역사적 참조 어느 하나에 국한해서 설명해서만은 온전히 이해하기 어려울 것이다. 그 대신, 맥락과 기능, 의미의 측면에서 섬세하게 접근해야 이해될 수 있을 것이다.

같은 필라델피아파에 속한 벤추리의 디자인도 칸의 디자인과 비슷한 점이 있었다. [도판 3.11] 그것 또한 포토맥 강을 따라 길과 산책로를 강조했고, 강변에 길게 뻗은 선형의 기념비를 제안했다. 하지만, 칸이 산책로에 나란하게 분수를 배열하면서 경관을 최소한으로 인위적으로 조정한 데 비해, 벤추리는 강변 쪽에는 벚나무 가로수 길을 두고 그 안쪽으로 아래가 필로티로 띄워진 흰색 대리석 덩어리를 긴 벽의 형태로 길과 나란하게 배치했다. 칸에 비해 벤추리는 지형을 적극 조정했다. 즉, 거대한 벽에 경사로, 계단, 보행로 등을 포함시켰고 그 벽면에 조각적 형태와 문장을 부조로 새긴 것은, 기호를 사용하는 것에 대한 대한 벤추리의 관심을 증명하기도 한다. 길게 연속된 이 수평 형태는 멀리서도 인식할 수 있었을 것이다. 칸과 벤추리의 디자인의 경관적 효과를 비교하면, 칸의 것이 배경이 되어 물러나는 측면이 더 강하다고 할 수 있고, 벤추리의 것은 물질적 재료가 두드러지면서 전면에 더 드러난다고 할 수 있다.

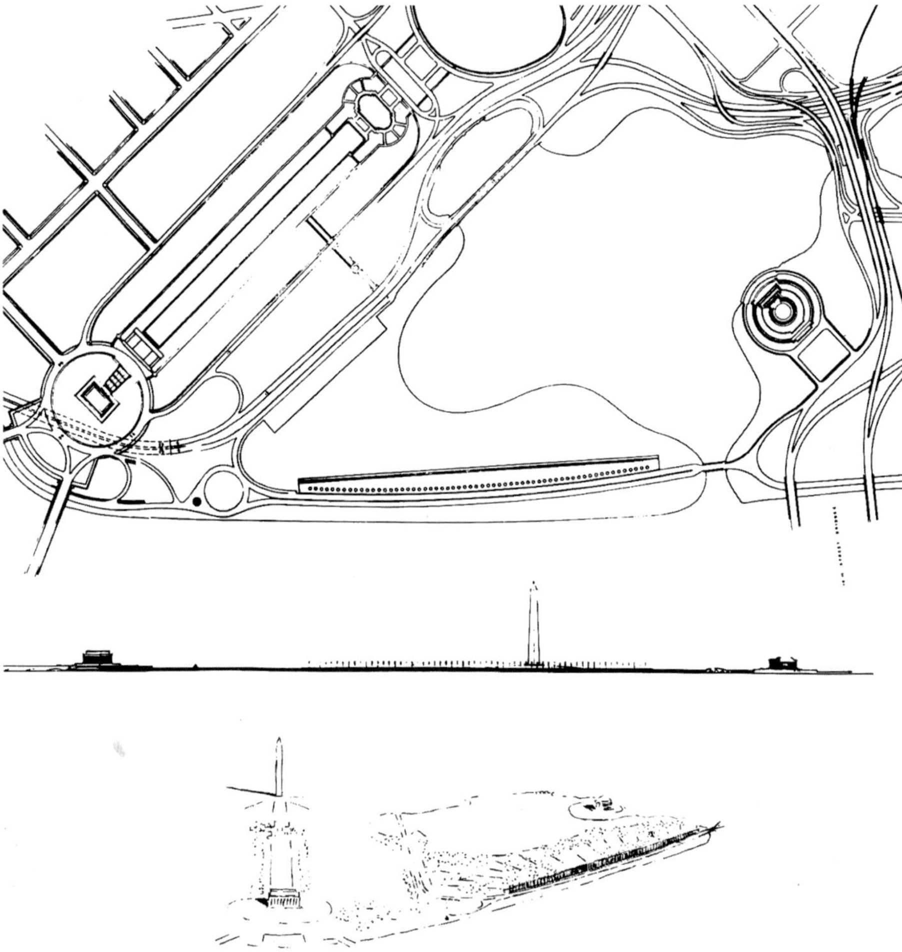

3-10 루이스 칸, 루즈벨트기념비(1960년). 세 기념비와의 관련성을 보여주는 스케치 (도판 **3-1**을 함께 볼 것.)

루이스 칸의 뉴욕 루즈벨트기념비

루즈벨트 기념사업은 1965년에 제한설계현상을 열어 계속 추진됐고, 브로이어의 디자인이 채택됐지만 이 역시 1967년 연방예술위원회에서 기각됐다. 요구되는 고도의 예술적 성취와 의미를 만족시키지 못한다는 이유였다. [도판 3.12] 위원회의 결정으로 인해 또 한 번 정부인사와 대중의 격렬한 논란이 일어났다. 1969년에 브로이어가 다시 제출한 디자인도 연방예술위원회가 재차 기각했다.

루즈벨트기념비사업은 "이 시대 지어질 가장 중요한 기념비"라고 불릴 정도로[16] 사회적으로 큰 관심사였지만, 특정한 디자인이 시대적으로나 사회적으로 공인받기가 무척 어려웠음을 증명한다. 결국, 워싱턴디시에 기념비를 짓는 일은 보류되고 뉴욕 맨해튼의 이스트 강 위 웰페어 섬(지금의 루즈벨트 섬) 남단의 3에이커(약 1만2천 제곱미터)의 빈 땅이 사업대지로 모색되어 1973년 뉴욕주 도시개발공사가 루이스 칸에게 디자인을 의뢰했다.[17] 당시 섬의 상황은, 존슨Philip Johnson과 버기John Burgoo가 웰페어 섬의 마스터플랜(1968-69년)을 작성하여, 맨해튼 북부에서 실패한 시범도시 프로그램을 이 섬에서 서트Jose Luis Sert가 디자인한 40만 명을 위한 뉴타운을 통해 실현하던 중이었다.[18] [도판 3.13, 3.14] 칸의 디자인은 지어질 수 있을 것으로 기대됐지만 1974년 칸은 사망했고 사업은 또다시 무산됐다. 1974년에 다시 현상설계가 열려 조경건축가 할프린Lawrence Halprin의 디자인이 당선되어 결국 1997년에 워싱턴디시에 지어졌다. 지어진 지금의 루즈벨트 기념비는, 서로 맞물려 연결된 여러 개의 단위공간들이 수목에 둘러싸여 국립 몰 · 기념비공원National Mall and Memorial Parks의 일부가 되어 있다.

뉴욕 루즈벨트 섬의 칸의 기념비 디자인으로 돌아가 보자. 칸은 이 기념비의 개념을 "방과 정원"이라는 간결한 개념으로 고안했고, 워싱턴디시에 고안했던 루즈벨트 기념비나 뉴욕 맨해튼 남단의 유태인 기념비처럼 단순하고 간결한 요소를 구사했다. 방 하나와 정원 하나라는 개념은 누구에게나 쉽게 이해될 수 있는 단순함과 설득력을 지니고 있었다. [도판 3.1,3.15]

> 나는 그 기념비를 방과 정원으로 해야겠다고 생각했다. 그것이 전부다. 왜 방과 정원을 원했는가 묻는다면 그저 출발점으로 골랐을 뿐이다. 정원은 인격적인데, 인격적인 종류의 자연 통제이고 자연을 모으는 것이다. 그리고 방은 건축의 시작이었다.[20]

3-11 로버트 벤츄리, 루즈벨트기념비 (1960)

3-12 브로이어와 베커드, 루즈벨트기념비 (1966)

칸이 정원과 방이라는 기본적 요소를 고른 것은, 사회적 승인이 절실했던 사업에 대한 적절한 대응이었을 수도 있다. 이 기본요소는 그저 단위적으로 단순하기만 한 것이 아니라 건축과 조경의 '시작'을 보여준다는 점에서 나오는 객관적 측면도 있었을 것이다. 어쨌든, 이 기념비의 내용을 제대로 이해하려면, 여기서 어떤 구체적인 경험을 겪었을지, 어떤 장소의 느낌을 받았을지 상상해 보는 것에서 출발해야 한다.

기념비공원은 웰페어 섬 남쪽 끝에 위치해 있었다. 전체적으로 섬 끝부분의 모양을 크게 바꾸지 않고 쐐기모양의 평면으로 조정했고, 긴 정원 끝에 지붕이 없이 외부로 개방된 전시실을 두었는데, 여기에 프랭클린 루즈벨트 대통령의 상을 두었다. 칸은 이 기본구상을 유지한 채 일부 디자인을 고쳐 나아갔다.

강 건너 웰페어 섬에 도착한 방문자는 강변을 끼고 난 길을 따라서 남쪽으로 걸어내려 갔을 것이다. 방문자는 렌윅 천연두 병원(뉴욕 성패트릭 성당의 건축가 렌윅James Renwick이 디자인하여 1856년에 개원했고 폐쇄된 상태)을 옆으로 돌아 그 앞을 가로막으며 펼쳐진 수목의 띠를 만난다. 이것을 지나면 예상 밖의 장면이 다가온다. 그 뒤로 넓고 높은 계단과 맞닥뜨리게 되는 것이다. 이어서 방문자가 계단을 오르면 또다시 예기치 못했던 장면과 만나게 된다. 좌우로 수목이 늘어서서 깊은 일소점 투시도를 드러내는 정원이 앞으로 펼쳐지는 것이다. 여기서 도시의 모습은 거의 사라져 있고, 방문자는 완만한 경사를 따라 내려가며 약 160미터의 긴 가로수길을 걷게 된다.[21] 그러고는 마침내 목적지인 "방"에 다다르면 예상 밖의 장면이 클라이막스로 펼쳐진다. 최종디자인에서 이 방은 극히 간명한 두 개의 벽만 동서방향의 전망을 제한하며 서 있었다. 여기에는 루즈벨트라는 인물과 그의 업적을 기리는 표현 말고도, 칸이 건축의 시작으로 든 사건, "벽이 갈라져 건축이 시작되는" 사건이 표현되어 있다.

이 방에서 도시의 모습은 사방을 감싼 벽 너머로 사라져 있고 앞쪽으로만 긴 축을 따라 경관이 열리게 된다. 멀리 이스트리버 강 공원East River Park, 윌리엄스버그 다리, 맨해튼 다운타운이 보이게 되는데, 칸이 디자인한 소크 연구소Salk Institute의 중정에서 태평양을 바라 본 조망에 견줄 만 했을 이 경관은 맨해튼에 감추어져 있던 새로운 차원의 경관을 보여주면서 휴식과 관조를 가능하게 했을 법하다. 이 지점에서 왼쪽으로는 헌터스 포인트의 저밀하고 황폐한 지역이 있고, 오른쪽으로는 멈퍼드가 현대건축의 실패작으로 통렬히 비판한 국제연합건물군을 비롯하여[22] 들쭉날쭉한 스카이라인의 맨해튼의 고층건물군이 가까이 있지만, 칸은 이것들을 기념비의 경관에서 배제시키려 했다. 강이라는 자연환경을 사이에 두고 이 기념비와 떨어져 존재하는 이 방은 도시와 맞서는 극적인 대조의 풍경, 비평의 풍경 그 자체다. 이 작은 방. 간결하지만 강력한 건축적 장치는 한쪽으로는 멀리 남쪽을 향한 조망을, 반대쪽으로는 긴 정원을 앞뒤로 묶어 놓았다. 진정, 이 기념비가 조정하여 제공한 경관 그 자체, 또한 도시와 기념비 사이에 만들어진 거리감 자체가 기념비의 실질적인 내용이라고 할 수 있다.

방과 정원이 자체적 형식 안에서 서로 뗄 수 없는 방식으로 완결되어 있고 서로 꾸며주고 있다고 한다면, 또한 맨해튼, 웰페어 섬, 기념비의 유비적 관계도 있다, 웰페어 섬은 맨해튼의 축소판처럼 사면이 한정되어 있는 지형이고,[23] 이곳의 기념비 또한 명확한 경계를 가진다. 칸은 이 기념비, 웰페어 섬 남쪽 끝의 특이점을 전체 환경 속에서 맨해튼의 장식으로 다뤘다. 형태와 맥락은 달랐지만 이렇게 간결하고도 압축적인 의미를 담는 건축형태와 표현은, 칸이 그 전에 1960년의 루즈벨트 기념비에서 보여줬던 것과 연속되고 일관된 접근방식이다.

3-13 존슨과 버기, 웰페어 섬 마스터플랜 (1968-69). 섬의 남단(사진 왼쪽 끝)이 루즈벨트기념비의 대지가 됐다.

3-14 맨해튼 루즈벨트 섬의 전경. 앞쪽으로 국제연합건물군이 보인다.

3-15 루이스 칸, 뉴욕 루즈벨트기념비

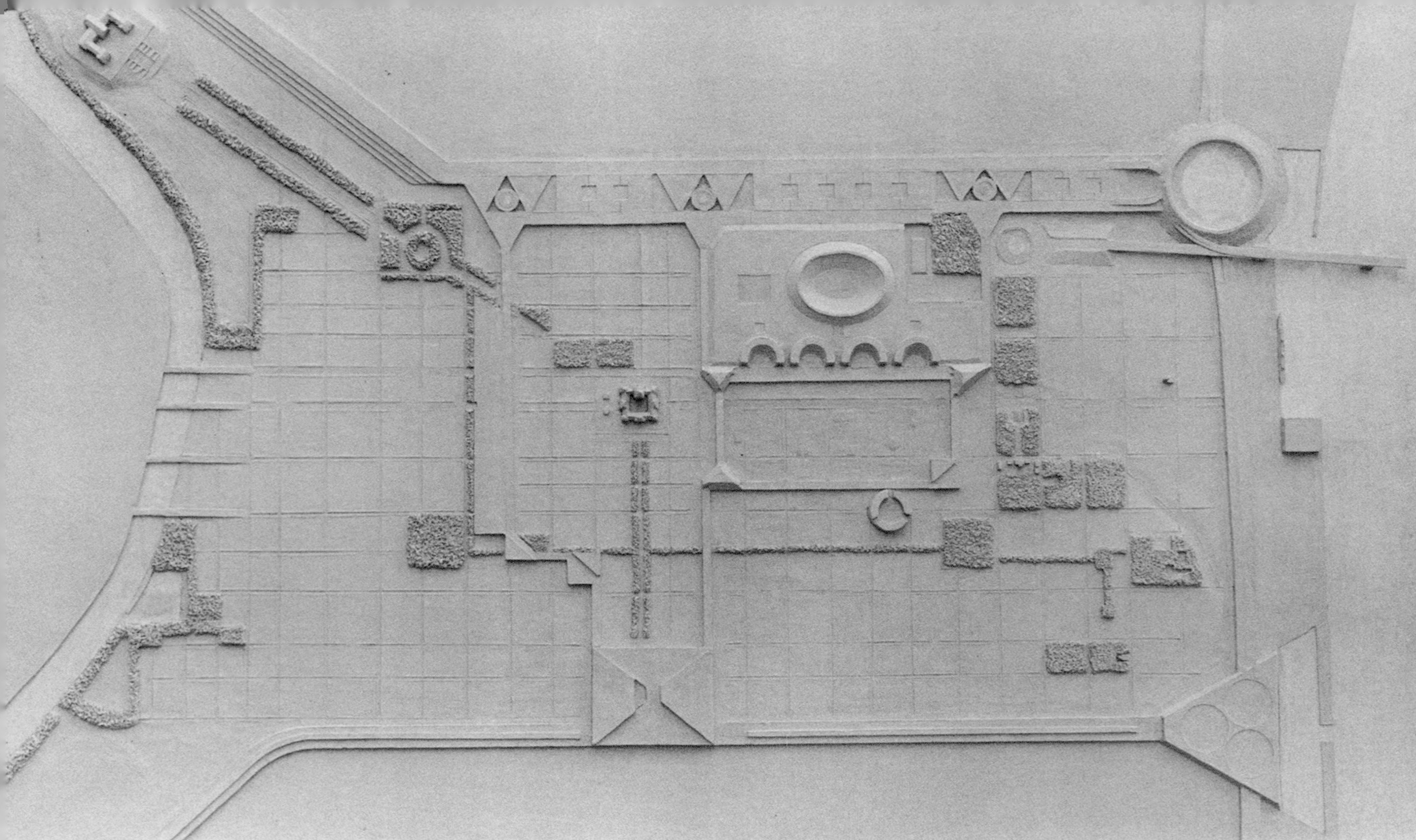

4-1 루이스 칸, 고가건축(Viaduct Architecture) 계획(1959–62), 모형사진
칸은 이 모형을 1962년 3월 시카고 그래엄 재단에서 전시했다. 이 디자인에서 칸은 고가도로와 주차장건물로 복잡한 체계를 고안하여 이를 통해 필라델피아의 도시질서를 혁신적으로 재구성하려 했다.

4

필라델피아 마스터플랜

세인트루이스의 쇠퇴한 강변이 머지않아 제퍼슨 기념공원, 즉 '서부의 관문'이 될 것이고 이것을 에로 사리넨이 디자인한 거대한 현수아치가 대표하게 된다. 피츠버그의 골든트라이앵글은 대형고층건물들을 짓기 위해 철거됐는데, 불행히도, 이미 진부한 르 코르뷔제의 파리 브아쟁계획의 이미지를 따라 계획했다. 필라델피아에선 브로드가역을 철거했고 펜실베이니아철도가 지나던 방해거리 차이니즈월을 철거했다. 또, 인디펜던스 홀 주변에 연방정부가 매입한 땅에 더 면밀한 재생사업을 추진하고 있는데, 그 주변 역사적 건물들로 이뤄진 옥외박물관을 보호한다는 목표와, 중요한 기념비들에 더 풍부한 배경을 제공하는 목표를 가지고 있다.[1)]

1950년대 초에 루이스 멈퍼드가 이렇게 묘사했듯이, 세인트루이스, 피츠버그, 필라델피아, 뉴욕 등의 대도시들은 도시낙후지역을 재생하는 사업을 연쇄적으로 추진했다. 앞으로 살펴 볼, 볼티모어와 캔자스시티의 도시재생사업도 이러한 흐름에서 다른 도시들을 뒤쫓아 추진한 것들이다.

미국도시의 도시재생의 물결에서 칸이 어떻게 대응했는지를 살펴볼 때 우리는 몇 가지 물음을 짚어 볼 만하다. 우선, 칸의 도시건축적 아이디어가 유럽모더니즘과 어떤 관계에 있었는가 하는 것이다. 칸이 건축과 도시주의에서 유럽모더니즘을 진지하고도 열렬히 받아들이면서 자신의 건축을 형성해 나아간 것은 분명한 사실임을 기억할 필요가 있다.[2)] 그의 건축과 도시주의를 평가할 때, 칸이 1950년대 이후 유럽의 역사적 건축전통을 재발굴했다는 측면을 강조하느라 그 이전단계에서 칸이 유럽모더니즘을 적극적으로 배운 측면을 놓치고 간과해서는 안 된다. 칸이 일생동안 존경한 르 코르뷔제의 영향력도 되물어 볼 필요가 있는데, 칸의 1941년 필라델피아계획은 르 코르뷔제의 도시계획을 필라델피아에 옮겨 적용한 것처럼 보이니 말이다.[도판 4.1, 4.2] 진정 관심을 끄는 것은, 그가 이후 30년 동안 미국 내의 도시발전의 사정 및 관련된 논의 안에서 어떻게 독자성을 띠며

This Plan Puts City Hall in Fairmount Park

THERE is a school of planning which tries to keep its eye on the horizon beyond the far horizon of the future and in meeting the needs of the age believes in constantly remaking the city to keep it compatible with that age, with obstacles only something to be overcome.

To this school belongs Louis I. Kahn, an architect, who was formerly technical adviser to the U. S. Housing Authority. He looks at Philadelphia and finds it inadequate in this age. So he has mapped out a futurama Philadelphia, which may be utopian and may also be the way your great-great-grandchildren will see the city.

Mr. Kahn describes it in this way:

The drawing I have made (above) shows an ideal use of the Philadelphia site as a functioning metropolis. Existing buildings have been removed entirely.

Even Breezes Fit In

The land can thus be examined for its natural characteristics. Its rivers, streams, wooded areas, ground elevations, soil conditions and prevailing breezes have come under consideration as the keys to the use of the land to best advantage.

The woodlands bordering the streams which empty into the Delaware and Schuylkill become the nucleus of the park system; the hillsides and rolling countryside become the residential areas. Industry is confined to the banks of the Delaware, planned to expand in a line along a super industrial highway paralleling the river.

Housing in the new Metropolis is conceived in terms of planned neighborhoods or small communities contain[illegible] in super blocks, or safety areas, the [illegible] of which is determined by the reasonable walking distance to an elementary school. These blocks, less than a half mile square, comprise approximately 125 acres and house 1,600 families. The apartment unit in each super block is devised to meet the living habits and requirements of about one-third of the population, and to release almost 40 acres for community facilities and the school in addition to parks and play areas.

For every four super blocks there is a grammar school for children. Safety under-passes between blocks provide access from each community.

Culture Areas

A decentralized culture area is planned for each group of 16 super blocks, comprising approximately 100,000 people. This area, situated in the park system, contains the high school intended for adult use as well as for children. For the high school building will be planned with rooms for vocational training, the study of music, art and dramatics. A large auditorium, stadium, a branch art gallery, and a theater will be part of the school group.

The decentralized culture area is also the site of the hospital, fire and police stations, a small zoo, arboretum and picnic grounds. Seventeen such decentralized culture centers would be distributed throughout Philadelphia in addition to the major culture center of the city which is placed in a greatly enlarged Fairmount Park.

The City Hall would be in Fairmount Park, as well as court buildings, the universities, the central library, art galleries and music academy. The principal hospitals are located here, close to the quiet healing green beauty of the park. In the surrounding woods are walks, bridle paths and along the Schuylkill river boat clubs and bathing beaches.

A comparison of recreational areas reveals that in the city as it is now there is one park of 3,800 acres, famed as the largest in the world, and several smaller parks and recreation blocks with a total area of 3,200 acres, or in all 7,000 acres devoted to parks and recreation.

26,000 Acres of Parks

In the new plan parks and playgrounds comprise 26,000 acres. In addition recreation centers in the super blocks total 12,000 acres. Thus all parks and playgrounds cover 38,000 acres.

To get back to the scheme itself. The city would be transected by four major highways conducted on three levels—an elevated street, a surface road and a subway. The elevated road is 100 feet wide and provides for four lanes of traffic in each direction. It is designed for passenger cars and buses at a speed of 60 miles an hour. All intersections are controlled by clover leaf and similar road patterns.

The street level roadway is for passenger cars and local buses and is limited to a speed of 40 miles an hour. The subway below the surface is integrated with the commercial centers, the industrial areas and the railway terminals at the edge of the city. Parkways paralleling the roadways would form an insulating space against the noise of traffic.

Changing Penn's gridiron system of streets to a system of traffic streets, at intervals of 1,000 to 2,000 feet, depending on population density, with all other streets off from through traffic, would create automatically a pattern of super blocks.

Business in Towers

The commerce of the city would be housed in tall buildings towering as much as 1,000 feet high, spaced 2,000 feet apart, synchronized with the transportation system.

Using height in the buildings instead of breadth releases the use of a large portion of the ground area for parking, in addition to light industry, retailing, amusement areas, landscaping and recreation.

Is this all utopian? Maybe, now. But it is not when one remembers that city planning is long-range planning, which must anticipate growth and inevitable developments for many, many years to come.

A futuristic impression of the central section of the city as Market st. might look if the Chinese Wall—it is still with us—were eliminated. The plan has been mapped and discussed for years. Some of the buildings brought into existence by the artist here have already become a reality. But the school of planning to which Mr. Kahn belongs frowns on this sort of thing as merely an impetuous concentration of commerce in one spot, instead of a plan of distribution which takes into consideration transportation difficulties and the various population centers. Looking at this picture, this school of planning asks:—"Would a City Planning Commission approve it?"

4-2(a) 이브닝 불레틴 필라델피아 1941년 5월 17일 기사. 당시에 제안된 도시개발계획을 보도하는 내용

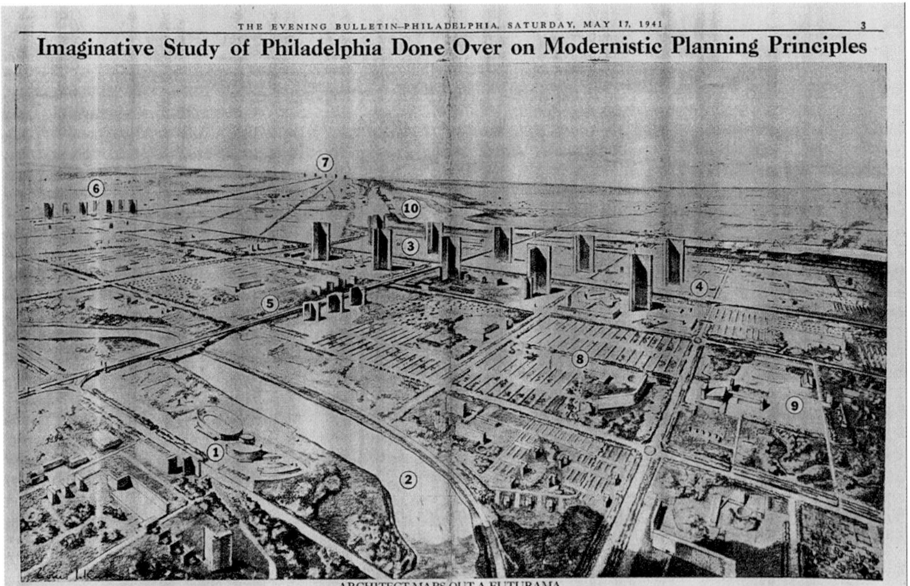

THE EVENING BULLETIN—PHILADELPHIA, SATURDAY, MAY 17, 1941 3

Imaginative Study of Philadelphia Done Over on Modernistic Planning Principles

ARCHITECT MAPS OUT A FUTURAMA

The view is looking northeast from a southern extension of Fairmount Park and existing buildings have been

In the middle foreground bounded by traffic streets is a housing super block (8) with its apartment unit set in a

4-2(b) 이브닝 불레틴 필라델피아 1941년 5월 17일 기사(루이스 칸, 필라델피아 계획)

발전했는가 하는 점이며 또한 그의 것이 유럽의 모더니즘과 어떻게 다른가하는 점이다.

물론, 칸은 1950, 60년대에도 유럽을 비롯하여 도시건축의 국제적 경향을 잘 알고 있는 편이었다. 그는 1950년대에 팀텐Team X 구성원들과 교류했고, 1960년대에도 유럽과 일본의 전위주의적 도시주의의 경향을 파악하고 있었다.[3] 하지만, 칸의 도시적 실천에 직접적이고 지속적인 영향을 준 것은 미국국내도시의 현실이었다. 칸은 필라델피아, 뉴욕 · 포트워스 · 볼티모어 · 캔자스시티 · 뉴헤이븐 등의 미국도시에서 도시재생의 맥락에서 대규모 프로젝트를 의뢰받았다.[4] 칸 생애 마지막 10년간의 주요 작품들인 이 프로젝트들은 당시 미국의 도시디자인의 핵심문제들을 생생히 안고 있었다.

이 시기는 시아이에이엠이 논의의 초점을 주거개발에서 공공공간으로 옮기는 무렵이기도 했다. 칸이 건축과 도시에서 제도(시설)institution의 중요성을 언급한 것도 이 시점이다.[5] 이후 칸은 도시의 본질은 '활용성' availability에 있고, 활용성이 시설을 만든다고 주장했다.

> "이제 활용성이란 말이 시설이란 말보다 더 큰 의미가 있다고 본다. 도시의 척도는 그 활용성의 특성에 있다."[6]

칸이 말한 활용성이란 풍부한 도시기능을 가리키며 도시의 물리적 구조가 새로운 영감을 제공함을 가리킨 말이었다. 이 활용성 개념과 더불어 우리는 우선 멈퍼드가 도시의 본질을 제도들의 상호관통으로 제시한 것을 떠올릴만 하다. 활용성을 도시의 본질로 본 칸의 생각은 필라델피아 등의 도시마스터플랜 뿐 아니라 이후의 단편적 도시프로젝트에서도 찾아 읽을 수 있다.

우선 자신의 고향도시이자 근거지인 필라델피아의 마스터플랜과 관련된 내용을 살펴보자. 쇠퇴한 도심부를 재생하는 것은 필라델피아에도 당면 과제였다. 즉, 교외로 무질서하게 확장되는 개발에 대해 도심부의 매력을 되살리는 것을 대안으로 봤다. 칸이 제안한 일련의 필라델피아 도시설계안, 즉, '합리적 도시계획에서 주거' (1939)[도판 4.2], '필라델피아 트라이앵글' (1946-50), '교통 · 공공센터 · 펜센터' (1951-54), '공공센터-포럼' (1956-57) [도판 4.3,4.4], '고가건축' (1959-62) [도판 1.1] 등은 연속성과 일관성을 보였다. 칸은 도시에 대한 마스터플랜적 접근의 유효성을 생애 끝까지 결코 부정하지 않았다.

건축역사학자 타푸리는 칸의 1956-57년 필라델피아 도시설계에 대해 판단하기를, 칸이 필라델피아 도시상황에 대한 지속적인 관심으로부터 도시문제를 대단한 직관으로

솔직히 형태로 그려냈지만, 대도시의 역동적 변화에 대한 두려움에 기인했다고 봤다.[7] 칸이 도시의 성장을 의식하면서 도시건설과 건축술의 새로운 기술을 수용하면서 기존 도시상황과 자원을 재편하려 했음을 인정한다면, 타푸리의 주장은 한계가 있다.

1960년 이전의 칸의 마스터플랜들은 접어두고,[8] 칸의 1962년 필라델피아 마스터플랜인 '고가건축' Viaduct Architecture 구상을 자세히 살펴보자.[도판 1.1, 4.1] 이것은 1960년 필라델피아 도시계획위원회가 작성한 도시설계안에 대한 비판적 대안의 성격을 지녔었는데, 칸은 그래엄재단의 기금을 받아 1961년 후반 이 도시설계안을 준비하기 시작하여 그 디자인을 전시하기까지 했다.[9] 도시계획위원회가 제안한 주요 내용은 교통 · 터미널 계획과 공공공간을 포함한 마켓이스트 쇼핑센터의 개발과 관련되어 있었다.[10] [도판 4.5, 4.6] 칸의 제안은 주요 주차시설의 위치와 오픈스페이스 계획 등에 있어서 도시계획위원회의 제안내용을 따랐지만, 위원회와 달리, 도심 북동부지역을 대규모 재개발 지역으로 설정

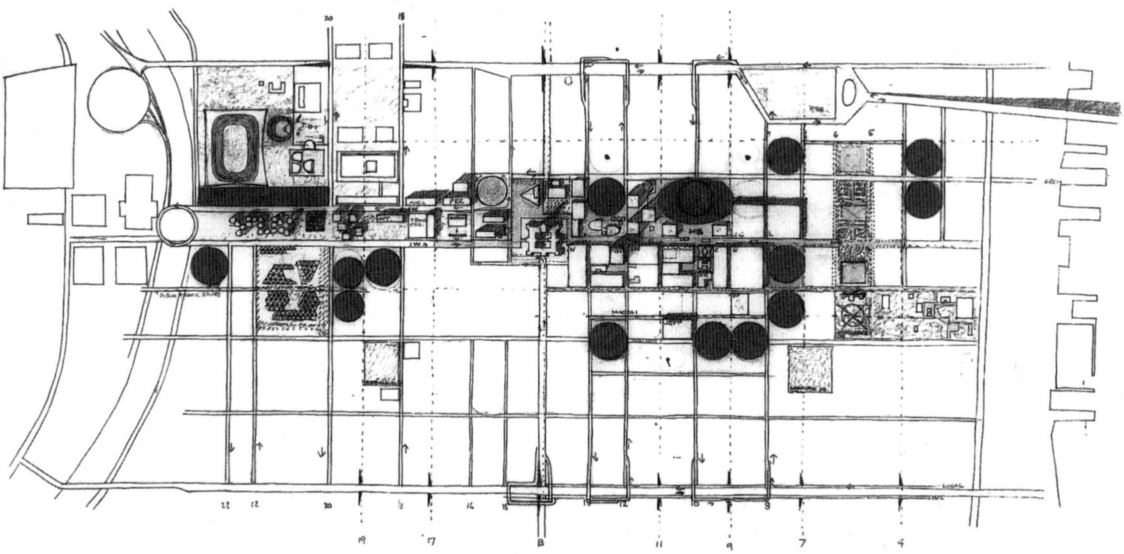

4-3 루이스 칸, 공공센터-포럼 계획(1956-57)

4-4 루이스 칸, 공공센터-포럼 계획(1956-57)

했고, '고가건축'의 요소를 포함한 교통관련 구조물을 통해 도시구조를 재편했다. 칸이 제안한 내용은 그의 선행 마스터플랜들과 연속되어 있었고, 일부 디자인 요소는 이후 필라델피아 이백주년계획에도 재등장한다.[11] 칸의 도시계획이 이론적 산물일 뿐 현실성이 배제되었다고 판단하는 것은 무리가 있는데,[12] 칸은 1962년 필라델피아 도시디자인의 '고가건축'을 나중에 더욱 현실성 있었던 이백주년 기념사업에서도 추진했기 때문이다. 50년대까지 칸의 마스터플랜들과 비교할 때, 칸은 이 계획에서 도시중심부 주변에 배치하고자 구상했던 대형 주차건물의 수를 줄이거나 그 형태를 반원형태로 변형했고 이것들을 고가자동차도로로 서로 연결했다. 도시녹지체계도 강화하고 연결했다. 차이나타운이 있는 센터시티의 북동부 구역에 경기장을 두려고 했던 점도 주목할 만하다.

'고가건축'은 칸의 이전 도시설계에는 없던 새로운 요소였는데, 이것은 기본적으로 교통과 설비, 건물 일부를 통합하는 도시기반시설이었다. 칸은 도시설계에서 교통을 핵심요소로 간주했고, 실제로 필라델피아의 교통체계를 재편하는 제안을 했고, '교통 · 공공센터 · 펜센터'(1951-54), '공공센터 · 포럼'(1956-57)에서는 원통모양 주차타워들을 도심 외곽에 배치했다. 그 원통형태는 도시맥락에서 독립되고 완결된 형태였다. 타워의 공간은 안으로는 거대한 옥상정원이 업무시설에 감싸여 있고, 바깥으로는 도시로 향해 개방된 경관이다.

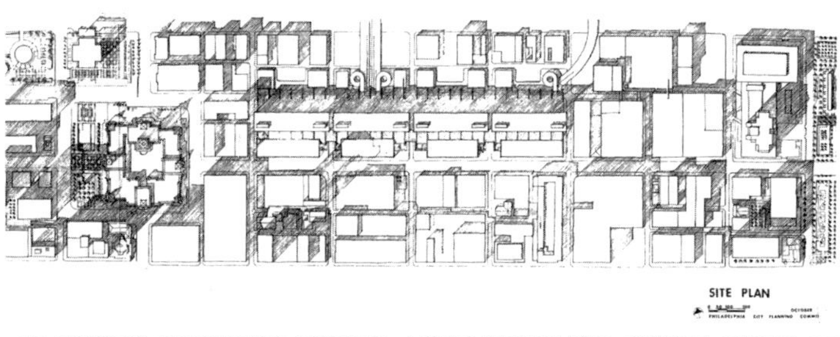

4-5 필라델피아 도시계획위원회, 마켓이스트 쇼핑몰과 센터시티보행로 계획(1960). 펜센터와 브로드가의 지하 콩코스를 확장개선하고 이것을 주요 주차시설과 인디펜던스 몰과 연결하는 내용이다.

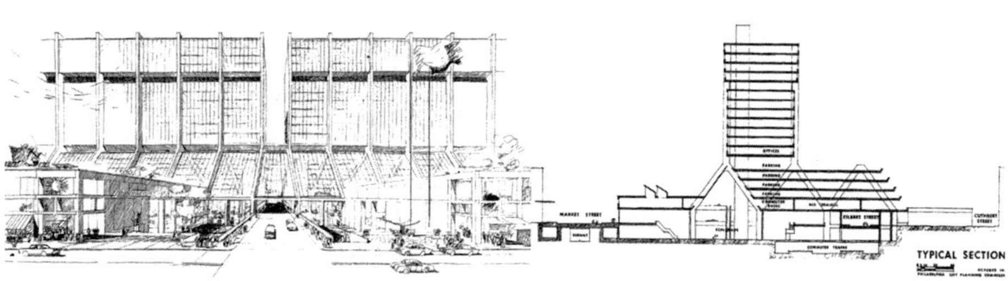

4-6 필라델피아 도시계획위원회, 마켓이스트쇼핑몰 계획(1960). 칸의 주차타워와 규모와 기능면에서 이것들과 비슷하다.

1962년 '고가건축' 은 주차타워 대신 새로운 교통방식을 건축화한 것으로서, 일종의 변형을 시도한 것이었다(칸은 이 때까지도 원통형 주차타워의 개념을 완전히 버리지는 않았다).[13] 칸은 고가건축을 통해 도심 각 지역이 서로 더 잘 연결할 수 있다고 본 것 같다. 여기서, 1950년대에 미국 주요도시에서 도심 외곽에 주차타워를 건설하여 도심교통량을 줄이는 아이디어와 관련 디자인을 내놓고들 있었을 때, 이에 대해 멈퍼드가 부정적으로 평가했음을 우리는 알 필요 있다. 칸의 아이디어가 멈퍼드나 캐서린 바우어 등의 입장에 부합하지 못했을 법하다.

칸의 고가건축은 고대로마시대의 수로를 연상시킬 수 있다. 하지만, 칸의 도시디자인의 전체적 내용은 로마의 도시구성과는 상당한 차이가 있고, 오히려 그 기본입장에서는 반대된다는 점을 발견할 수 있다. 그렇다면, 칸이 로마도시를 현대에 복원시키려 했다고까지 말하는 것은 상당한 오해인 것이다.[14] 우선, 오히려 그것은 당시 필라델피아파의 일원인 크레인의 캐피털 웹 전략과 더 연관되어 보인다. 마치 크레인의 캐피탈 웹을 칸이 필라델피아의 현실적 상황 위에 적용한 것처럼 말이다. 하지만, 교통구조물의 위계적 구성이라든지 그 역할과 의미는 크레인의 '상징' 과 다르다. 즉, 칸은 고가건축의 주요 결절부에 '관문' 역할을 하는 구조물을 결합시켜 도시에 명확한 출입구를 두려고 했다.[15] 또한 칸은 이것을 도시 내부순환체계로 만들었다. 즉, 17번길 남북방향의 고가구조를 서쪽 경계로 하는 순환고리들을 뒀는데, 여러 고리들 중 맨 안쪽 고리가 도시중심을 감쌌다.

또한, 그는 전반적으로 필라델피아의 길들을 특성별로 분화하려 했다. 공개공지와 녹도 계획의 관점에서 칸의 제안은 보행계획과 연계됐고, 시청에서 남쪽으로 뻗은 브로드가에 가로수를 심어 대로의 성격을 강화하려 한 점도 눈에 띈다.

한편, 도시계획위원회의 제출안에서 볼 수 있듯이, 필라델피아는 도심인 마켓이스트 Market East 지역에 당시 미국 최대규모의 도심 쇼핑몰을 신축할 예정이었다. 네 개 블록에 걸쳐 지상주차장건물을 놓고 그 위에 업무시설을 얹는 방식이었다. 이에 대한 칸의 대안은 위원회의 핵심제안사항인 쇼핑센터 대신 긴 고가구조를 배치하는 것이었다.[16] 또한, 칸은 도시계획위원회가 제안한 형태 대신 자신의 주차타워 형태에 가까운 반원통형 건물을 제안했다.

칸은 위원회가 제안한 대형건물형태 대신, 차량의 "움직임의 질서"에 상응하는 선형 구조물로 대체했다. 이에 비해 보행의 질서는 직선 형태를 따르지 않는다고 보고 플라자를 통해 평면적으로 수용했다. 즉, 칸은 고가구조물로 에워싼 마켓가 남쪽구역을 시청과 인디펜던스 몰 사이에 새로운 도시 '중심'이 될 플라자로 설정했다.[도판 4.7] 이것은 '벽으로 감싼, 빈 핵(또는 심장부)'으로서, 칸은 블록 체계를 없애고 고층건물들을 듬성듬성 배치했다. 주목할 점은, 칸이 도심에 명확한 경계를 설정하고 그 규모를 한정한 이유가 확산과 탈중심화를 막기 위해서였다는 점이다. 그는 이를 통해 도시 중심부를 더 강렬한 장소로 키워 나아갈 수 있다고 봤다.

4-7 루이스 칸, 고가계획의 도시 중심부 플라자

> 한정하는 조치가 필요하다고 본다. 도시 문제는 우유팩 터지듯 퍼지는 데에 있다. 이 일이 계속된다. 도시를 한정하는 것이 없다. 우유팩 하나 또는 콩 한 캔, 별 것 아니지 않은가… 어쨌든 더는 멀리 뻗을 수 없음을 이런 저런 체계로 표현해야 한다 […] 별 근거도 없고 작은 재잘거림 같은 것을 여기저기 만들고 있는데, 그러기 보다는 도시중심을 한정해서 정말로 강렬한 장소로 만드는 게 훨씬 비전있는 일이다.[17]

도시의 성장을 한정하는 전략은 이미 칸의 1956-57년 디자인에도 담겨 있었고, 도시의 성장을 제한함으로써 문화적 다양성을 촉진할 수 있다는 것은 앞서 1장에서 살펴 봤듯이 멈퍼드 도시사상의 핵심이기도 했다.[18] 멈퍼드는『역사 속의 도시』(1961)에서 고대 도시로마의 쇠퇴에 대해 쓴 대목에서 "로마의 해체는 과도한 성장의 종국적 결과"라고 진단했다. 과잉성장으로 인해 "그 도시의 연속된 존재에 본질적인 경제요인과 인간 활동에 대한 통제가 불가능해져서 기능이 붕괴됐다"는 설명이었다.[19]

> 새로운 식민지도시들의 중심부에도 적용했던 내장(內藏)제어체계가 정작 도시로마의 계획에는 없었다. 로마가 그 내장제어체계를 두고 자기제약을 수행했더라면, 법률과 체제에 대한 탁월한 능력과 더불어, 로마는 이오니아 식민지 패턴에는 없던 필수적인 일반적 요소를 공급했을 수 있었을 것이다. 이에 실패한 로마가 도시발전에 기여한 것은 주로 로마의 병리적 과도성장이 보여준 부정적 교훈이다.[20]

고대도시 로마처럼 미국현대도시도 과잉성장으로 인한 병폐를 보이므로 도시로마에 있었던 것과 같은 병폐, 무한성장, 비윤리적 착취, 물질주의적 충족을 막기 위해서는 도시를 질서 있게 유지하는 것이 필요하다고 멈퍼드는 주장했다. 그렇다면, 칸이 필라델피아 도시중심에 두려고 한 이 고가건축과 광장은 멈퍼드가 언급한 "내장제어체계"와 같은 것의 실질적 디자인에 대해 고민한 산물로 볼 수 있다는 것이다.

그런데, 칸이 제약과 통제를 긍정적으로 본 것은 도시의 성장은 물론, 건축표현 일반에 대한 것으로 이어졌다. 1961년 건축가들의 한 심포지엄에서 "변화하는 실무영역에서, 사회적 제약, 가령 법규와 세부규제, 마케팅방법, 연합실무 등이 건축실무의 온전한 발전에 방해되지 않는가?"하는 물음에 건축가들이 상반된 입장들을 표명하고 있었다.[21] 여기서 여러 건축가들이 사회적 제약에 대해 우려하는 분위기에 대해 칸은 "우리는 실현방안을 내려는 생각에서 늘 시작하고 우리가 충분히 강하지 못해 포기하는 것이지, 제약이 있다고 포기하는 게 아니다"라고 비판했다.

칸의 1962년 필라델피아 마스터플랜에는 또한 "시티플레이스"City Place라는 넓은 지역을 두었다. 그는 이곳에 반원형 주차건물, 주차공간을 포함한 넓은 데크, 이 건물들과 부대시설(수영장 등)로 둘러싸인 도심경기장을 배치했다. 칸은 1956-57년 필라델피아 도시설계에서는 스타디움을 센터시티 서쪽에 배치했었는데, 이제 도시 중심부에 통합한 당당한 형태의 다목적경기장을 두려고 한 것이다. 실제로, 필라델피아는 1953년 이래 1967년까지 스포츠경기장의 건립을 계속 논의했고, 이 경기장은 필라델피아 연고의 미식축구팀 이글스와 내셔널리그 야구팀 필리스가 주로 쓸 예정이었다.[22] 방글라데시 다카의 시티플레이스 디자인도 이와 비슷한 점이 있었는데, 칸은 스포츠시설과 상업시설을 적극적인 도시시설로 재구성하고 표현하려 했음을 확인할 수 있다.

1956-57 필라델피아 도시디자인에서도 칸은 '시티센터'를 마련하고 고층건물들을 거기에 집중시켰다. 칸은 이 건물들에 '도시의 성당들'이라는 이름을 붙였다. [도판 4.4] 이 고층오피스건물들이 도시민의 존경과 사랑을 두루 받는 도시의 상징이 될 수 있고 그래야 한다고 봤기 때문이다. 이런 바람에서 고도의 기술과 공들인 표현을 부여한 칸의 '성당' 들 가운데 돋보이는 것이, 그가 이미 디자인을 공들여 완성시킨 필라델피아타워(1952-57년)다. [도판 4.8] 나선회전하며 치솟는 독창적이고 표현주의적인 크리스털 외관을 한 이 타워를 칸은 앤 팅Anne Tyng과 함께 디자인했다.

이 타워의 건축적 표현은 다양하게 해석될 수 있다. 즉, 당시 '기술-유기적' 흐름을 수용하여 스페이스프레임 형태를 통해 현실에 가려진 기하학적 질서를 건축적으로 재현했다거나, 타워의 개방공간의 비방향성을 통해 민주적 접근성을 암시했다고 해석하기도

4-8 루이스 칸, 필라델피아타워 도면(왼쪽)과 복원모형(오른쪽)

한다.[23] 열려 있는 해석가능성에도 불구하고 놓치지 말아야 할 점이 있는데, 그것은 실현가능성의 측면이다. 칸은 이 건물을 지을 대지와 건축주를 열심히 모색하며 각 대지마다 타워의 형태를 변형했고,[24] 칸 스스로 그 디자인에 대해 설명하기를, 진정한 질서를 파악하려 함으로써 타워의 형태와 디자인을 이끌어냈지 결코 비현실적이거나 '유토피아적'으로 접근하지 않았다고 했다. 즉,

> 이것은 구조의 질서가, 자의적인 디자인이 아닌 어떤 특성으로서, 자체로 만들어지는 힘이 어떻게 되는지를 구현한 건물이다. 그것은 질서, 즉 물리적 질서가 필요한 심리적 질서를 추구하는 인간의 잠재성에 대한 믿음인 셈이다. 동시에, 물리적 질서의 특징이 심리적 질서의 척도임을 보인다. 그것은 모든 존재를 만드는 자연에 요청하는 욕구이다. 이 경우, 그것은 물리적 현상에 간섭받지 않고 진화하도록 허용했다. 하지만 진화하는 공간이 인간에게 유용함을 알았다 […] 그것은 전혀 유토피아적이지 않다. 부정할 수 없는 요소를 가진 형태적 존재가 디자인보다 먼저 있다.[25]

이런 정황과 설명을 보면, 칸은 디자인 당시 이 건축물의 현실성을 굳게 믿었던 것 같다. 더구나 특수한 형태의 천장을 가진 예일대학교 미술관도 이 타워의 구조가 부분적으로 실현된 것으로 볼 수 있기 때문에 말이다.

그런데, 이 크리스털 외관의 타워가 칸의 1962년 도시디자인부터는 자취를 감추었다. 도시중심부에는 여전히 타워들을 배치했지만 그 형태와 외관은 달라졌다. 이 시점에 칸은 필라델피아예술학교처럼 불투명 벽돌조 외관을 도시고층건물의 외관으로 모색했다. [도판 4.9] 뒤에 살펴보겠지만 디자인을 의뢰받아 진행한 훗날의 타워디자인들에서도 더 이상 필라델피아타워의 표현적 외관을 찾아 보기는 힘들다. 칸이 필라델피아타워 디자인을 폐기한 것은 기술자 오거스트 코멘던트와 협력하면서부터다. 칸은 훗날 회고하기를, 필라델피아타워 디자인이 마치 "동화" 같았다고 했다. 필라델피아타워 디자인은 일차적으로 바람과 관계됐는데, 바람에 대한 지식을 알아서가 아니라 바람을 다루는 질서를 발견하려 했다는 설명이다.

> 사면체로 된 고층건물은 정말 동화 같았다고 할 만하다. 고층건물을 만들어야 하는데 그것까지 배울 필요는 없었다. 마술봉을 흔들면 그냥 나오는 거였으니까. 그것은 속박되지 않는 자연이 사물을 만드는 법을 채택한 것이다 – 자연의 제작 명령이 무엇이지는 답변할 수 없지만 말이다. 그 명령은 거스를 수 없다. 그것은 역사와는 꽤 거리가 있다. 나는

> 고층건물을 지을 때 바람을 고려해야 된다는 건 알았어도 그 공식은 전혀 몰랐다. 바람에 대한 생각을 안 하고도 바람을 다루는 질서는 찾고 싶었다. 삼각형이 변형되지 않는다는 것을 알게 되어 나는 그것이 바람에 견딜 거라고 믿었다. 정말 마술봉 휘두르기였다. 나는 사면체의 자연스런 나선형 성장에서 벗어나지 않았다.[26]

그렇다면 이 시점부터 칸은 고층건축물표현의 초점을 어디에 둔 것이고, 질서에 대한 파악은 어떻게 바뀐 것이었을까? 겉으로는 무척 달라 보이는 이전과 이후의 디자인들은 어떤 관계가 있을까? 칸이 1944년에 발표한 것과 다른 기념비성의 주제에 1961년경에 도달했다고 스스로 말한 것과는 또 어떤 관계일까?[27] 이제, 칸이 도시의 고층건물디자인의 상황을 본격적으로 심화시켜 나아가는 과정을 자세히 살펴 보자.

4-9 루이스 칸, 필라델피아예술학교. 남쪽입면에 브레즈솔레유를 적극적으로 구성함으로써(위: 입면, 아래왼쪽: 모형사진) 북쪽입면과 대조된다.

4-10 필라델피아예술학교 대지에 계획된 필라델피아 오케스트라 디자인들. 로버트 벤추리(왼쪽), 라파엘 비뇰리(오른쪽).

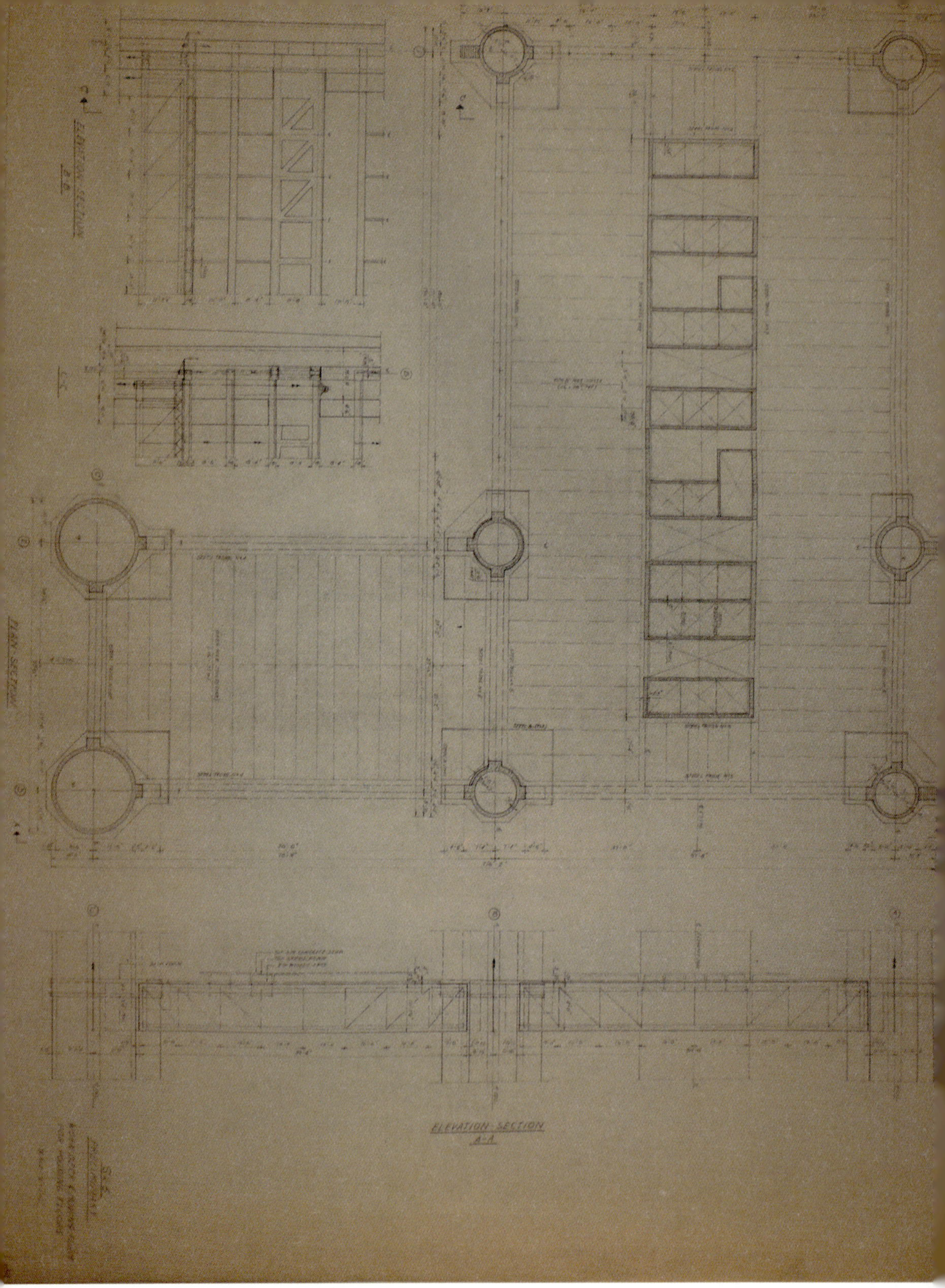

5-1 루이스 칸, 뉴욕 브로드웨이 타워(1966~68)

5

뉴욕 브로드웨이 타워

고층건축물 표현의 새 이슈

1960년대 초 뉴욕 맨해튼의 대표적 개발사업이면서 또한 논란이 된 것이, 6번 대로에 면한 50번 길부터 58번 길까지의 블록들의 고층 개발사업이었다.[도판 5.2]
당시 이 사업결과는 통렬한 비평을 받기도 했는데, 비평가 피터 블레이크는 지하와 지상에서 연결통로가 잘 확보돼 있지 못한 점이나 개별 건물들의 배치방식과 커튼월 미학의 문제를 비롯하여 이 건물들이 공공적 용도에서나 표현에서나 다 실패라고 봤다. 그는 그 원인을 건물에 대한 규제 또는 도시적 규제가 없는 탓으로 돌렸다.

> 공간형태의 측면에서, 그것은 무분별하게 늘었다 줄었다 하는 소시지나 장난감 풍선처럼 됐다. 통합교통과 서비스체계라는 측면에서, 그것은 어리석게 기회를 놓쳤다. 표면미학의 측면에서, 그것은 커튼월 판매업체를 위한 거대한 표본 진열대가 됐다.[1)]

블레이크는 이 신축건물들 중 사리넨Eero Sarinen이 디자인한 시비에스CBS빌딩은 예외라고 평가했다.[도판 5.3] 주변맥락과의 연관성이나 외부공간을 한정한 방식에서 배치상의 결함이 있지만, 그럼에도 불구하고 기념비적 가치가 높다는 평가였다. 즉, 시비에스빌딩은 독립된 존재감을 가진 명확한 건축표현을 보여줬고, 혼돈과 조잡함의 현실 속에 독립된 기념비들이 양질로 지어지는 것은 여전히 중요하다는 것이 블레이크의 평가였다.

> 분명, 시비에스는 진실한 건물이다. 벽지를 바른 투기용 용기가 아니다. 시비에스에는 힘, 정적, 명확함, 심지어 색조까지 있다. 시그램처럼 시비에스는 암갈색 화강석으로 마감했기 때문에 해가 갈 수록 더욱 도시적으로 성장할 것이며 검댕을 먹으며 더욱 장점을

5-2 1960년대 6번 대로의 고층 개발

5-3 에로 사리넨, 뉴욕 시비에스빌딩. 출처: Architectural Forum (July 1961)

5-4 미스반데어로에, 시그램빌딩 (1954–58)

5-5 필립 존슨, 예일대학교 클라인타워 (1966)

발휘할 것이다. 시비에스에는 존재감도 있다. 즉, 그것은 진정한 타워이며, 좀 내려앉은 플라자 위에 독자적으로 서 있다. 워싱턴 기념비와 똑같은 방식인즉, 단일사건으로서 훌륭한 조각이며 외부의 혼돈으로부터 자유롭다.[2)]

1959년 루이스 칸은 오텔로회의에서 미스의 시그램 빌딩을 언급하며,[도판 5.4] 다음과 같이 당시 고층건물의 디자인경향에 대해 말하고 제안한 적 있다.

짧게 잘린 그 끝이 우리 사회의 표식이라고 믿는다. 이것은 좌절적으로 사물을 보는 방식의 일종이지만, 건축을 충분히 믿는다면 거기에 끝을 둬야 한다. 그 위에는 더 이상 짓지 않을 거라는 그런 식으로 표명된다.[3)]

건물 최상부를 확실히 매듭짓자는 칸의 이 제안은, 달리 말해, 건물(또는 건설)에 끝맺음을 적극 선언하자는 것이다. 그는 이것을 고층건물에 두루 적용될 수 있다고 봤고, 그러기 위해서는 개별 건축가가 스스로 표현의 자유를 한정할 필요가 있다고 봤다. 고층건물에 대해서는 일차적으로 건물 상부의 제약을 강조한 논리지만, 이것을 고층건물에만 국한되지 않고 일반적인 개별 건축물에 대해 건축물 테두리를 포함한 표현의 한계에 대해 동의가능영역을 찾자는 제안으로 봐도 무방할 것이다. "타워의 미적 문제는 전혀 언급하고 싶지 않으니, 그것은 (건축가) 개인의 문제이기 때문"이라며[4)] 칸은 개별 건축가의 독자적인 미적 영역을 허용해했지만, '사회적 표식'을 공유할 필요가 있다고 본 것이었다.

이렇게 건축표현에 공공적 윤리의 차원을 제안하기로는 이 책의 첫부분에서 살펴봤듯이 일찍이 근대운동진영도 마찬가지였다. 하지만, 칸의 제안은 그것과 몇 가지 측면에서 차이가 있다. 첫째, 한 사회집단의 공통적인 강한 감정 또는 미적 취향에 호소한 것이라기보다는, 일종의 문화적 공감에 기초한 것이란 점이다. 둘째, 칸의 제안에 담긴 제한방식은 법적 규제나 사회적 계약 같은 합의에 의존하는 것이 아니라 더욱 대화적이고 암묵적인 동의를 구하는 것일 수 있다는 점이다. 이와 관련하여, 칸은 1971년 강연 "방, 길, 인간 동의"The Room, the Street, and Human Agreement에서, 방, 평면, 길, 도시 같은 모든 건축공간이 제도(시설)이며 그것들은 인간동의에 기초한다고도 말했다. 칸이 동의의 개념을 어떻게 쓰는지 아는 것은 그의 공공건축의 성격을 이해하기 위해 중요하다. 이를 위해 그의 단편적 언술을 더 자세히 분석하는 방법도 남아있겠지만, 그의 건축창작물 자체와 창작의 태도를 해석하는 것 또한 중요하다. 이제부터 다룰 칸의 개별 도시건축디자인에서는 이 점에 주목할 것이다.

개별적 특이성을 소거한 공통요소를 공동성의 근거로 보는 중립적 관점은 개별성의 포괄성은 관심 밖에 두는 법이다. 칸이 50년대 중반 케빈 린치 등의 관점에 동의할 수 없었던 사실은 이런 중립적 관점 때문이기도 하다고 할 수 있다. 요컨데, 칸의 동의방식은 개별 상황의 통제과정에서 개별성의 특징이 제거되는 것을 피하면서, 각 개체의 개별성을 보존하고 표현의 자유를 키워 결국 공동체의 문화적 다양성을 확보할 수 있도록 하는 목표와 닿아 있었다고 추정해 볼만하다. 다시 말해, 칸의 동의방식은, 공유가능한 측면을 선별적으로 따르거나 거부할 수도 있고 제안할 수 있는 대화적 방식이었을 수 있다. 다만, 칸의 제안은 자기 개성을 도시의 개성에 복속시킬 수 있을 정도로 개별 건축주체가 충분한 취향과 사회적 의식을 발전시킬 수 있는 엘리트적 정신을 필요로 하는 것 같다. 말하자면, 대중적 기반이 취약할 수 있는 방식인 것이다.

한편, 우리는 제약에 대한 칸의 제안이 미적 취향에 기반하는 것이 아님에 주목해야 한다. 가령, 건물상단부를 끝맺을 필요가 있다는 주장은 필립 존슨도 했지만 그 내용과 판단기준이 달랐다. 예를 들어, 시그램 빌딩에 대해 칸은 그 건물에 끝맺음이 없다고 봤지만, 이 건물의 협력건축가였던 존슨은 거기에 끝맺음이 있다고 주장했다. 그는 오히려 당시 주목받던 또 하나의 아이콘인 건축물인 시비에스빌딩이야말로 "끝이 없다"고 주장했다.

> 사실 그것[시비에스빌딩]은 끝이 없다. 시그램 빌딩은 그 끝에서 멈추지만 말이다. 그것이 사리넨의 요점이다. 사리넨은 "시그램 빌딩을 포함해서 지금까지 지어진 어떤 건물보다도 더 단순하게 건물을 짓고 싶다"고 했다 [···] 꼭대기도 바닥도 필요 없고, 모서리조차 밉살스럽다고 봤다. 다이아몬드 두 개가 찰싹 붙어 끔찍한 면이 된 걸 보라.[5)]

존슨은 자신의 클라인타워(1966년 완공)에 비해 [도판 5.5] 시비에스빌딩이 미적 결함을 가지고 있음을 비교하면서, 시비에스빌딩이 위아래로 변화 없이 내리 뻗은 것은 "잘못"이라고까지 지적했다.[6)] 끝맺음에 대한 존슨의 주장이 개인적인 미적 취향에 바탕을 두고 있었던 것은 비슷한 주장이지만 칸의 주장의 윤리적 함의가 실려 있었던 것과는 상당히 대조적이다.

뉴욕브로드웨이 타워

칸의 사무소는 1960, 70년대에 뉴욕 맨해튼을 무대로 레비놀이터, 유대인학살기념비, 루즈벨트기념비, 브로드웨이 타워 등의 여러 프로젝트를 진행했다. 이 중 브로드웨이 타워는 1966년 중반부터 1968년까지 약 2년간 진행됐다.[7] 그 대지는 센트럴파크 남서쪽의 콜럼버스서클에서 두 블록 정도 떨어져, 브로드웨이 · 7번 대로 · 56번 길 · 57번 길에 둘러싸인 블록에 속해 있었다. [도판 5.6] 그 블록 북쪽인 57번 길로는 지엠 빌딩과 슈라프츠 빌딩, 카스 길버트Cass Gilbert가 디자인 한 아파트 건물 한 채가 면해 있었고, 남쪽인 56번 길에는 브로드웨이 구세주연합교회Broadway United Church of Christ가 면해 있었다.

일 시	주 요 진 행 내 용
1966년 7월 13일	칸이 작업을 개시할 것을 확인하는 서한
8월 29일	칸과 건축주가 1차디자인에 대해 논의함. 9월1일 교회쪽(Leonard G. Styche)에서 칸에게 편지로 디자인수정사항을 요청
9월 6일	칸의 1차 수정안 (9/6/66 도면)
9월 19일	건축주는 초기디자인에 만족함. 칸이 디자인을 계속 진행하여 개발자에게 발표하게 함
10월 8일	칸 사무소, 초기작업성과에 대한 송장 제출. 수석건축가는 포크(David Polk). 1966년 12월 28일 이전에 모형과 도면 마련(기록 부재)
1967년 6월-9월	디자인도면
9월 19일	(로스사무실에서 회의) 로스는 슬립거푸집 구조를 비판하고 철골선호를 주장
11월 19일	코멘던트 작성도면
12월	코멘던트가 공정과 견적에 대한 보고서 작성, 드종의 평가 (29일)
1968년 7월 17일	칸 사무소, 작업성과에 대한 두번째 송장 제출

개발시행사인 칼라일건설회사Carlyle Construction Company는 블록의 여러 필지를 소유하고 있었고, 업무용 내지 주거용의 고층건물을 짓되, 기존 교회건물의 철거신축을 포함하는 대규모 개발을 교회에 제안했다. 이 회사는 연말까지 지엠빌딩과 슈라프츠빌딩도 전체사업에 포함시켜 추진하려 하고 있었다. 이에 칸은 교회의 입장을 대변하여 교회건물을 디자인할 건축가로 선택되었고,[8] 칼라일건설회사의 대표건축가는 에머리 로스 앤 선Emery Roth & Son사무소였다. 칸은 교회건물 디자인을 넘어 고층건물을 포함한 전체계획에 관여하게 됐다.

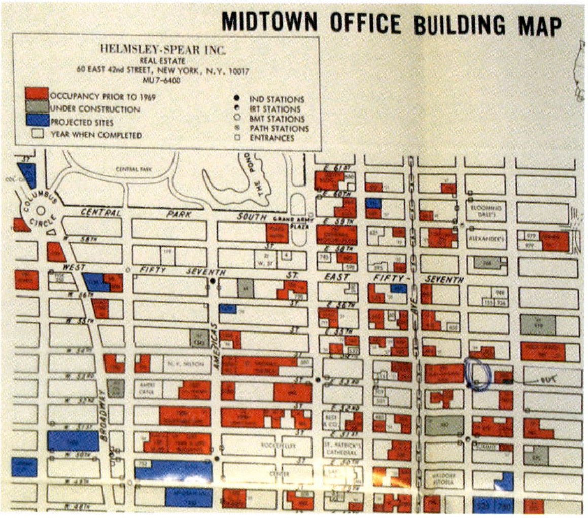

5-6(a) 뉴욕 맨해튼 지도. 브로드웨이 타워의 대지. 위치는 센트럴파크 남서쪽 모서리의 컬럼버스 서클에서 남쪽 세 번째 블록이다.

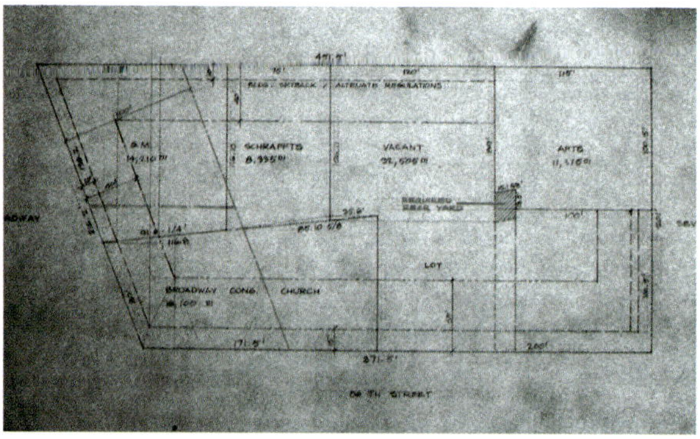

5-6(b) 브로드웨이 타워 대지. 블록은 다섯 필지(모서리 필지 셋과 관통필지 하나, 내부필지 하나)로 이루어졌다. 대지 경계선에서 10피트(3미터)를 안쪽에 대안규제선이 놓인다.

5-7 브로드웨이 타워 대지. 57번길-브로드웨이 모서리 모습(왼쪽)과 56번길에서 본 모습(오른쪽) 현재 타워의 저층부에는 하드락카페가 있다.

초기단계 디자인에서 칸은 고층건물을 뉴욕의 조닝규제에 부합시키며 최대용적을 확보하는 방법을 점검했고, 이 때 건물형태는 최대용적한계를 거의 그대로 따랐으며 최고 높이는 588피트[179미터]에 달했고 층수는 40층을 넘었다.[9] [도판 5.8] 평면은 개발대상인 블록 필지들을 병합하는 형태로 만들어졌는데, 그래서 T자형태가 됐고, 그 경우 56번 길을 면한 건물의 남쪽입면은 약 370피트[113미터]의 블록 전체길이를 따라 펼쳐졌다. 이 길고 높은 입면이 건물의 인상을 결정하는 요소였을 텐데, 칸 사무소에서는 이 입면을 당시 미스풍 건물들처럼 유리와 멀리언의 표면효과를 다루지 않고 그 대신 다양한 크기와 형태를 가진 개구부를 배치하고 건물 내부로 빛을 들이는 방식을 고려하기도 했다. [도판 5.9, 5.10] 이 방식은 1960년대 초 칸의 다른 디자인들에서 벽돌조적조라든지 콘크리트구조에 아치형태 등을 기하학적으로 배치하는 방식을 연상시킨다. 높이 솟은 타워 아랫부분에는 교회를 비롯하여 은행, 고급상점, 레스토랑, 극장 따위의 여러 가지 기능을 옥외 플라자와 함께 수용했다. [도판 5.11, 5.12. 5.13]

교회는 1966년 8월의 타워디자인에 대해 몇 가지 수정사항을 요청했다. 즉, 교회건물보다 블록전체 구상을 우선해 줄 것, 타워 외곽에 요철을 두거나 빛 우물을 두지 말고 외주부 채광방식을 해 줄 것, 오피스 건물 본연의 법칙과 필요에 부합시켜 줄 것, 또한, 건물 각 층이 한 단위로 임대될 수 있게 평면을 연속시켜 줄 것, 엘리베이터를 비경제적으로 두 군데에 두지 말 것 등을 주문했다.[10] 칸은 이러한 교회의 요청사항을 후속 디자인에 충실히 반영했다. 타워 의 외피는 더 이상 들쭉날쭉하지 않고 매끈한 표면의 커튼월이 됐다. 엘리베이터 코어는 건물 중앙에 하나만 뒀다.

이와 동시에 새로운 특징적 디자인요소를 도입했는데, 타워 하부를 지상으로부터 띄워 올려 신축교회건물을 타워 본체 밑에 들여앉힌 것이다.[도판 5.14] 타워 하부를 띄워 그 빈 공간에 교회와 슈라프츠빌딩 등을 수용함으로써, 타워와 교회는 서로 독립된 건물로서 완전히 분리됐다. 더구나 건물 아랫 부분의 기능들끼리 수평으로 서로 연결했기에, 건물 아래위의 분절은 더욱 뚜렷해졌다. 이제 타워와 교회의 외관도 서로 뚜렷이 구분됐는데, 디자인의 발전과정에서는 교회외관보다 타워외관이 더 뚜렷이 바뀌었다. 지상과 저층부에 인간적 스케일의 공공시설들을 수평으로 연속시켜 공공적 쓰임새를 확보하려는 의도가 뚜렷이 읽힌다.

1967년 11월에 이르러 타워의 평면은 L자형으로 확정됐고, 그 구조도 구체화됐다. [도판 5.1, 5.15, 5.16, 5.17] 칸은 구조기술자 오거스트 코멘던트와 협력하여, 타워의 구조를 관습적인 철골기둥구조의 방식 대신 '컬럼-스테이션', 트러스, 매달린 바닥판의 조합으로 고안했다. 타워 외관의 처리에 있어서는 멀리언을 유리면 바깥에 돌출시키지 않

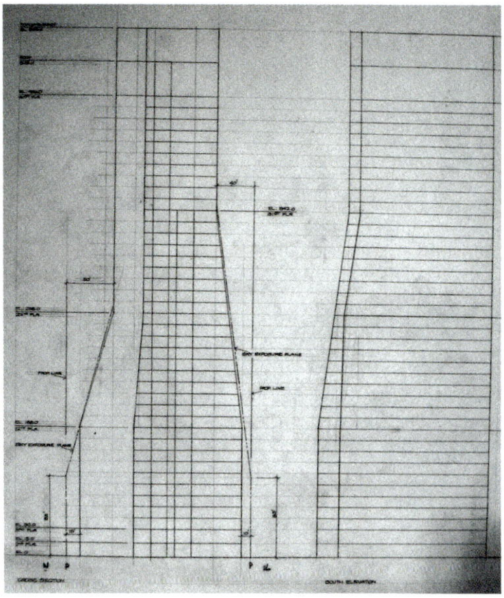

5-8 브로드웨이 타워. 조닝규제에 의한 용적 검토(1966년 9월). 최고높이는 179미터에 이른다.

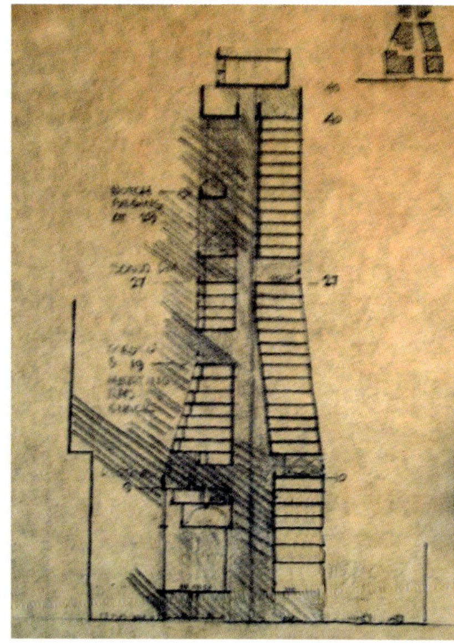

5-9 브로드웨이 타워.
한계용적 내에서 남쪽 56번길쪽 입면(도면에서 왼쪽)에 주요개구부와 포치를 내는 방안검토. 건물용적 내에 수직으로 보이드를 깊이 두고 상층부에서 공중정원등을 확보하는 아이디어가 읽힌다.

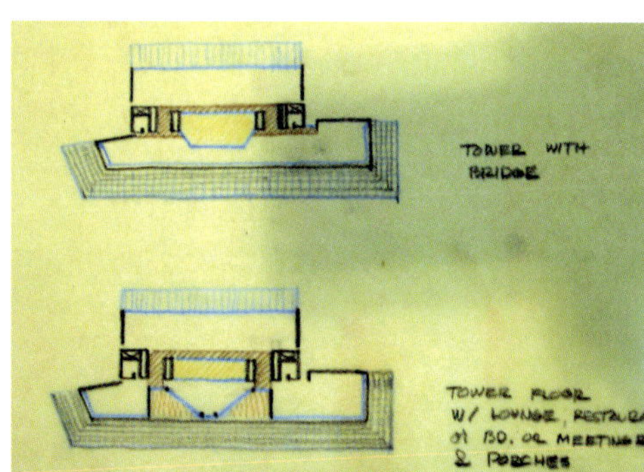

5-10 브로드웨이 타워. 남쪽 입면(왼쪽) 과 평면(오른쪽)

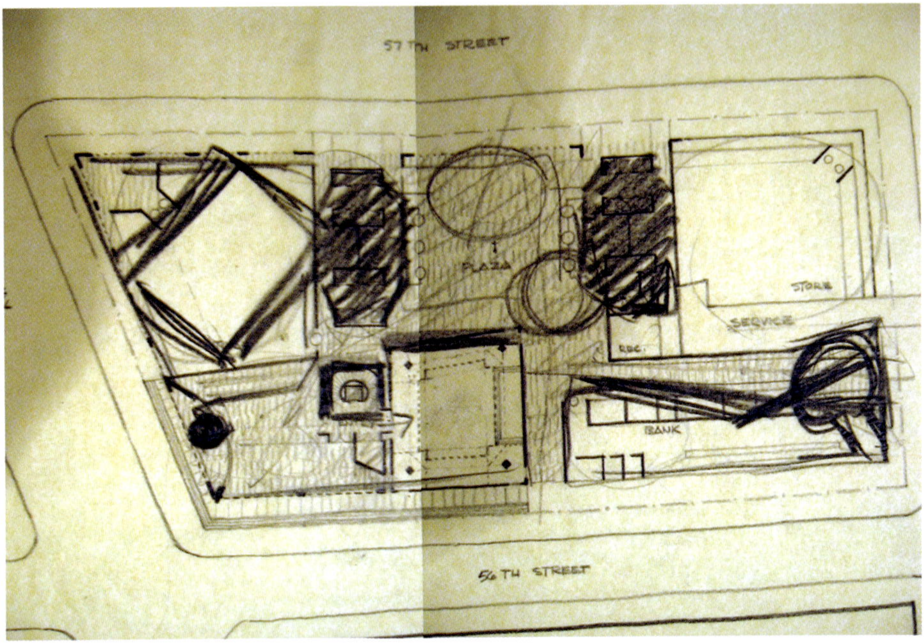

5-11 브로드웨이 타워. 북서쪽 모서리의 지엠빌딩과 슈라프츠빌딩을 포함한 디자인. 코어가 두 부분으로 설정됐다. 지상부에 교회와 은행, 상점 등을 두고 이것들을 옥외플라자로 연결하는 개념이다.(66년 8월 디자인으로 추정)

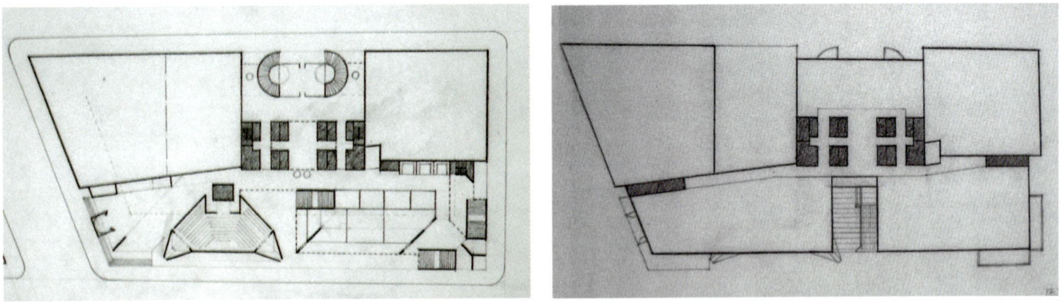

5-12 브로드웨이 타워. 두 조의 엘리베이터코어 계획. 지상층 도면(왼쪽)와 12층 도면(오른쪽). 지상층의 교회 위에 오피스타워가 블록가장자리를 따라 채운 형태

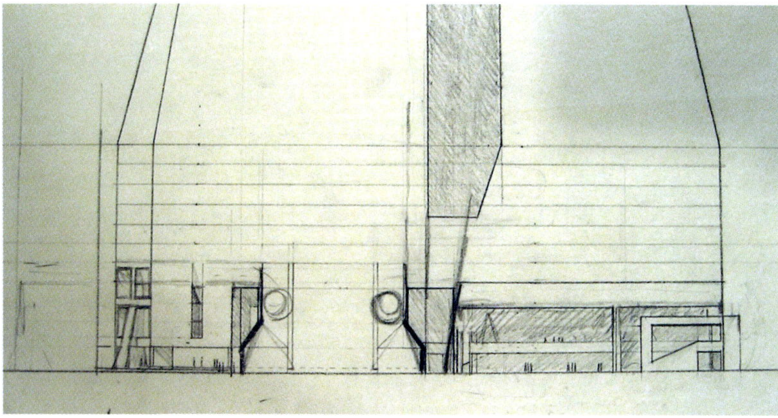

5-13 브로드웨이 타워.
블록규모의 상부매스와 하층부의 다양한 기능(교회, 은행, 고급상점, 레스토랑, 극장)들의 통합을 시도했다.

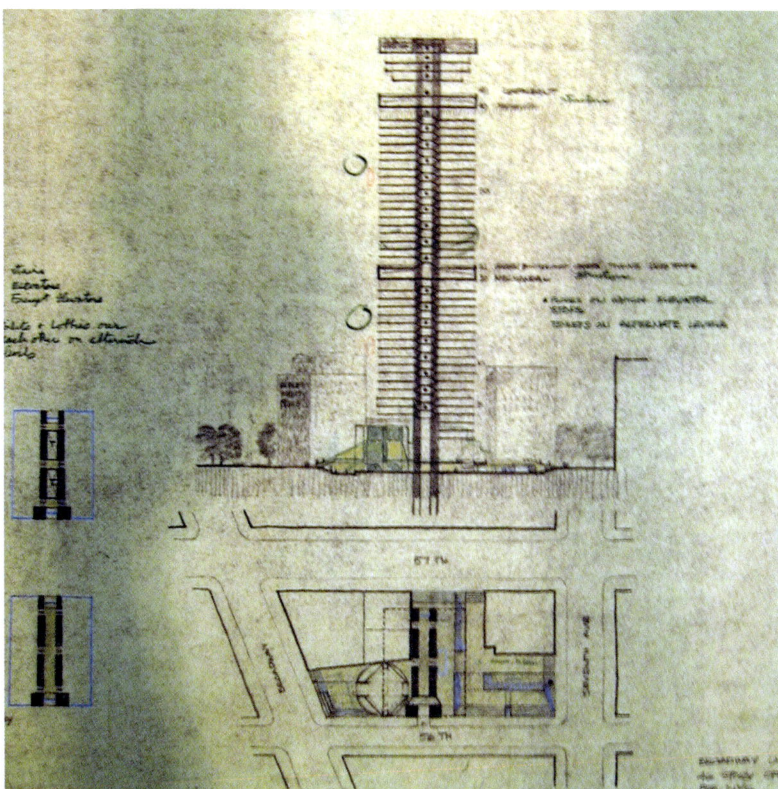

5-14 브로드웨이 타워.
교회와 오피스는 데크를 통해 진입하게 되고 56 · 57 · 7번 길을 연결한다. 오피스 20층과 40층에 기계실을 뒀고, 21층에 정원 · 이발소 · 찻집 · 약국을 뒀으며, 41층에 레스토랑을 뒀다. "최대용적을 위해 대지면적의 30 퍼센트에 해당하는 플라자를 둔다."

았다. 이 방식은 미스가 고층건물 디자인에서 건물외면에 멀리언을 붙여 표현수단으로 쓰던 것과 비교된다. 다음은 이 혁신적인 타워 구조에 대한 코멘던트의 설명이다.

> 흔한 방식대로 기둥을 여러 개 두는 대신, 꽤 큰 경량기둥이자 동시에 설비덕트인 이른바 '컬럼-스테이션'을 쓴다. 바닥판 가장자리를 트러스에 매달고 다른 끝은 중앙서비스코어로 지탱한다. 고층부는 중앙코어가 축소되고, 그 자리의 바닥을 기둥과 보로 지지한다. 바닥판 경계를 따라 공조덕트를 두고 이것을 외주부 보에 통합시킨다. 이 덕트를 '컬럼-스테이션'에 수용한다. 공조 분산덕트와 조명설비를 바닥판 리브 사이에 통합한다.

이 디자인은 시공상의 경제성도 확보했다. 즉, 코멘던트가 산출한 바에 따르면 이 타워의 1제곱피트당 예정공사비는 20달러였다. 이에 비해, 에머리 로스 · 선 사무소는 당시 유행하던 철골구조를 브로드웨이 타워의 구조로 제안했는데 그 1제곱피트당 예정공사비는 칸의 것의 두 배에 가까운 35달러였다. 사업평가자 드종Dejongh의 평가서에서는 다음과 같이 칸의 디자인의 합리성을 인정했다.

> 상부구조의 디자인개념이 논리적이며 완벽히 견실한 구조 원칙에 기반해 있다. 구조요소들의 기능이 명확히 규정됐고, 모든 점에서 수직 · 수평력에 대한 저항력을 가지고 있다"는 평가였다.

브로드웨이 타워에서 제시한 것 같이 바닥판을 상부구조에 매어다는 구조방식은 사실 칸이 처음 고안한 것이 아니었다. 이미 탈리아센 아키텍츠Taliesin Architects의 피터스William Wesley Peters가 디자인해서 지은 루이스빌의 케이든 타워에서 실현됐었고, 라이트가 1940년대 말에 인도에 지으려던 호텔 디자인도 더 먼저 있었다. 교외에 위치한 케이든 타워는 레스토랑 등을 둔 건물최상부가 캔틸레버 트러스 구조였고, 이것이 건물 중앙의 코어에 의해 지탱됐으며, 이 트러스에 열 한개 층의 바닥판을 매달았다. 건물입면은 레이스 모양의 피막으로 처리해서 타워 본체의 비내력성을 나름대로 표현하기도 했다. 이 건물은 여러 가지 점에서 칸의 고층건물의 선조 격이지만, 칸의 타워는 더 세련되고 합리적인 구조와 시공의 경제성이 주목할 만하다.

브로드웨이 타워는 기술과 경제성의 측면에서 칸 자신의 필라델피아타워보다도 더 세련되고 합리적이었으며 따라서 실현가능성도 진일보했다. 칸은 1950년대 후반 프리캐스트콘크리트를 채택하고 그 건축어휘를 발전시킴으로써 자신의 디자인의 실현가능성을 높였다.[10] 칸이 프리캐스트콘크리트의 건축적 가능성을 개척한 것은 철근콘크리트 전문가인 콘스턴트의 협력 때문에 가능했고, 그 협력의 성과는 1959년 리차즈연구소 건물이나 밀크릭 주거단지 등으로 이어져 왔다.[11] 브로드웨이 타워와 캔자스시티 타워로 이어지는 고층건물디자인에서는 충분한 실현가능성을 확보하고 있었던 것이다.

이 대목에서, 당시 혁신적인 고층건물 디자인들을 내놓고 있던 건축가 케빈 로시Kevin Roche의 접근방식을 칸과 비교해 볼 만하다. 로시도 맨해튼을 혹독하게 비평했다. 물론 프랭크 로이드 라이트를 위시하여 맨해튼의 도시환경을 비판한 건축가들은 많았고 칸 역시 '필라델피아 생활을 하는 사람더러 뉴욕에서 살란 말인가' 하는 식으로 뉴욕의 삶을 동경하지는 않았다. 로시는 맨해튼을 실패한 도시환경의 대표로 꼽았으니, 맨해튼의 주거업무환경은 "섬뜩하고도", "지상최악의 불량주거환경에 맞먹는다"고 판정했다.

> 프라이버시, 불결, 오물, 먼지, 혼잡, 답답한 공간, 막힌 시야, 개방공간부족, 청결지역부족, 물부족, 교통, 소음, 모든 위생시설 - 뉴욕에서는 이 모든 게 잘못돼 있다. 뉴욕은 우리 사회의 성장방식의 산물인데, 뉴욕이 성장하는 이유는 돈을 너무 많이 투자하기 때문이며, 거기 지은 아파트를 얻는 이유는 자기 자본에 대한 소득을 얻기 위해서이다. 전적으로 합법적이지만, 그것이 건물을 짓는 방식은 아니라고 본다.[12]

로시가 디자인하여 지어진 맨해튼의 포드재단 건물(1963-68)은 구조에서나 도시맥락적 표현의 측면에서나 혁신적이었다.[13] [도판 5.18] 이 건물에는 수직의 온실샤프트를 최상부까지 두었고 모든 층에서는 내부식재공간 쪽으로 창이 열린다. 최상부 두개 층에는 집무실과 식당을 두어 건물 최상부를 마감한다. 또한, 칸의 브로드웨이 타워의 '컬럼-스테이션' 구조방식은 로시가 디자인한 뉴헤이븐의 나이츠오브컬럼버스Knights of Columbus건물(1967-70)과도 형태가 비슷한데, 건물 가장자리에 놓인 원통형 콘크리트 기둥들이 주요한 구조적 역할을 하는 동시에 외관에서 두드러지게 표현되어 타워의 인상을 지배하는 점에서 그렇다. 로시의 나이츠오브컬럼버스건물에서는 정사각형 평면의 네 모서리에 원통형 기둥을 지상에서 꼭대기까지 슬립폼 시공방식으로 세웠고, 철골보를 이 기둥에 연결시켜 바닥판을 지탱하며 가장자리 철골보가 유리면 바깥에 노출시켰다. 로시에 따르면, 이 기둥들을 쓴 이유는 대지와 프로그램의 제약을 해결하기 위해서였다. 즉, 이 건물은 한 층 면적이 1만 제곱피트인데('이에 비해 이상적 상황은 22,500제곱피트다') 사무공간이 기능상 적정 폭을 가지기엔 중앙코어가 너무 컸고, 그래서 기능상 꼭 건물중앙에 있어야하는 엘리베이터를 제외한 나머지 코어요소인 계단실, 기계공조설비, 화장실을 네 모서리에 분산배치하여 콘크리트 샤프트에 포함시켰고(두 개의 타워에 화장실을, 나머지 두 개의 타워에 계단실을 배분했다) 중앙에는 폭 15미터 정도의 작은 코어만 남겼다. 로시는 또한 이 해결법이 메가스트럭쳐 디자인의 일반원칙이 될 수 있다고 설명했다.[14)]

이 타워의 원통기둥(지름 약 30피트로서 엘리베이터 코어의 한 변 길이와 거의 같다)과 비교할 때, 칸의 브로드웨이 타워에서 구사한 컬럼-스테이션의 원통기둥들은 설비공간만 수용하여 상대적으로 지름이 작고(큰 기둥 두 개는 지름 약 20피트, 더 작은 기둥 여섯 개는 지름 약 14피트다) 타워의 전체높이에 비해 가늘다. 칸은 일찍이 리차즈연구소 건물에서 이른바 '지원하는 공간' servant space과 '지원받는 공간' served space을 구분했고, 설비를 위한 공간을 충분히 제대로 마련해야 한다는 원칙을 세웠다. 역시 로시가 디자인한 맨해튼 다운타운의 연방준비은행 건물은 지상높이 50미터까지 건물을 띄워 올렸다. 얼핏 비현실적인 이 특수한 해법에 대해 로시는 다음과 같은 논리를 들어 설명했다.

> 건물을 들어 올려 길 건너 옛 [연방 준비은행] 건물의 코니스선에 건물전체를 맞추자. 여기서 건물이 시작한다. 이제 아래에는 걸리는 것이 없는 빈 공간이 생겼고 체이스 맨해튼, 머린 미들런드와 새로운 관계가 됐다. 건물은 165피트[50미터] 길이의 다리들로 받쳐진다. 그 다리의 지름은 11피트이고 그것을 옛 연방준비은행의 것과 똑같은 석재로 덮는다. 이 수직 위치는 이제 충분히 높기에, 실용적 목적에도 불구하고, 지상에는 건물이 없고 공공공간이 형성된다.[15)]

로시의 해법들, 특히 연방은행건물의 해법은 탈주적 성격을 지닌다. 뉴욕의 건축법규와 오피스 건물의 합리적 유형 사이의 모순을 조롱하듯이 드러낸 셈이다. 칸이 브로드웨이 타워 아래를 띄워 올린 것은 로시의 해결법과 비슷해 보이지만 그만큼 탈주적이지는 않았다.

브로드웨이 타워에서 손을 뗀 1970년 초, 칸은 비슷한 프로젝트의 디자인을 또 뉴욕에서 의뢰 받았다. 렉싱턴대로의 성 베드로 루터교회Saint Peter's Lutheran Church(위치 130 East 54번 길)가 퍼스트내셔널시티뱅크와 공동으로 렉싱턴 53, 54번 길 블록을 개발하는 사업이었다. 칸은 적극적이었지만 은행 쪽이 반대함으로써 프로젝트에서 이내 하차했다(1970년 9월).[16] 부동산컨설턴트가 제시한 계획은 건축적 전망이 빈약했지만, 이후 휴스터븐스가 디자인해 바로 그 자리에 지어진 고층건물에는 로시와 칸이 시도한 고층건물 디자인의 한 측면이 극적으로 강조되어 실현되어 있다.[도판 5.19]

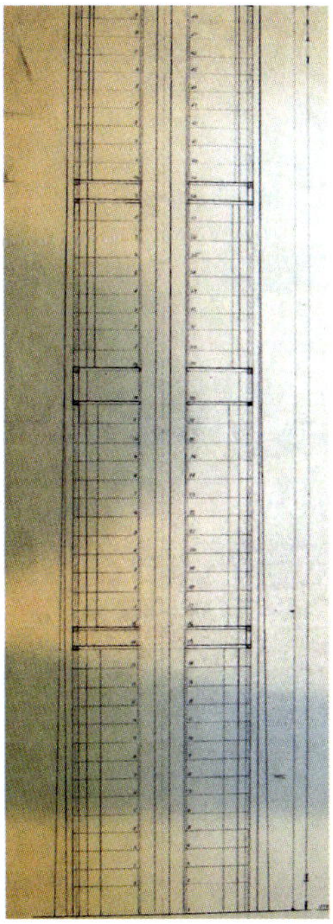

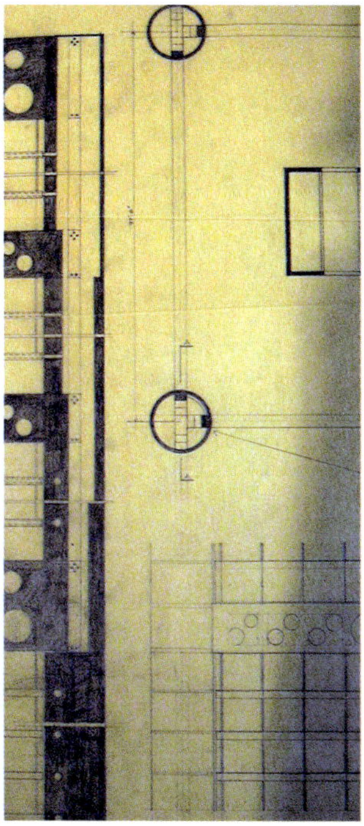

5-15 (a) 브로드웨이 타워, 건물전체 단면. 네 개의 트러스 각각에 바닥판이 매어달린다.

(b) 브로드웨이 타워, 기둥 세로단면. 상부에서 기둥내부 공간이 넓어진다.

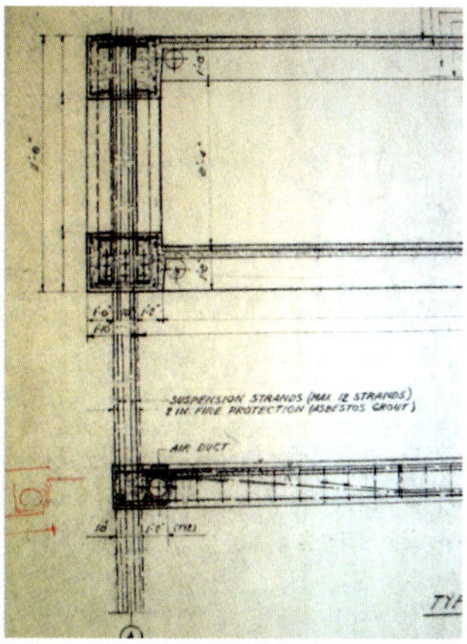

5.16 브로드웨이 타워. 트러스에 인장 스트랜드가 매어달리는 상세도(위) 전체 48개 층이 4개의 트러스에 매어달린다.

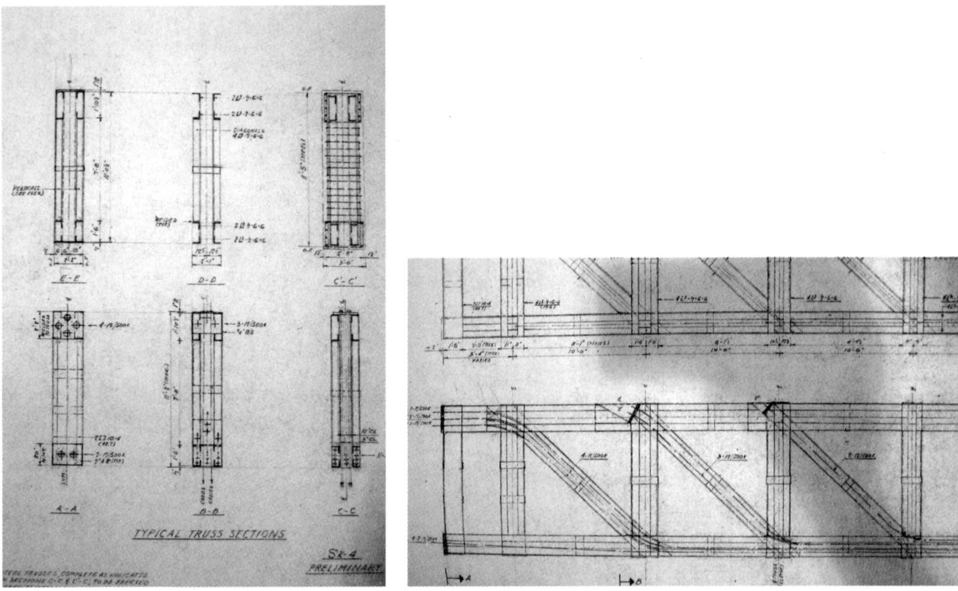

5-17 브로드웨이 타워, 트러스 단면. 여섯 가지의 합성트러스와 강 트러스가 필요했고, 4개 층에 걸쳐 총 32(4X8)개의 트러스가 소요된다.

5-18 케빈 로시, 포드재단건물

5-19 휴 스터븐스가 디자인한 시티콥 건물. 1973년의 조감도(왼쪽)와 1977년에 완공된 모습(오른쪽). 브로드웨이 타워의 일부 디자인 요소가 실현됐다.

6

캔자스시티 타워

뉴욕 브로드웨이 타워 디자인을 시작한 것과 같은 해, 칸은 미국 중서부의 대도시 캔자스시티에서도 고층건물 디자인을 의뢰받았다. 두 도시의 도시적 맥락은 달랐지만, 브로드웨이 타워와 캔자스시티 타워의 디자인은 초기 디자인에서 상당한 공통점을 보였다. 캔자스시티의 이 건축사업은 민간개발업체인 알트거 회사Altgar Enterprises Inc.가 회사소유의 사업대지에 고층건물을 짓고자 추진했다.[1] 오랫동안 사업이 추진되는 중에 칸은 캔자스시티 중심업무지구 안에서 서로 몇 블록 떨어진 두 사업대지에 대해 디자인을 만들었다. 첫 번째 사업대지는 월넛 길Walnut Street과 동11번 길E 11th Street이 만나는 블록의 모서리땅이었다. [도판 6.2, 6.3, 6.4] 칸은 1966년부터 1970년경까지 이 대지에 대해 디자인을 진행했다. 하지만, 건축주가 사업규모를 확장하며 이 건물의 디자인을 중단하고 메인 길Main street, 볼티모어 대로Baltimore avenue, 11번 길, 12번 길에 둘러싸인 92번 블록에 대한 건축디자인을 진행했다(후자의 건축허가는 1972년 봄에 받게 된다).

알트거 회사는 칸에게 디자인을 의뢰하며, 해당 대지가 도시에서 가장 유리한 위치에 입지해 있으니 이 건물이 건축적으로 의미 있고 흥미로운 건물이 되길 원한다고 기대감을 표시했다. 그들은, 도심 인근에 개발 예정된 85에이커 규모의 대규모 사업과 신공항 건설사업으로 인해 캔자스시티 도심이 비약적으로 발전하리라는 예측을 함께 선했다. “지난 십년간 필라델피아가 경험한 것처럼 캔자스시티가 향후 몇 년 동안 폭발적으로 개발될 것”이라는 예측이었다. 당시 1960년대의 재개발 붐을 맞은 캔자스시티의 중심업무지구에는 주로 1930년대에 지어진 고층건물들이 가득 차 있는 상태였다. 또한, 중심업무지구를 감싸는 외곽순환도로도 지어질 예정이었다.[도판 6.5] 건축주는 향후 도시개발상황에서 자신들의 사업이 선도적 역할을 가지길 바란다면서 이를 위해 그 건물이 탁월한 아름다움과 품격을 가짐으로써 중서부를 통틀어 최고급 상점과 고품격 업무공간을 위한 최상급 임대자를 유치하기 원한다고 칸에게 밝혔다.[2]

6-2 캔자스시티, 항공사진, 두 사업대지. 첫 번째 대지(동쪽)과 두 번째 대지(서쪽) 사이에 위치한 블록에 공공광장을 짓지로 1973년에 결정됐다. 더 동쪽으로는 시청(30층 높이의 아르데코 양식)과 그 남쪽으로 법원이 같은 건축가에 의해 디자인되어 지어졌다.

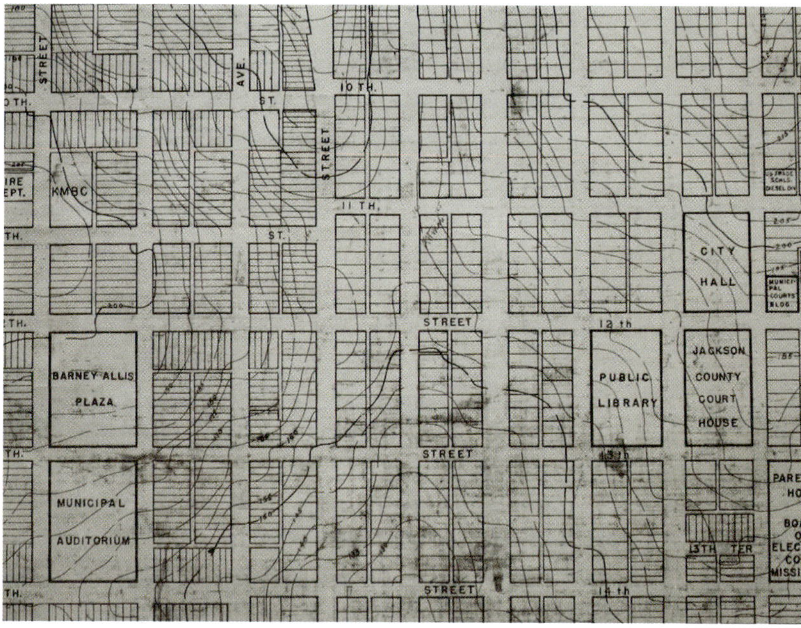

6-3 캔자스시티 도심부 지형도(71년1월27일 칸 사무소 입수). 동쪽으로 낮아지는 지형과 더불어, 주요 플라자와 공공시설의 위치를 알 수 있다.

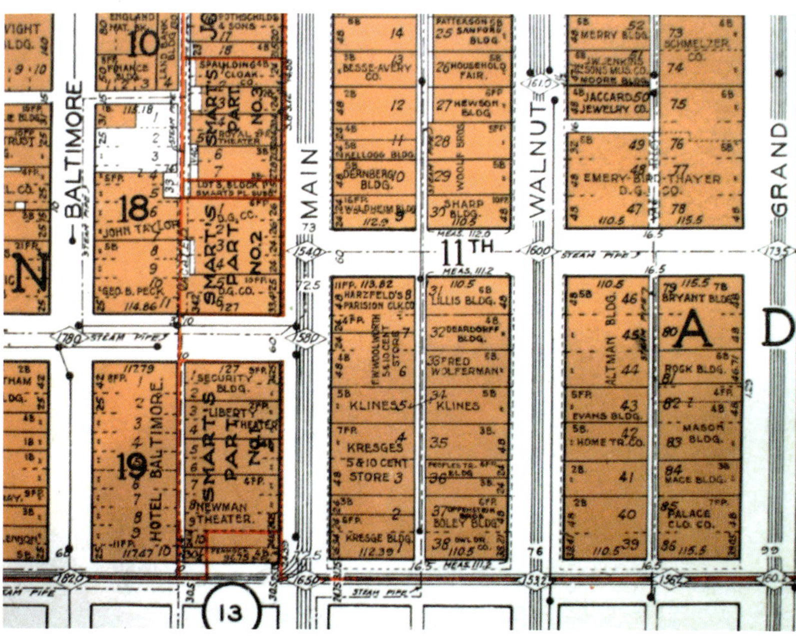

6-4 캔자스시티 타워 대지. 오른쪽이 알트거 빌딩 대지, 왼쪽 정사각형 대지가 두 번째 사업부지

6-5 캔자스시티. 1956년 아키텍처럴포럼지에서는 캔자스시티 도심외부순환도로 계획을 새로운 도시계획의 추세로 소개했다. "현재 건설 중인 캔자스시티의 순환도로는 3,500대의 주차를 내부경계 주변에 수용할 것으로계획됐다 […] 그 장점은 도심을 관통하지 않고 감싸고 도심중심의 일부블록에 주변부주차공간을 주는 데 있다. 약점이라면 고리가 너무 느슨해서 여전히 도심으로 자동차 통과동선이 많다는 점이다."(출처: Architectural Forum (Sep. 1956): 117)

6-6 캔자스시티 타워 대지. 첫 번째 대지 주변. 대지 바로 옆에 들어서 있던 23층, 높이 3백여 피트의 브라이언트 빌딩은 위쪽을 향해 피라미드 형태로 단이 졌다. 1989년에 국가문화재(National Historic Register property)로 지정됐다.

첫 번째 대지에 들어설 '알트거 빌딩' 은 브로드웨이 타워보다 규모가 작은 16층 건물이었다. 바로 옆에는 브라이언트 빌딩(1930-31)이 들어서 있었다.[도판 6.6] 1967년 4월 칸의 초기안에는, 두 길이 교차하는 북서쪽 모서리에 건물주입구를 냈다.[도판 6.7, 6.8, 6.9, 6.10] 이 초기안은 같은 시기 칸이 디자인하고 있던 엑시터 도서관(1967-72)과 건물외벽재료, 모서리진입, 원형계단 등 여러 가지 점에서 닮았다. 칸은 초기디자인부터 알트거 빌딩의 구조형식을 브로드웨이 타워와 흡사한 방식으로 상부트러스에 각 층 바닥판을 달아매도록 구상했다.[도판 6.1] 다른 점은 규모상의 차이로 인해 브로드웨이 타워는 몇 개 층마다 여러 개의 트러스들을 두었지만 알트거 빌딩에는 건물 최상부에 한두 개 트러스를 두어 바닥판을 거기에 매어 단 점이었다.

칸은 알트거 건물의 외관표현에 매어다는 구조형식을 드러냈고 상부트러스의 표현도 강조했다. 칸은 중앙부 코어를 제외한 수직구조체들을 건물모서리에 배치하여 트러스를 받치게 했는데, 이 수직구조체의 디자인은 계속 바뀌어 나아갔다. 그것이 중요한 디자인 요소로 간주되었다는 증거다. 이 기둥들은 초기디자인에서는 설비를 내포하는 컬럼-스테이션으로 고안됐지만 나중에는 지지역할만 하는 기둥으로 정해진다. 브로드웨이 타워의 컬럼-스테이션은 원통형이었지만, 이 타워에서는 처음에는 삼각단면의 튜브를 모서리마다 하나씩 뒀다가 나중에는 모서리마다 한 쌍의 튜브로 분할해서 각각이 건물 각 변에 걸쳐져 있는 큰 보를 따로따로 지탱하게 했다. 큰 보 하나마다 지지기둥 한 쌍이 따로 있도록 구조체를 논리적으로 더 분절시킨 셈이다. 또한, 가장자리 기둥은 설비를 통합하거나 아니면 순전히 구조역할만 하는 사각형 또는 결합된 두 개의 원형단면 형태가 되거나 하는 식이었다.

외관에서 가장자리 구조기둥들은 단순하게 표현했다. 트러스를 지탱한 총 여덟 개의 모서리 기둥들은 가늘고 긴 형태를 각별히 강조했다. 즉, 삼각형 모서리를 통해서거나 작은 지름의 원기둥을 기둥 바깥에 덧붙인 형태를 쓴 것은 그 때문이다. 이 기둥들의 구조적 세부는 외관으로 분명하게 표현했다. 이런 세부처리는 일차적으로는 기술적 세련성을 드러내고, 기술적 실체를 경이롭게 인식할 수 있게 하는 의도를 가지고 있었다.[3)][도판 6.11, 6.12, 6.13, 6.14]

건축주와 건축가의 협의과정에서, 추후 건물상부의 두세 개 층에 걸쳐 “도시의 클럽”을 두기로 했는데, 이 곳에 고급 바와 칵테일 라운지, 실외테라스, 정원, 단아하고 좋은 레스토랑, 운동시설(핸드볼장, 한증탕, 수영장, 배구장 등)을 둬서 여가공간으로 만드는 구상이었다. 칸은 이 부분의 두 트러스 사이에 아치형 개구부 여러 개를 겹겹이 뒀다. 이런 처리방식들에는 기술에 일종의 ‘새로운 영감’을 부여하겠다는 칸의 의도가 들어 있었다.

도시적 맥락에 있어서는 주변 맥락에 존중할 만한 것이 없었기 때문에 새로 들어서는 건물이 스스로 모범이 되도록 탁월함을 추구했다. 즉,

> 주변에 존중할 건물이 없으면 자체적으로 단순명료하게 서서 존경받는 게 자연스럽다. 하지만, 존중할 만한 것들 사이에 있다면 다른 것들을 따르게 되는 법이다. 건물도 사람이나 다른 생물과 마찬가지인 것처럼 말이다.[4)]

칸의 알트거 빌딩 디자인은 개발자의 상업적 요구를 만족시켰다.[도판 6.15, 6.16] 즉, 이 디자인은 잠재적 임대자들로부터 많은 관심을 받았고 건설비용과 임대에도 문제없을 것이라고 개발자는 전망했다.[5)] 그러다가, 1971년 타워건설사업이 새로운 국면에 접어들며 칸은 알트거 빌딩 프로젝트에서 손을 떼게 된다. 개발자들은 캔자스시티의 더 큰 도시블록규모의 사업에 눈을 돌렸고, 칸에게 그 디자인을 요청했다. 칸은 규모나 도시적 중요성이 더 큰 두 번째 타워 디자인을 발전시켰는데, 이 새 사업대지는 첫 번째 사업부지의 서쪽에 위치한 메인길 · 볼티모어길 · 11번 길 · 12번 길 사이의 블록이었다. 주변에는 다양한 상업시설과 몰이 존재하고 있었다.[도판 6.2, 6.3, 6.4]

6-7 알트거 빌딩. 초기디자인의 모형(1967년 4월)

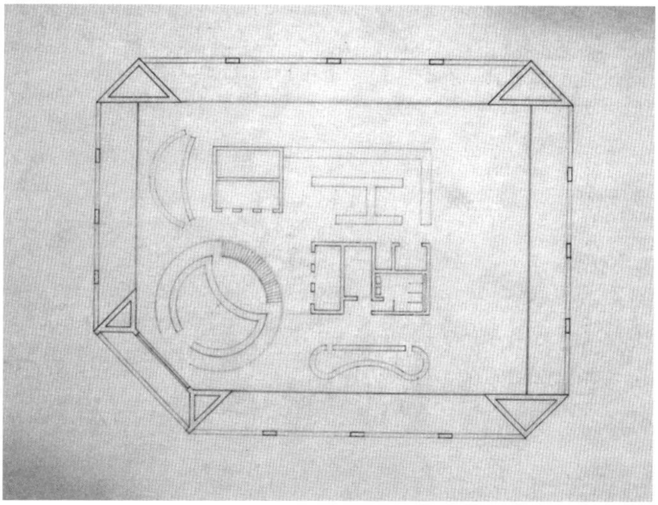

6-8 알트거 빌딩, 평면(1967년 4월). 남쪽면(그림 오른쪽)은 인접건물에 바투 붙어 있어 입면역할이 약하다.

6-9 (a) 알트거 빌딩, 상부입면 연구

6-9(b) 알트거 빌딩, 입면(1967년 4월)

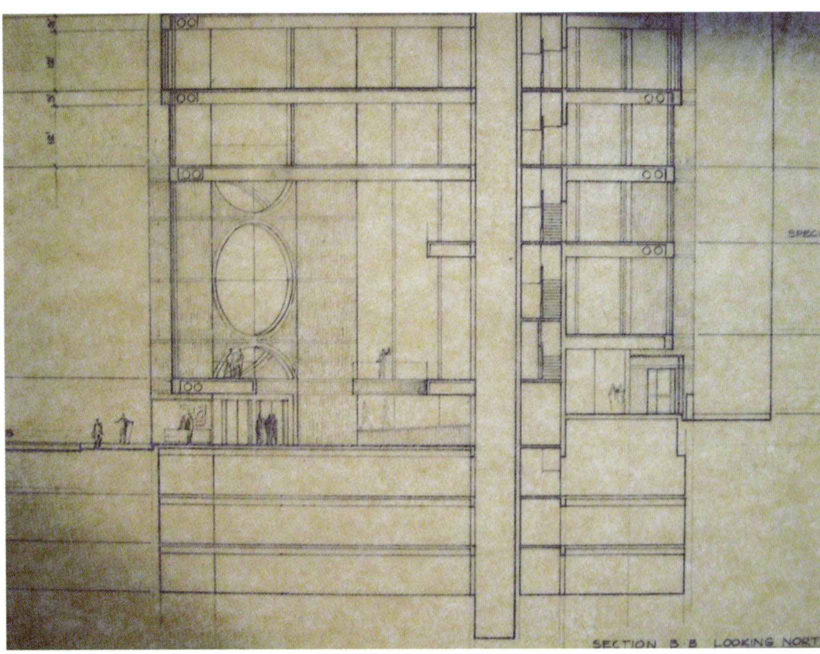

6-10 알트거 빌딩, 로비부분 단면(1967년)

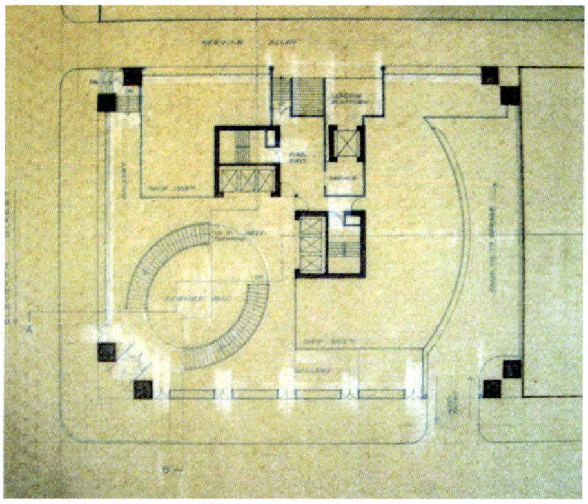

6-11 알트거 빌딩. 지상층 평면(1967년 8월 25일 작성도면)

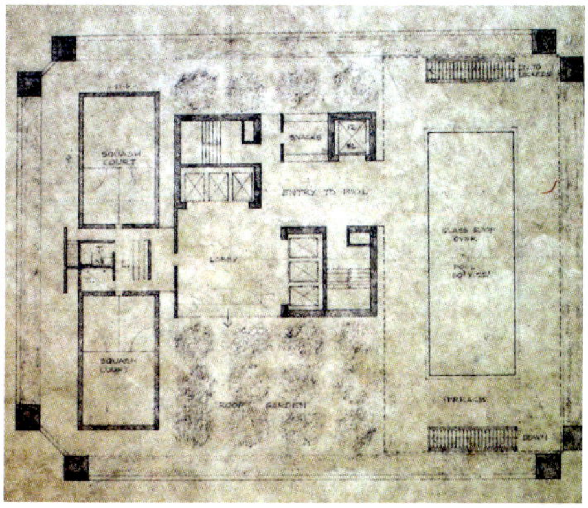

6-12 알트거 빌딩, 고층부 평면(1967년 8월 25일 작성도면). 고층부에는 스쿼시코트, 옥상정원, 유리천창을 가진 수영장이 놓인다.

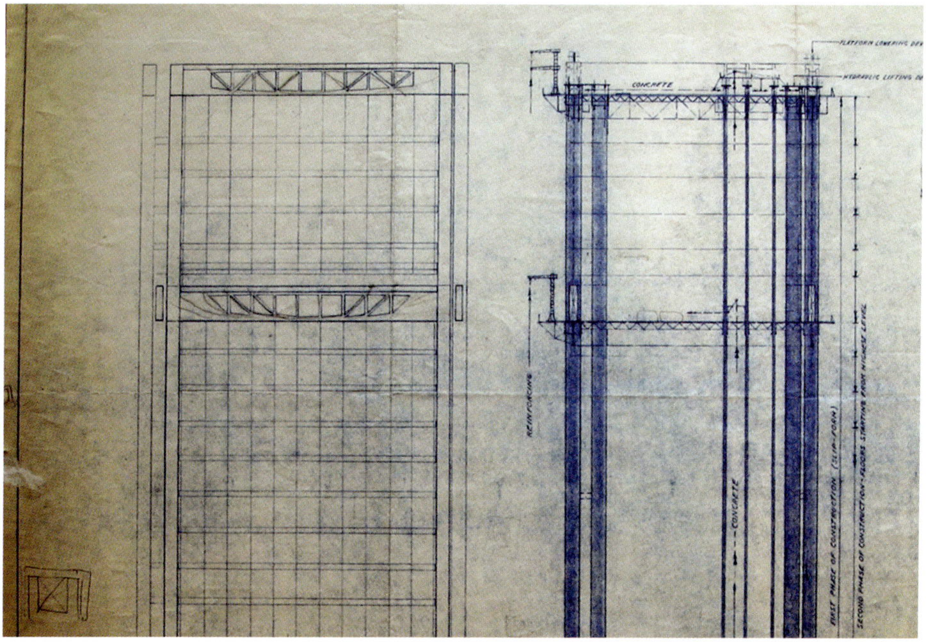

6-13 알트거 빌딩, 구조도면(1967년 8월 25일 작성도면). 두 층에 총 여덟 개의 트러스를 기둥에 끼워 맞췄다. 평면의 폭은 짧은 변이 111피트(33.8미터)이고, 기둥단면은 6피트(1.8미터)각이다.

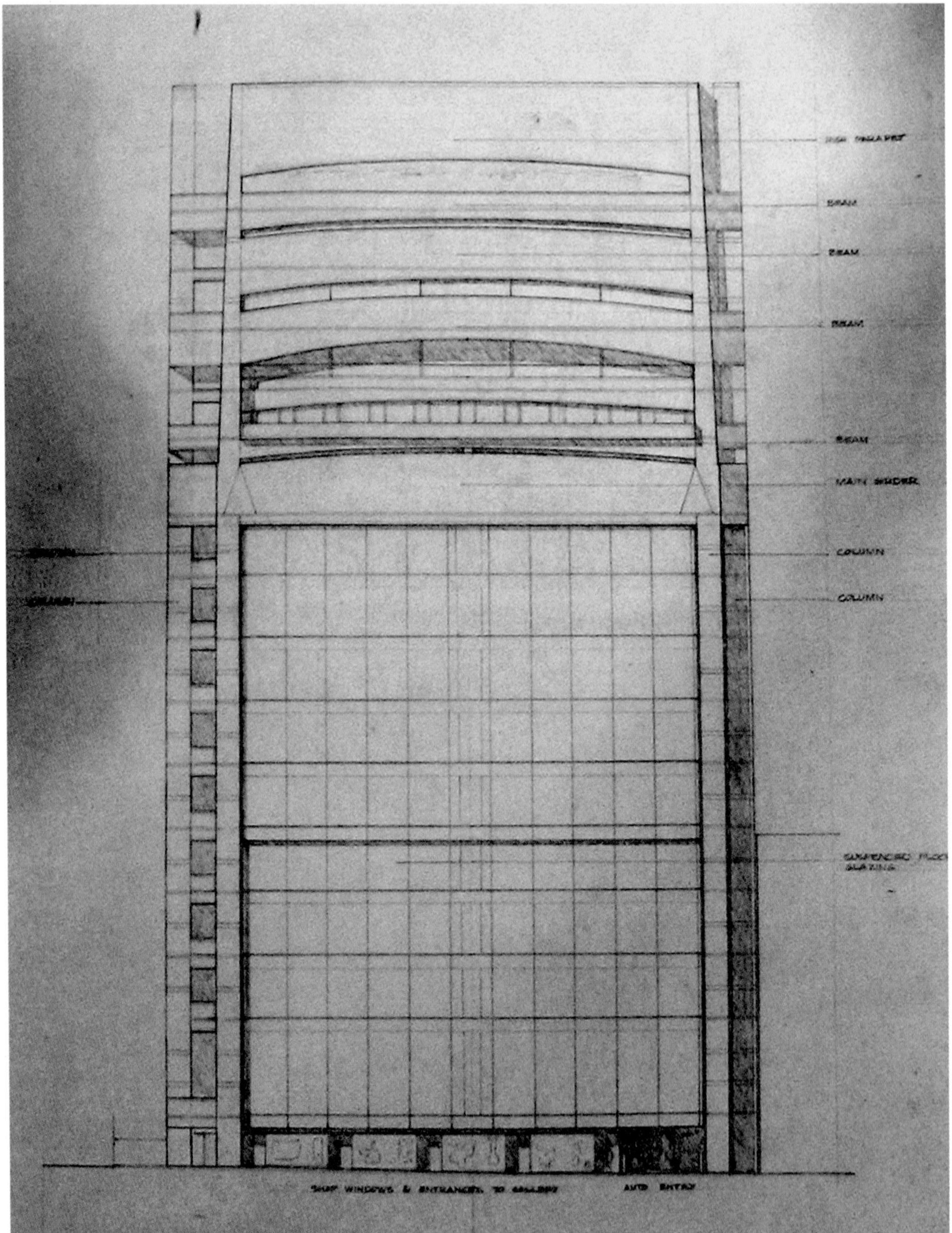

6-14 알트거 빌딩, 입면(1967년 8월 25일 작성도면). 구조도면과 비교하면 입면 표현전략이 잘 읽힌다. 마치 타워에 왕관을 씌운 것처럼 건물상부에 아치형태의 개구부를 두었다. 이로써 실제 트러스의 구조형식을 증폭하여 보여줬고, 상부로 표현의 관심을 옮겼다.

타워 본체의 계획은 첫 번째 타워와 연속성을 가지되 더 세련되고 차원높은 형태에 이른다. 또한 새로 생긴 저층부에는 플라자 · 상업시설 · 극장 · 대규모주차장 등이 추가되어, 대중적인 상업적 용도가 크게 확장됐다.[도판 6.18, 6.19] 또한, 크라운 센터 등 당시 시민을 도심외곽으로 끌어내던 동시기 개발사업과 대조적으로,[6] 도심유인력을 강화하는 역할도 이 사업에 기대됐다. 칸이 디자인한 저층부의 넓은 플라자는 뉴욕 맨해튼의 체이스 맨해튼 건물에서 시도된 형식을 더욱 발전시킨 것으로 볼 수도 있는데, 공공의 개방 공간이 부족한 캔자스시티 도심에서 쾌적한 어메니티가 될 가능성이 높았을 것이다.

이 타워가 들어설 당시 캔자스시티의 스카이라인은 시청사를 비롯하여 1920, 30년대의 아르데코 양식의 건물들이 지배하고 있었다. 당시 도심에는 30층이상의 고층건물이 드물었는데, 남쪽의 캔자스시티 전력전기회사Kansas City Power & Light Co. 건물[7](1930-31년, 330 볼티모어가에 위치), 북동쪽의 피델리티 국립은행신탁회사(33층, 1930-31년, 911 월넛가에 위치)가 도시스카이라인의 주역이었다. 칸의 타워는 이 건물들과 함께 스카이라인의 주역이 될 예정이었다.

이 타워의 혁신성과 형태적 완결성, 완벽성은 미스의 시그램빌딩과 비교해보면 더 잘 드러날 수 있다. 규모의 측면에서는 캔자스시티 타워가 타워의 정면 폭이라든지 플라자 크기(약 0.5에이커 넓이) 등에서 좀 더 크다. 형태적 유사성이라면, 시그램 빌딩에는 플라자 좌우에 풀이 대칭 배치돼 있는데 비해 칸의 타워는 그 대신 최종디자인에서 극장들을 플라자 좌우에 대칭으로 놓았고, 둘 다 플라자와 타워가 대칭적으로 결합되어 있다. 그렇지만, 칸의 타워는 시그램 빌딩보다 더 완결되어 있었다. 사실 시그램 빌딩은 파크대로 쪽 입면만 단정할 뿐, 반대편인 동쪽은 건물 뒷면으로 기능하며 공공적 시선으로부터 감추어져 있는데, 여기에는 코어가 배치되어 요철형태를 하는 데에다 코어를 '거짓 외피' 가 감싸고 있다. 이에 비해 칸의 타워는 사방으로 완전히 노출되어 똑같은 입면을 가진다. 구조체계도 시그램보다 혁신적이다. 이처럼 칸의 이 타워가 구조와 외관에서 모두 뛰어난 완결성을 갖추었다는 점은, 이 타워가 같은 시기 칸이 디자인한 후르바 유대교회당 같은 종교적 기념비 건물의 형태와 필적하는 점으로부터도 확인된다.[도판 6.18]

도시적 표현의 측면에서, 두 대지에서의 타워 디자인은 모두, 고층건물의 최상부를 흔히 기계시설이 차지하고 있는 것에 대해, 도시의 모습을 드러내는 중요한 역할을 적극적으로 되찾았다.[도판 6.14, 6.21] "타워 최상부에서 주변 조망을 껴안고 도심을 친구로 삼는" 역할을 준 것이다. 캔자스시티 타워의 최상부는 도심부에서 사방을 조망하는 조망탑 역할을 하며 도시전체의 상황을 서로 연결하며 묶도록 디자인되었다. 또한, 클럽과 레

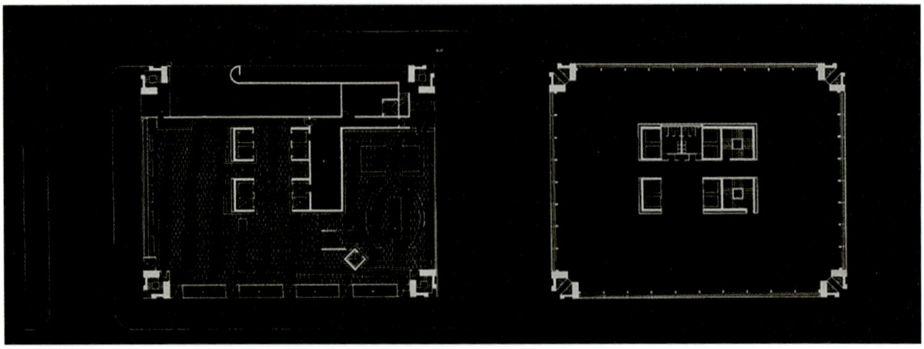

6-15 알트거 빌딩, 평면(1968년 3월 작성도면)

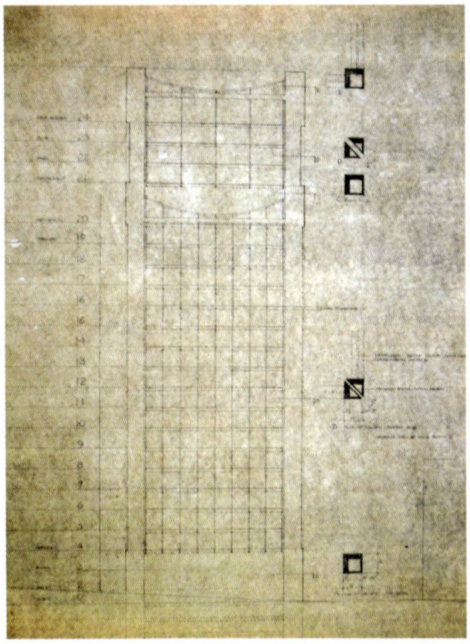

6-16(a) 알트거 빌딩, 입면 및 모서리 기둥단면 상세

6-16(b) 알트거 빌딩, 입면(1968년 1월 22일 작성도면). 타워 꼭대기부분의 강조된 표현에 주목. 모서리 진입의 중요성이 약화됐다. 상부구조를 머리에 이고 있는 기술적 경이로움이 극적으로 표현됐다.

스토랑 등 대중이 쓰는 공간을 건물의 머리부분에 뒀는데, 이 공간들을 트러스 안에 들여, '사람이 거주할 수 있는 공간적으로 특별한 트러스'로 바꾸는 것을 시도했다.[8] 이 트러스에 공공적 상징성을 부여하면서 타워 전체의 위계에서도 거기에 초점을 맞추는 방식을 도모했는데, 건물 몸체의 용적을 분절시킨 것도 이와 관련된다.[도판 6.25, 6.26]

트러스 아래쪽 유리입면은 아래쪽으로 다섯 차례 끊으며 안쪽으로 점차 들이밀었는데, 이것은 인근 건물들의 아르데코식 형태가 위로 갈수록 계단식 피라미드 형태로 좁아드는 것과 정반대이기도 하다. 나뉜 유리 입면들은 위에서부터 각각 9, 6, 4, 4, 3개 층을 차지하는데, 약 1.5배 등비수열에 가깝게 면적을 줄였다. 이런 식의 분할로 인해, 매어달린 구조는 더욱 강조된다. 즉, 아래에서 볼 때 건물 입면이 안으로 들이 밀어 넣어지는 시각적 효과는 더 뚜렸해 졌을 것이며, 위쪽이 더 무겁고 아래쪽이 가벼워 보이게 만드는 긴장된 균형효과도 줄 수 있었다. 더구나, 이 면들을 등간격으로 나누었을 때 아래에서 봐서 좁아드는 시각적 효과는 훨씬 완화되었을 테니 그것은 건물의 높이감을 조정하려는 의도로서, 타워의 높이를 무작정 강조하는 시도가 아니었다.

꼭대기에서부터 아래로 지어 내려가는 시공방식은 그것 자체가 건물의 성장한계를 반영한다. 기술주의적 경향이 도시에 대해 소통을 거부하는 경향이 있음을 칸은 의식했다. 몇 해 뒤 '인간과 건축의 조화'라는 제목의 강연(1974년, 파리)에서 몽파르나스 타워가 기술적 성과를 드러내지 않고 자체로 통일적 조화가 없는 추한 건물임을 강한 논조로 비판한 것처럼 말이다.

트러스의 형태를 만드는 과정은 구조적 논리나 시공상의 논리만큼이나 시각과 외관의 기준에 의해 크게 조정됐다.[도판 6.23, 6.24] 요약컨데, 공간적 주제를 구조적 타당성보다 앞세우고, 구조의 기능과 외관의 긴장 속에 형태를 결정한 것이다.

> 캔자스시티 타워에 대한 맨 처음 아이디어 드로잉을 지금 보니 아주 달라 보였다. 나는 사람이 사는 공간적으로 특별한 트러스를 만들고 싶었는데, 꽤 복잡하게도, 건물이 그 트러스에 매달리는 것이었다. 그 트러스는 거기에 상호작용의 공간과 막을 담고 건물을 지탱할 만큼 강하다. 그 트러스는 구조와는 무관하지만 그 대신 빛이 드는 공간을 발명하는 것과 관련됐다. 그 트러스는 당신이 만들어 그렇게 보이는 것을 찾게 되는 그런 것이다. 나는 이미 자연스럽고 무의식적으로 만들어진 것 같아 보이는, 그 공간에 몇 가닥 주제가 들러붙어 그것을 지탱하는 그런 공간을 원한다. 그것은 거의 어린아이 그림 같았다.[9]

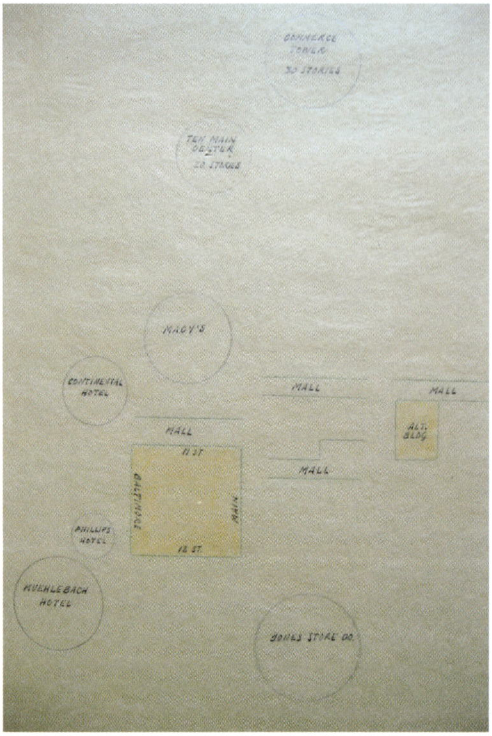

6-17 캔자스시티 타워(두 번째 사업 대지) 인근 상업시설현황. 칸 사무실은 호텔(Muehlebach Hotel, Continental Hotel, Phillips Hotel), 백화점(Macy's, Tones Store Co.), 오피스(Ten Main Center(20층), Commerce Tower(30층) 등) 등을 조사했다.

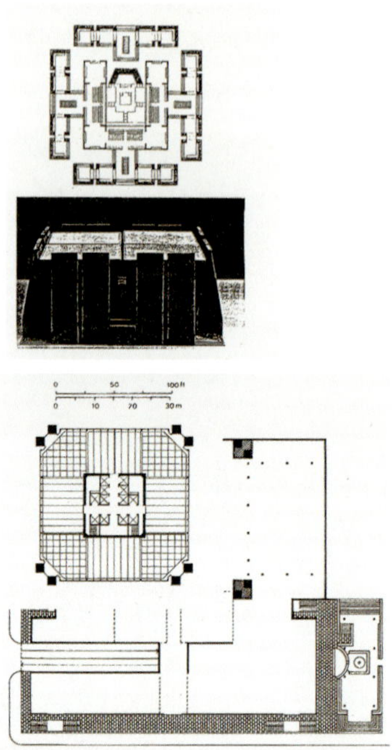

6-18 캔자스시티 타워 평면과 후르바유대교회당 (같은 척도)

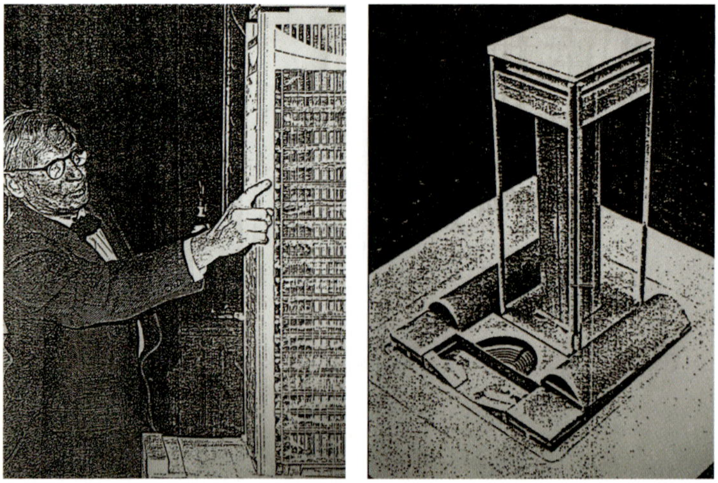

6-19 캔자스시티 타워, 모형 사진

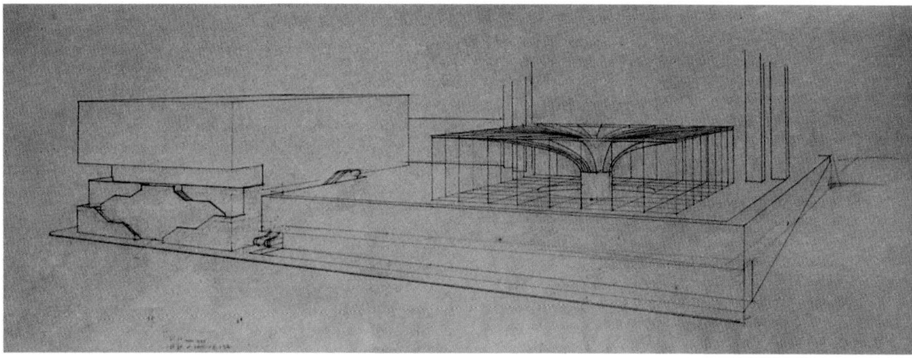

6-20 캔자스시티 타워. 우산 형태의 구조물을 플라자에 두었다.

칸은 논리적 관점에서 트러스 층 위에 다른 층이 올라서면 건물의 순수한 통합이 훼손된다고 봤다. 즉, “중간층 또는 상부에 한 층이 더 필요하지만, 그 건물의 논리적 장소는 트러스 공간에 있으며”, “거기 갈 수 있단 사실로도 헬리콥터착륙대는 의미가 크다.”[10] 그 표현이 작위적이지 않고 자연스러워 보이길 원하기도 했겠지만, 이것은 상부를 “종결”적으로 남기사는 자시의 제안을 웅변적으로 보여준다.

칸은 건물의 전체외관을 미적으로나 의미적으로 완결시키려는 노력도 했다. 당시 일반적 고층건물과 달리, 이 건물에 “고전기둥의 비례“를 부여하려 한 점이 주목할 만하다. 헬리콥터 착륙대는 트러스 구조와는 별도로 분리되어 코어구조에 지지되어 있는데, 헬리콥터 착륙대를 포함하면 건물의 폭과 높이의 비율은 약 1 : 3.5 정도다(타워 몸체를 지면에서 띄운 공간과 헬리콥터 착륙대를 빼면 그 비율은 1 : 3이다). 고전도리아기둥의 세장비는 주두를 포함한 전체 높이가 기둥지름의 6배 정도이므로 타워의 비례는 고전기둥의 비례와 수치상으로 호응하지는 않는다.[11] 하지만 타워와 고전기둥은 전체 인상에서 비슷할 수 있었다. 타워의 모서리 부분을 보면 더욱 날씬한 인상을 받을 수도 있었다. 어쨌든 이렇게 건물에 고전적 비례의 감각을 적용함으로써, 상업적 용도의 고층건물은 자동적 생산품이 아닌 예술작품의 성격을 띠게 되고, 도시민의 공공자산으로 삼을만 한 여지를 띠게 된다.[도판 6.14, 6.27]

한편, 우리는 이 건물의 극적인 구조와 시공방식과 관계하여, 또다른 차원의 해석도 시도해 볼 수 있다. 이것은 긴 시간의 과정 속에 잠재돼 있는 건축의 의미와 관련돼 있다. 당시 칸은 ‘침묵과 빛’의 개념을 발전시키고 있었는데, 그 내용으로부터 우리는 칸이 건물의 의미에 시간적 차원을 더하려는 시도를 읽어 낼 수 있다.

피라미드가 지어지던 때로 돌아가 보자. 자욱한 먼지 속에 공사가 요란하다. 이윽고 피라미드는 완전한 존재가 된다. 침묵의 느낌 가득하고, 이 속에 인간의 표현욕구가 느껴진다. 이 욕구는 돌을 놓기 전부터 있었다.

지어질 때는 건물이 속박에서 벗어나 있고 존재하려는 정신은 드높다. 그래서 풀 한 포기도 따라 자랄 수 없다. 건물이 다 지어져 쓰이게 될 때, 건물은 자기가 지어지던 모험을 말해 주고픈 듯이 보인다. 하지만 모든 부분이 속박에 매여 있어서 이 이야기는 별 관심을 끌지 못한다. 쓰임이 다해 폐허가 되고서야, 건물이 지어질 때의 경이로움은 되떠오른다. 건물은 풀에 뒤덮여 기분 좋고, 또 한 번 정신은 드높고 속박으로부터 자유롭다.[12)]

1970년 칸이 한 이 말은 이 타워와 무관하지 않을 것이다. [도판 6.24] 칸은 건축물의 운명과 의미를 다루며, 건축의 모든 의미가 모두 즉각 드러나는 게 아니라 "속박"으로 인해 잠재된 의미가 있음을 시사했다. 이 "속박"은 우선은 사용에 처해 있는 속박을 가리키지만 말이다. 칸의 말을 들어보면, 건축물의 "제작의 모험"과 관계된 의미는, 건축작품 바깥에서 불어넣어질 수는 없고 내적인 제작과정과 직결되어 잠재되어 있다. 실현된 의미와 잠재된 의미는, 하나가 구현되는 순간 다른 하나는 숨게 되는 긴장관계 또는 보완관계라고 할 수 있다.

이러한 타워본체의 디자인은 저층부가 결합되어 디자인이 더 나아졌다고 칸은 말했다. 이때 그는 어떤 측면을 가리킨 것이었을까? 이제, 타워와 저층부가 서로 보강하는 몇

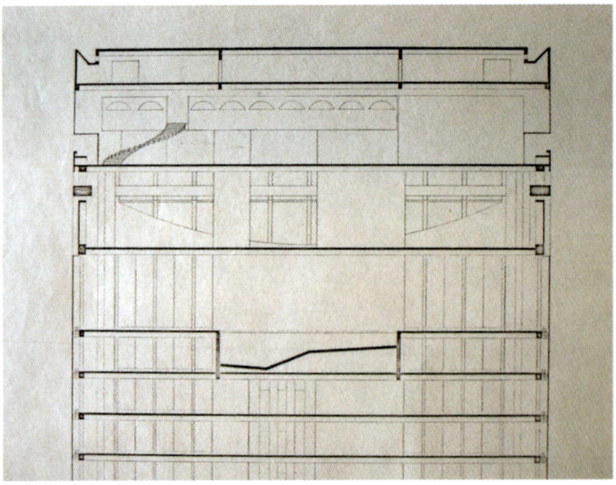

6-21 캔자스시티 타워, 최상부층 단면도

6-22 캔자스시티 타워. 모서리 부분 상세

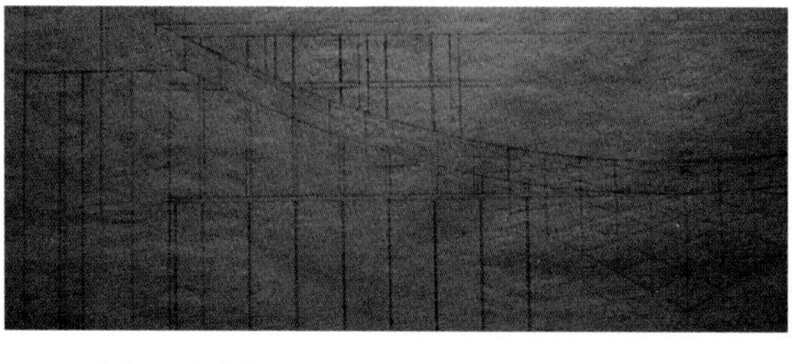

6-23 캔자스시티 타워, 트러스 도면. 트러스의 곡면을 도출하기 위한 연구

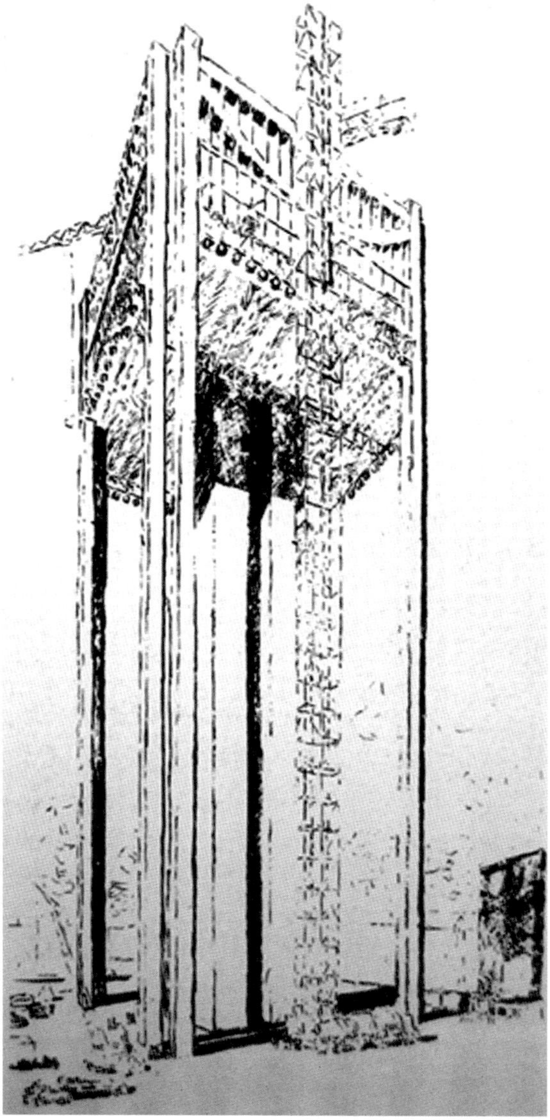

6-24 루이스 칸, 캔자스시티 타워의 건설과정 스케치. 연도미상

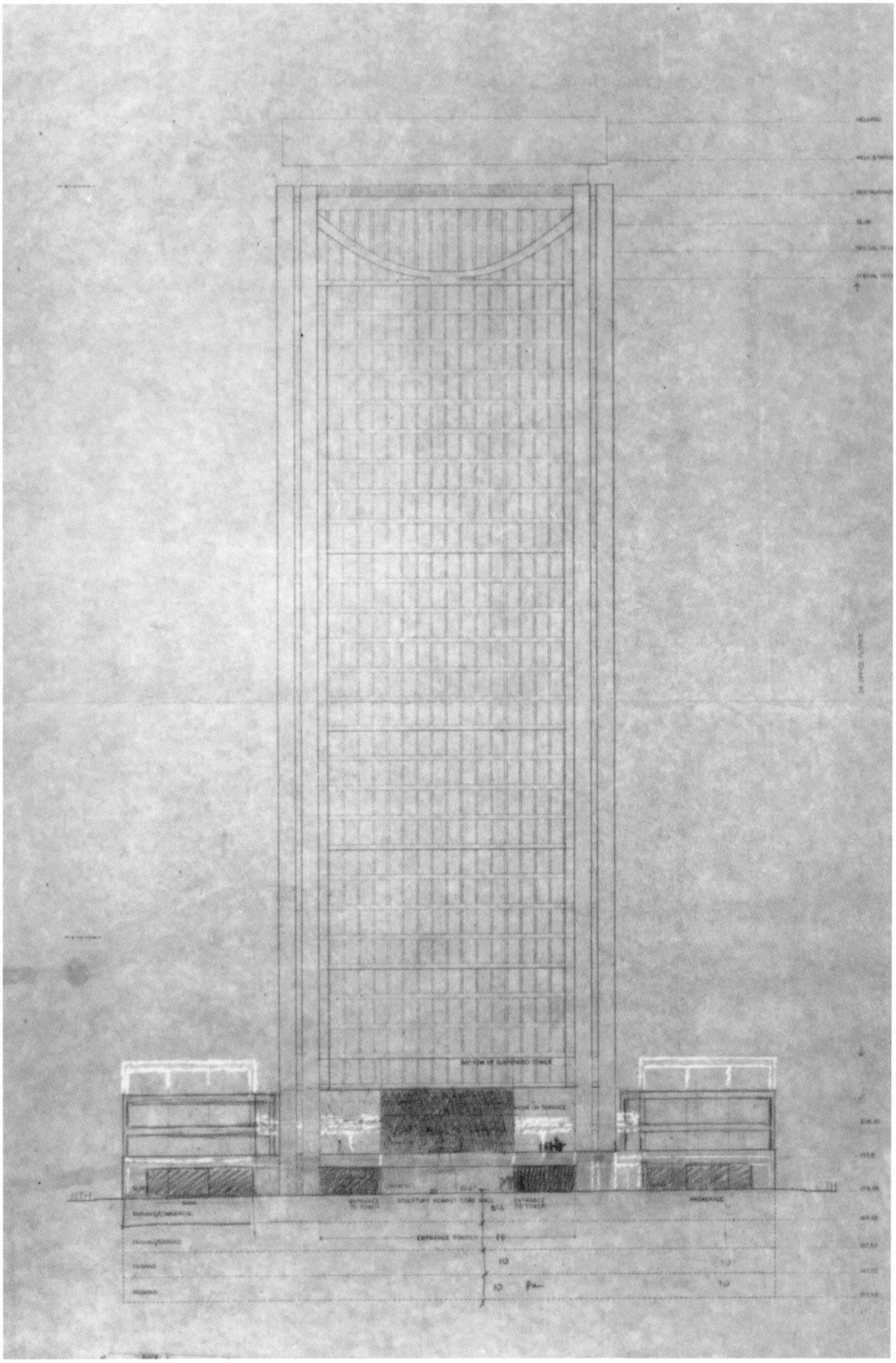

6-25 캔자스시티 타워 동쪽 메인 길 입면. 타워와 저층부의 결합

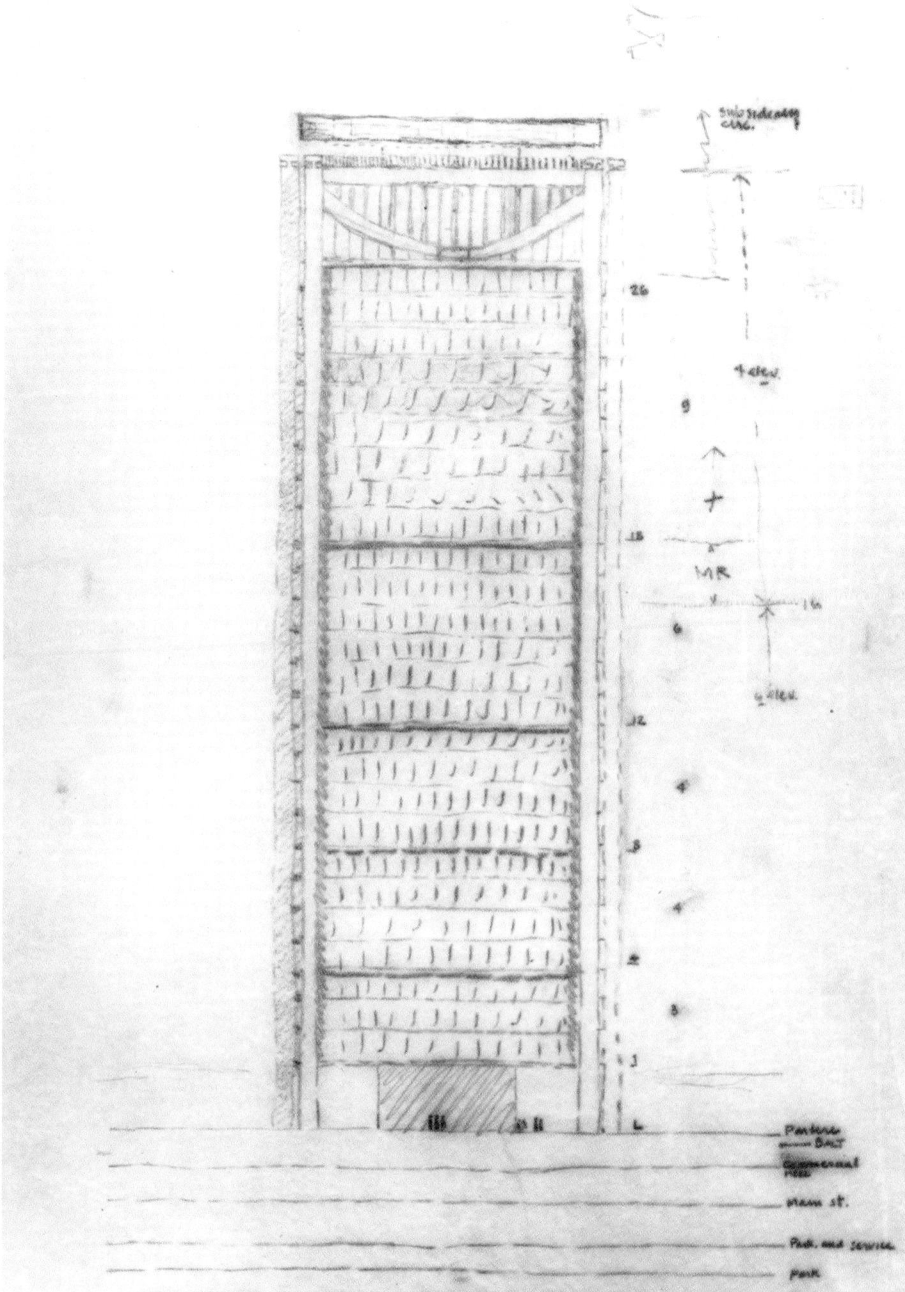

6-26 캔자스시티 타워. 입면분할 스터디

6-27(a) 캔자스시티 타워. 볼티모어가에서 동쪽을 본 모습. 플라자 너머 멀리 시청건물, 잭슨카운티 법원, 공공도서관 등 도시의 대표적 공공건축물들이 바라다 보인다.

6-27(b) 캔자스시티 타워, 프리젠테이션 도면. 동쪽 메인 길에서 서쪽을 본 모습. 저층부 상업시설의 옥상에 자리잡은 플라자는 좌우에 극장이 자리잡고 있다. 오른쪽으로 11번가의 가로공원이 보인다. 타워는 사방으로 길에 면하고 있고, 각 길로부터 접근 가능하다.

가지 측면을 찾아보자. 타워와 플라자의 배치는 처음부터 대칭을 염두에 둔 것은 아니었고, 비대칭 배치도 검토됐다. 결과적으로 타워의 논리와 플라자의 논리가 결합하여 명확한 대칭구성을 낳았다. 대지 북단의 가로공원은 사람들의 이동을 보완하는 길을 만들었는데, 캔자스시티의 전통적 광역공원체계는 중심업무지구와 연관성이 적었으나, 칸은 가로공원을 강조했고, 도심보행체계와 녹지체계를 복원하려 했다.[도판 6.28, 6.29]

블록 동·서쪽 두 길에서 타워를 바라본 모습은 서로 대조적인데, 이것은 일차적으로는 타워가 길과 맺는 관계 때문이다.[도판 6.30, 6.31, 6.32] 이 타워는 길에 바로 접해 있고, 블록 사방에서 접근가능하다. 사방의 길들로부터 보행의 흐름은 건물군 내부로 연결됐다. 사방의 길에서 플라자로도 접근할 수 있어, 플라자는 종착지일 뿐 아니라 다른 곳으로 빠져나가는 출발지가 된다. 칸은 플라자에 도달하는 경로를 다양하게 마련했을 뿐 아니라 플라자에 도달하는 경험의 순간을 극적으로 만들려고 했다. 서쪽 길에서 타워 밑을 지나 플라자로 도달하는 경험은 예상 밖의 놀라움을 제공했을 것이다. 플라자는 그것이 담은 기능 때문에 활기찬 모습을 유지했을 것이며, 감춰지고 보호된 도시의 활기찬 공간이 됐을 것이면, 타워의 최상부에서 그랬듯이, 도시의 모습을 새롭게 보여주는 공간이다.[13] 플라자는 동쪽을 향해 트여 있는데, 당시 메인가 건너편에 예정된 도시광장을 개발에 대응한 것이기도 했던 것이다.

사실 미스의 시그램건물에서 플라자는 건물본체만큼 중요한 디자인 요소였다. 그 플라자는 점유되어 쓰이는 기능보다는 타워 본체를 더 온전하게 보여주는 역할이 더 중요했다. 캔자스시티 타워의 플라자는 실제 점유되어 쓰이는 공간이란 점에서 매우 중요하지만, 타워가 도시 안에서 적당한 거리를 만들며 드러나게 하는 역할도 주목할 만하다. 여기서는 도시의 맥락으로 인해 효과가 좀 더 복합적인데, 만약 타워를 동쪽에 뒀더라면, 동서쪽 길 모두에서 타워는 압도적이었을 것이지만 타워를 서쪽에 둠으로써, 동쪽에서는 길에서는 잘 안 보이다가 플라자에 올라서야 타워의 전체 모습이 완전하고 장엄하게 드러나게 된다.

전체적으로 이 타워로부터 오는 경험은 장대함과 친근함의 느낌이 결합되어 번갈아 호흡하고 있다. 칸은 자신의 노트에 "미스는 달리 '건물이 되고자 하는 바'에서 영감을 끌어내지 않으며, 르 코르뷔제는 '공간이 무엇이 되려는지' 느낀다"고 쓴 적이 있다.[14] 캔자스시티 타워의 디자인은 현대대도시의 고층건물이 '무엇이 되려는지'에 대한 칸 자신의 인식을 무척 구체적으로 보여준 사례다.

6-28 캔자스시티 타워, 11번길 단면 (1971년 12월경 작성)

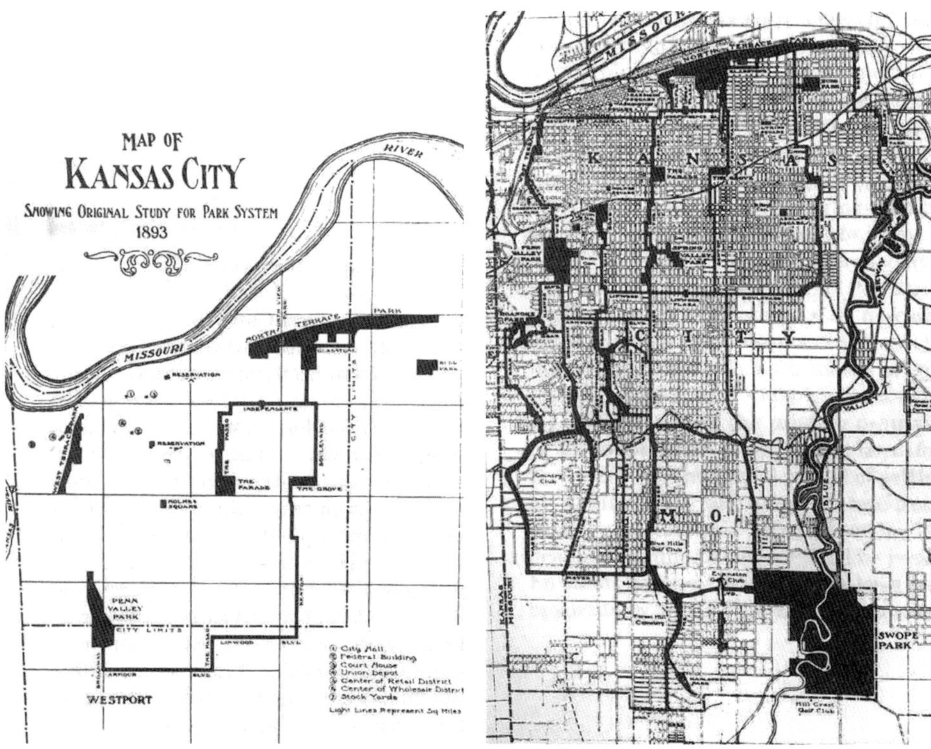

6-29 조경건축가 케슬러George E. Kessler의 캔자스시티 공원체계연구 (1893, 왼쪽)와 캔자스시티공원체계 (1917, 오른쪽): "20년 동안의 케슬러의 작업은 캔자스시티를 유명하게 만들었고, 솔트레이크시티에서 톨레도, 인디애너폴리스로부터 멕시코시티에 이르는 도시에서 케슬러의 자문을 구하게 됐다. (출처: Mel Scott, American City Planning Since 1980. 15쪽)

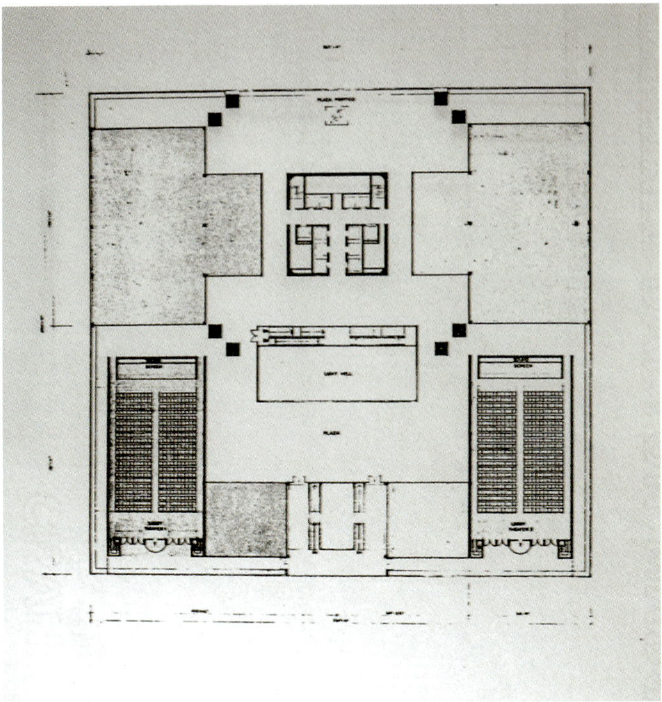

6-30 캔자스시티 타워, 평면

6-31 캔자스시티 타워

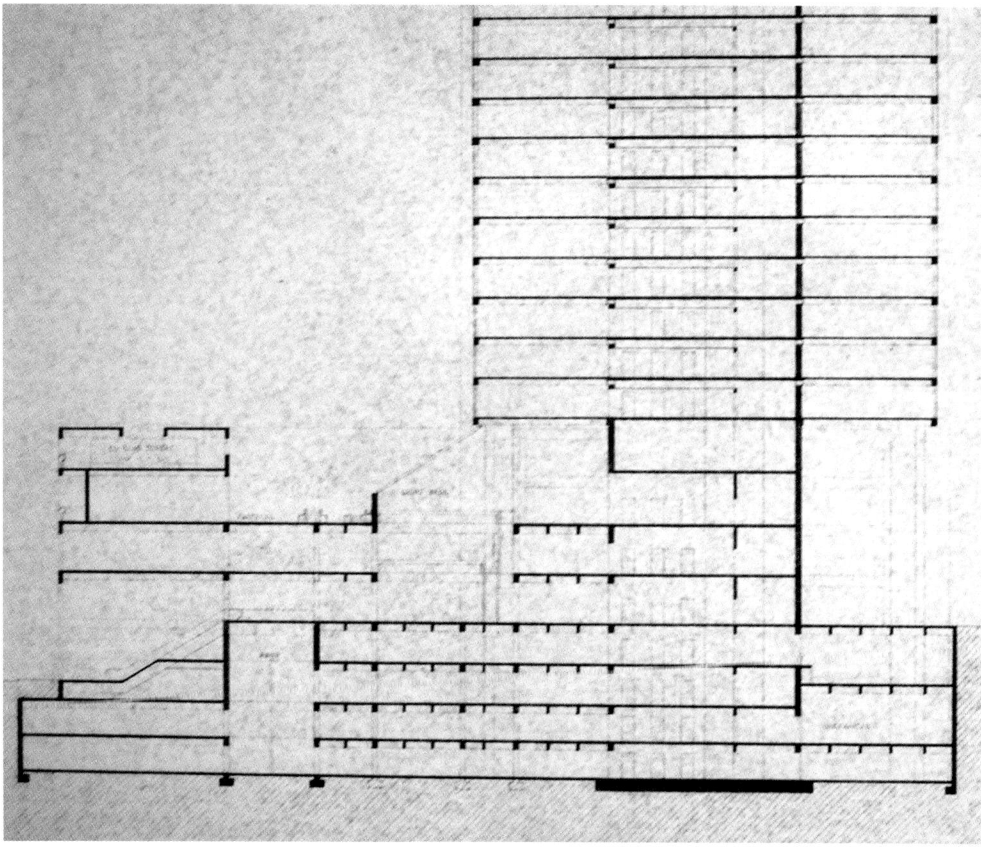

6-32 캔자스시티 타워, 동서단면

총체적으로 볼 때, 이 타워가 도시 전체에서 지닌 표현적 의미에 대해 우리는 일종의 장식적 역할을 생각해 볼 수 있다. '장식'을 관계적으로 이해할 때, 이 건물은 도시의 한 장식으로 기능하면서 도시 전체와 대화하고 있다고 할 수 있다. 즉,

> 장식개념은 체험예술 개념과의 대립관계에서 떨어져 나와야 한다. 또한, 우리가 예술작품의 존재방식으로 밝혀 낸 재현의 존재론적 구조에서 그 근거를 찾아야 한다. 우리는 오너먼트와 데코레이션이 원래 그런 뜻의 미였음을 기억해야 한다. 이 오랜 직관을 복구할 필요가 있다. 오너먼트와 데코레이션은 그것이 장식하는 대상과의 관계, 그것이 전달하는 것에 의해 규정된다. 자체의 미적 내용을 가지고 그것이 장식하는 것과의 관계에 의해 나중에 한정되는 것이 아니다.[15)]

1973년 2월 캔자스시티의 신문에는 칸이 디자인한 건물의 동쪽 인접블록(블록 92)이 잠정적으로 공공광장으로 조성될 것이라는 기사가 실렸다.[16] 또, 그 광장 동쪽 너머로 알트거 빌딩 사업대지에는 시카고의 위즈Weese & Associates사무소가 머컨틸뱅크Mercantile Bank를 디자인 할 예정이란 소식(이 건물은 1974년에 완공된다)과, 그 바로 북쪽에 건축가 아이엠페이I. M. Pei가 은행건물(United Missouri Bank of Kansas City)을 디자인하고 있다는 소식, 공공광장 주변으로 유명건축가들의 건물이 들어서면 도시의 이미지가 개선될 것이란 기대도 실렸다.

하지만, 1973년 칸은 불행을 맞았다. 이 해 4월 아놀드는 칸의 디자인에 심각한 문제를 제기했다.[17] 건축주는 칸이 블록 동쪽에서 길에 면한 저층상업건물을 인근의 상업적 도시맥락과 비슷하게 처리해 줄 것을 요청했다. 플라자와 극장이 '비인간적 스케일'로 높고 반대로 서쪽 길과 인접한 오피스 입구는 '역설적으로' 개방했다는 지적이었다(예일대학교미술관(1951)의 거대한 벽돌벽이 보행자에게 부담을 주고 너무 기념비적이지 않느냐는 질문을 받고, 칸은 그것이 전혀 기념비적이지 않다고 대답했던 적 있다). 불화는 해소되지 않았고, 칸은 이 프로젝트에서 해임됐다.[18] 칸이 2년 6개월간 진행한 볼티모어 내항사업도 그해 3월 개발자로부터 해임 통보된 상태라 불운이 겹쳤다. 칸은 캔자스시티 타워의 불운한 귀결을 다음과 같이 회고했다.

> 나는 결코 그만두려 한 적 없소. 우리 모두가 이 계획에 마음을 쏟아 8년 이상 아무 보수도 없이 성실히 일했고, 여비도 못 받았소… 우리 직업이 어떻게 잘못되어 가고 있는 것이오 에스파헌… 나는 건축주인 가핑클과 알트먼을 친구라고 믿었고 건축에 관심 있고 진보된 개념에 열정적이라고 여겼소. 이젠 모두 분명하오. 그들은… 우리와 우리 이름을 이용해 재개발국으로부터 개발사업권을 얻어 그 프로젝트를 경제적으로 이용하려 했소… 내가 확신하지만, 이 고층건물방식은 언젠가 크게 성공할 것이요. 이 시대가 아니면 다음 시대에, 진보가 더욱 평가받는 곳에서 말이오…[19]

칸이 맡았던 두 개의 사업은 모두 다른 건축가의 손에 의해 지어졌다.[도판 6.33, 6.34] 두 건물 모두 칸이 언급한 "시민의 존경을 받을" 기념비를 만들기 위한 열의는 누그러뜨려져 있고 뒤로 물러나 있다.

6-33 위즈, 머컨틸뱅크물 (1973-74). 알트거 빌딩 대지에 들어선 건물

6-34 에스오엠, 캔자스시티타워 (1977년 완공). "아래 4개 층에는 상점과 음식점들이 메인가 1층에서 볼티모어가 2층으로 대각선으로 관통하는 보행로를 따라 배치돼 있다. 메인가를 내려다보는 옥상플라자는 여름에 개방된다." 출처: American Institute of Architects Kansas City Chapter, Kansas City, (Kansas City, Mo.: The Chapter, 1979), 46쪽

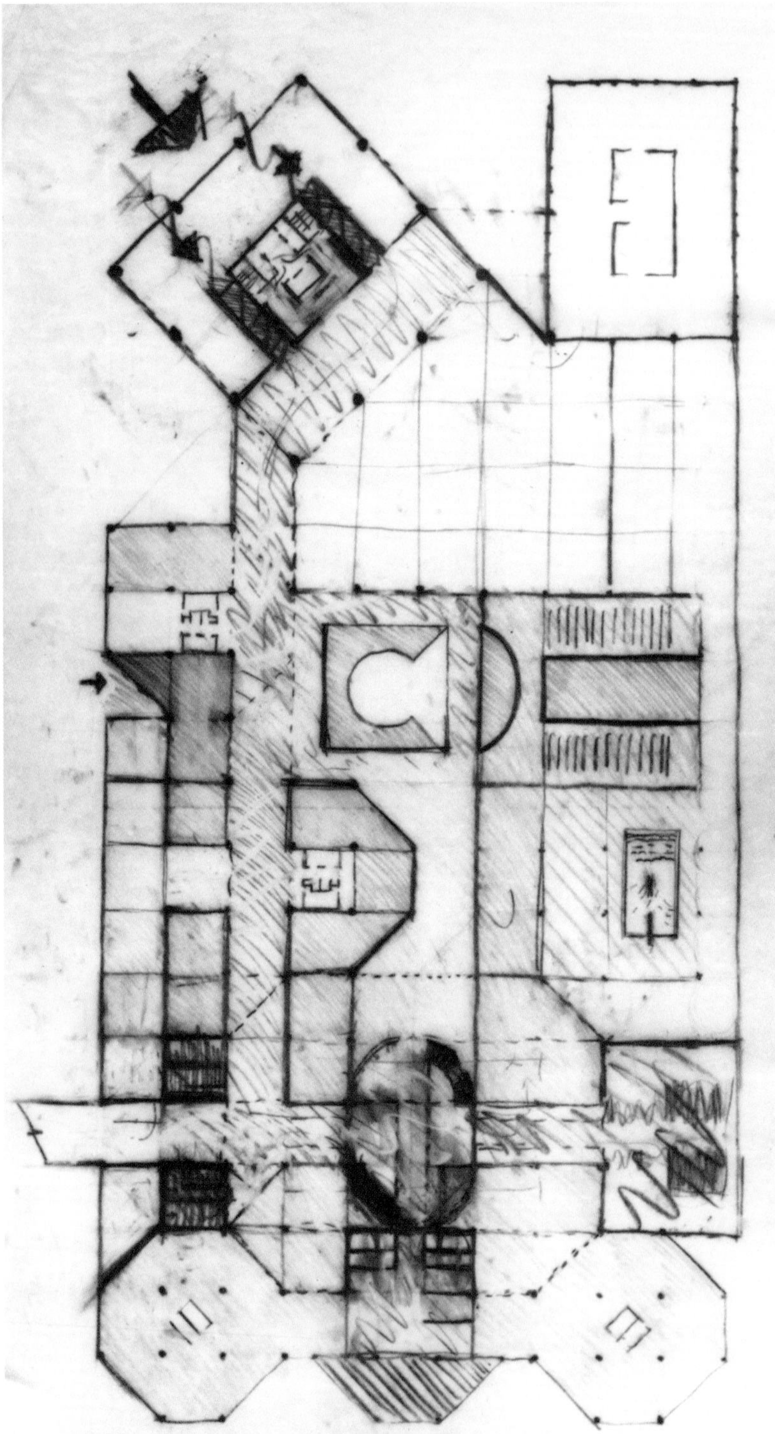

7-1 루이스 칸, 볼티모어 내항(1970~73), 스케치

7

볼티모어 내항

캔자스시티 타워를 디자인하던 시기, 칸은 미국 동부의 대도시 볼티모어에서도 중요한 도시건축작업을 진행했다.[도판 7.1] 1970년 9월부터 내항 1단계 개발사업의 건축가로 참여하게 된 것이었다. 이 사업은 메릴랜드 주의 대도시 볼티모어에서 진행된 광역도시사업 과정의 일부였다. 피츠버그와 필라델피아 등지의 도심재생에 뒤이어, 볼티모어에서는 1955년에 광역볼티모어위원회가 구성되어 본격적인 일련의 도시재생사업을 시작했다.[1)]

그 첫 번째 사업은 찰스센터라는 도심업무지구의 재개발사업이었다.[도판 7.2, 7.3] "볼티모어 도심의 첫 번째 도시재생사업계획"인 찰스센터계획은 1958년 3월 27일에 시장에게 제출되어[2)] 공사는 1959년 6월에 시작했다. 사업방식은 사업부지의 건물을 모두 철거하고 새로 짓는 방식이 아니라, 일부 건물을 남기고 신축건물들을 그 사이에 짓는 식이었다. 옥외플라자를 건물들로 둘러싸고, 공중보행로를 통해 건물들을 서로 연결했다. 기존 도시조직을 전면 철거하지 않고 개발하는 방식이라든지, 외부공공공간이 부족한 볼티모어 도시업무지구에 인간적 공간을 마련한다는 방식에 기대감이 컸고, 찰스센터의 이러한 접근방식은 언론에서도 호평을 받았다. 예를 들어, 제이콥스는 아키텍처럴포럼지의 기사(1958년 6월)에서 찰스센터가 "주변지역과 섞이며, […] 도심과 통합되고 연속될 것이라"고 평가했고 그 외부공간계획을 중세도시의 공공공간과 유사하다고 제시했다. 그녀는 찰스센터의 외부공간을 산마르코광장 같은 유럽 도시광장과 비교할 때도 고유한 장점이 있다고 봤고, 전통을 단지 모방하는 것이 아니라 현대적 업적을 이루었다고 평가했다.[도판 7.4]

1958년 찰스센터의 계획가이던 데이비드 월러스는 루이스 칸과 다음과 같은 호의적인 내용의 편지를 주고 받았다.[3)]

> "우리의 다운타운 디자인에, 그것 말고도 우리는 당신의 개념들을 많이 적용하고 있습니다. 당신의 수업은 들은 적이 전혀 없지만 내가 늘 당신의 학생이었다는 사실을 기뻐하셨으면 좋겠습니다." (월러스가 칸에게 보낸 1958년 7월 17일자 편지)

"당신 편지와 찰스센터에 대한 글을 받고 진정 기뻤소. 쓰여 지고 보여 진 것을 보니, 대단한 일을 하신 것 같소. 모범이 될 그런 새롭고 고무적인 방식을 통해 당신의 계획이 실현되기를 진심으로 소망하오" (칸이 월러스에게 보낸 1958년 7월 21일자 편지)

하지만, 완성된 찰스센터 전체건물군에서 건물간의 관계는 당시의 눈에 그다지 효과적이지 않아 보이기도 했다. 이 건물들 가운데 대표격인 미스반데어로에의 '원찰스센터(1963년 완공)' 도 부정적 평가를 피할 수 없었다.[도판 7.5, 7.6] 원찰스센터는 미스 특유의 기념비적 형태와 입면을 가지고 있으면서도 경사진 대지상황 등에 대해 건물 형태를 조정하는 제스처도 있었다.[4] 하지만, 펜실베이니아대학교의 홈스 퍼킨스는 그 건물이 그저 또 하나의 미스식 건물로서 진부할 뿐이라고 평가했다.

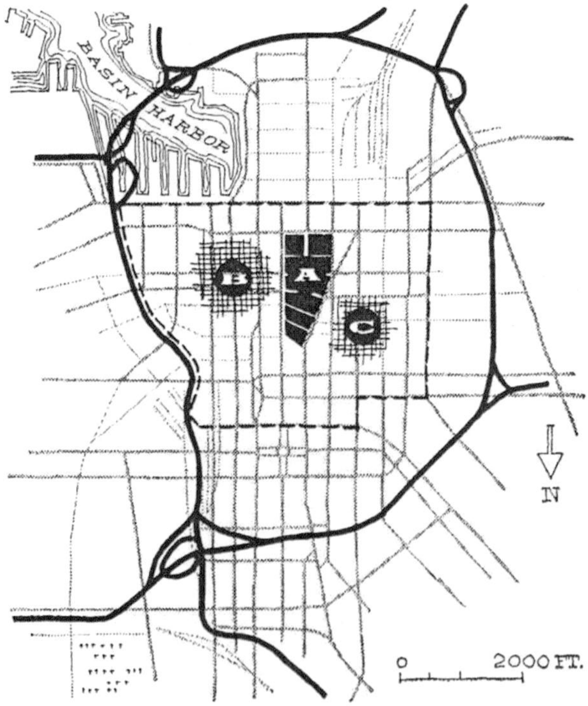

7-2 볼티모어 찰스센터 계획(1958)

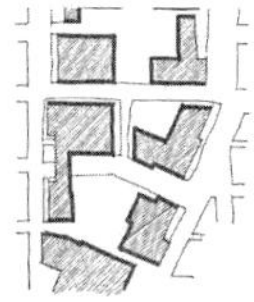

CHARLES CENTER

PLANNING COUNCIL OF THE GREATER BALTIMORE COMMITTEE, INC.: DIRECTOR: *David Wallace.* PROJECT DIRECTOR: *George Kostritsky.* ECONOMIST: *Harry Cooper.* ARCHITECTURAL CONSULTANTS: *Rogers, Taliaferro & Lamb.*

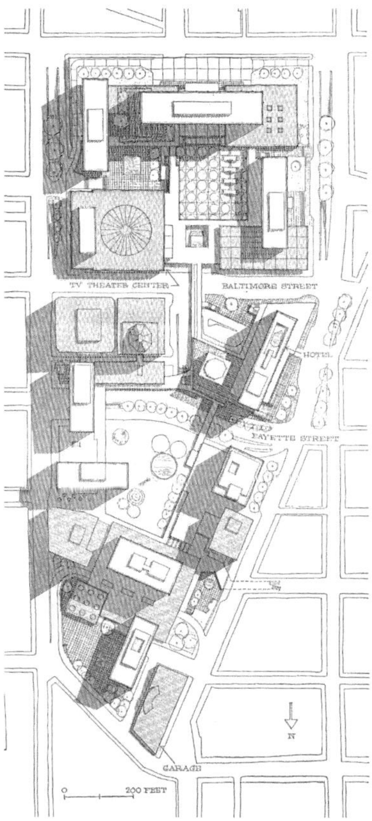

Design of Charles Center is organized around three city parks (large site plan, left): a small one at the northern tip, a major central park, and a plaza over the underground transportation terminal at the south end (top of plan). Buildings not labeled are existing and proposed office buildings. The rendering below shows the major park from a pedestrian gallery along Fayette Street. The intricate scheme, using a slope of 68 feet from north to south, has six different levels, with underground parking in portions of five of them. The small plan (right) shows the next-to-bottom level, all below ground and devoted largely to parking.

91

7-3 볼티모어 찰스센터 계획(1958)

NEW HEART FOR BALTIMORE

PIAZZA SAN MARCO | PIAZZA SAN PIETRO | PENN CENTER | ROCKEFELLER CENTER | CHARLES CENTER

Comparison of famous open spaces shows that in scale and tradition Charles Center is closer to Venice than to Philadelphia or New York.

7-4 아키텍처럴 포럼지 기사(1958. 6)

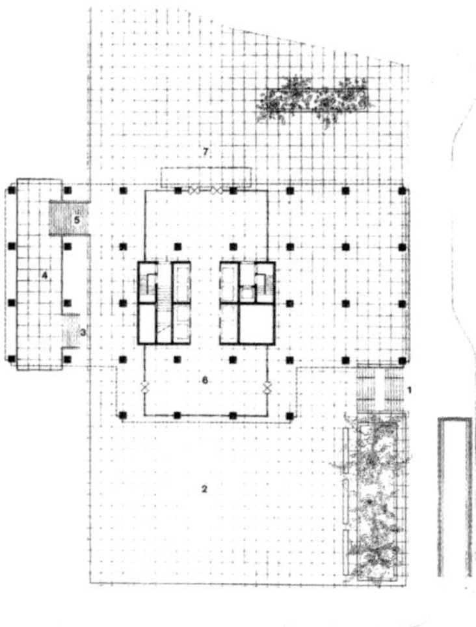

7-5(a) 미스반데어로에, 원찰스센터, 입구층 평면

7-5(b) 미스반데어로에, 원찰스센터

7-6 원찰스센터(1963년 완공)에서 바라 본 플라자의 광경(1970년경)

한편, 1963년 볼티모어 시장 멕켈딘은 찰스센터사업에 이어, 늘어나는 도시유입인구를 수용할 명목으로 광범위한 항만종합개발을 추진했다.[도판 7.7, 7.8, 7.9, 7.10] 이것은 도심개발, 항만인접지역 개발, 커뮤니티칼리지 계획, 고속도로 제안 · 변경, 도시급행교통체계 계획 등으로 이어지는 장기적인 개발 계획이었다. 내항개발사업은 찰스센터보다 더 길게 총 20년에서 30년의 사업기간이 예상된 장기 사업이었다. 그런데, 1968년 볼티모어 도시폭동 이후, 시정운영자들과 엘리트 경영지도자들은 내항전체에 상업주의와 관광요소를 도입하여 개발사업에 대한 투자를 구제하고자 시도하게 되었다. 내항지역이 중심업무지구와 연관된 기능을 확장하기에 적합하다고 간주했을 뿐 아니라, 내항전체개발을 도시축제와 축제공간을 조성해서 도시재생을 이어 나아가려고 한 것이었다.[5)]

7-7 볼티모어 내항 전경(1960년대)

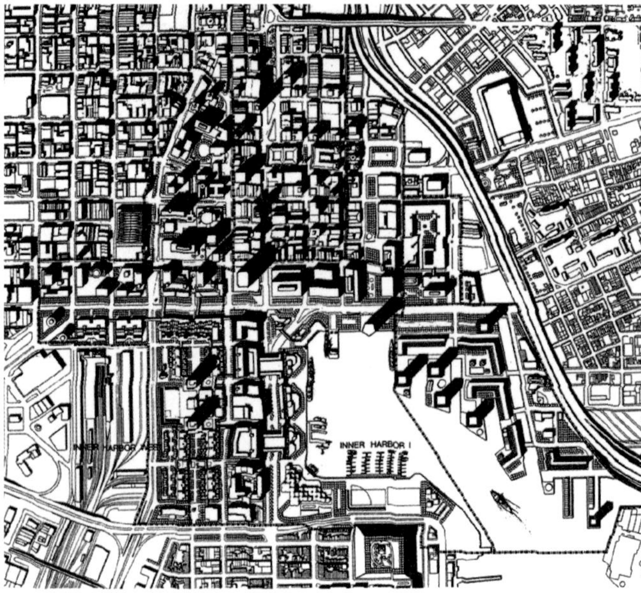

7-8 WMRT, 볼티모어 내항 마스터플랜(1964)

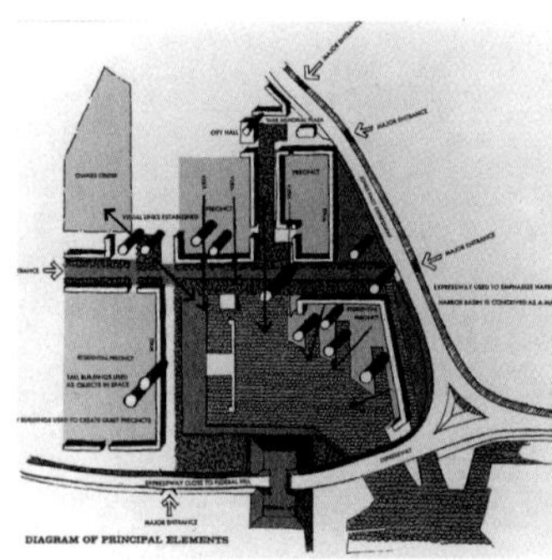

7-9 볼티모어내항 마스터플랜(1964)

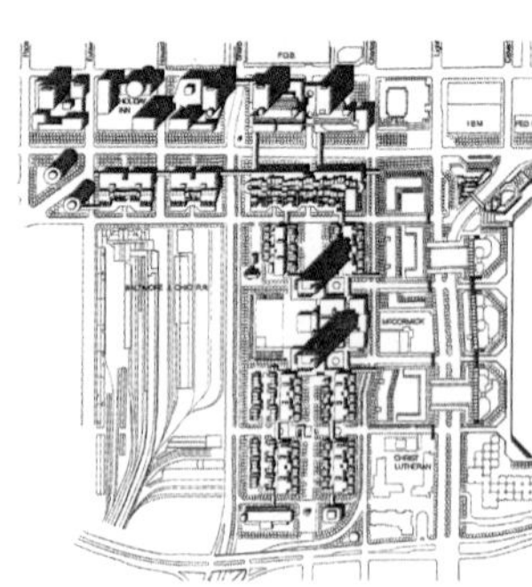

7-10 내항서부계획

포드재단을 포함한 게이트웨이 개발은 담당 건축가로 칸을 선택하여 팀을 꾸림으로써 내항 1단계사업의 담당사업자로 선정됐다.[6] 개발자들은 내항개발 전체에 모범이 되도록 정체성이 뚜렷한 '대담하고 창조적인 예술'을 원했다.[7] 1970년 9월 칸은 호텔 · 아파트 · 오피스 · 상업 · 위락시설 등 복합용도를 수용하는 내항 1단계 사업의 디자인을 시작했다.[8] 칸이 맡은 구역은 내항 1단계 개발사업 전체에서도 중요성이 컸다. 사업내용은 6에이커[2.4헥타르] 면적의 내항인접부지에 객실 500실의 호텔, 300주호의 아파트, 1500대 수용 주차장, 20만 제곱피트[18580제곱미터]의 상업업무공간을 담는 프로그램에, 총건설비용은 3, 4천만달러를 들이는 것이었다.

사업부지는 내항과 찰스센터 사이에 위치한 22, 23, 15a구역이었다.[도판 7.13, 7.14]북쪽으로는 찰스센터가 완공되어 가고 있었고 서쪽으로는 내항 2단계 사업으로 광범위한 규모의 주거재개발인 내항서부개발이 계획되어 있었으며 내항에는 위락시설들이 들어설 예정이라,[9] 입지의 중요성이 상당히 컸다. 22, 23구역의 동서남북으로는 각각 라이트 길, 찰스 길, 콘웨이 길, 프랫 길이 경계를 이루고 있었고, 22구역과 23구역 사이에 캠든 길이 있었고, 22구역과 15a구역 사이에 라이트길이 지나고 있었다.

1970년 6월 개발자 선정과정에서 칸은 내항 1단계 사업부지의 건축디자인에 대한 기본 아이디어를 다음과 같이 매우 선명하고 논리적으로 구체화했고,[10] 이 개념을 디자인 과정에서 일관되게 유지하려고 노력했다.

콩코스

건축디자인에서 22, 23구역은 지표면 높이에 세 개의 훌륭한 실을 둘 것인데, 이 실들은 호텔, 아파트, 오피스 건물들로 이어지는 계단 · 엘리베이터의 입구를 표시한다. 상부의 테라스와 건물들에 뚫린 개구부를 통해 이 실들에 자연광이 비칠 것이다. 이 전략적 위치에서 한 해와 하루의 시간이 두 블록에 관통할 것이고, 그 실들, 그 주변 벽들, 위아래층 보행로에, 빛이 변화하며 분위기를 바꾸어 줄 것이다. 이 실들에서 가지친 홀과 통로에는 상점, 기타 흥미거리 요소와 서비스가 두 개 층에 늘어서서 라이트길 · 찰스길 · 캠든길 · 콘웨이길에서 들어오는 모서리 입구와 측면 입구까지 연결된다. 엘리베이터샤프트 · 서비스샤프트 · 계단 · 통로 · 상부 구조물을 지탱하는 큰 경간의 구조체는 그 본질과 움직일 수 없는 진정성 때문에 모두 서로 구별될 것이다. 콩코스의 이 불변적 요소들의 위치를 연구할 것이며, 그래서 상점을 디자인 함에 있어서, 또한 장식과 그래픽에서 시의적이고 상상력있는 아이디어들을 실행함에 있어서, 주변과 조응하여 콩코스에서 변화가 가능하게 할 것이다.

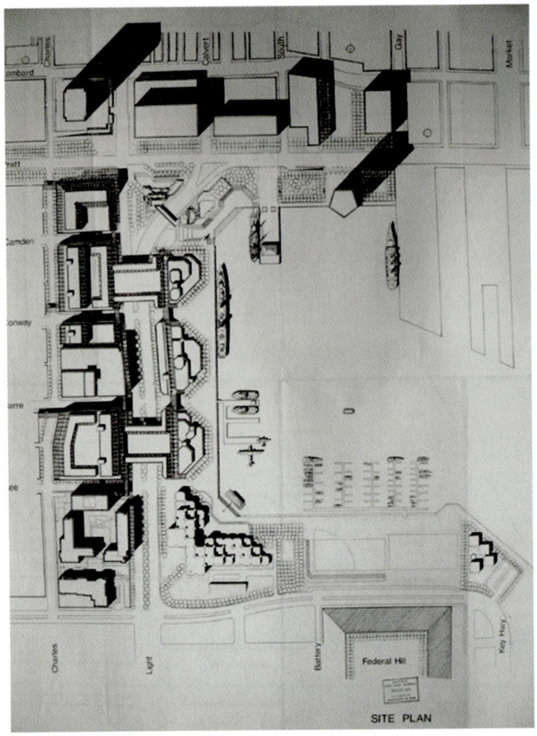

7-11 WMRT, 볼티모어 내항 1단계사업 마스터플랜

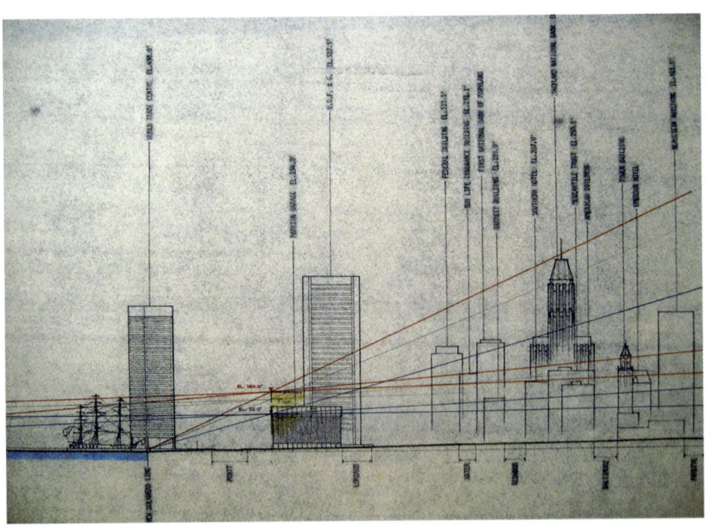

7-12 WMRT, 볼티모어 내항계획. 내항과 도심의 스카이라인 비교도. (출처: 펜실베이니아대학교 건축자료실 토머스 토드 컬렉션) "U.S.F.&G. 빌딩은 코어높이가 565피트[172미터]가 될 것이며 올해[1971년] 여름이면 높이 모습을 드러낼 것인 바, 이 건물은 내항개발사업을 크게 강조해 줄 것이다. 콘스텔레이션호는 그 삭구가 완성되면 높이가 대략 선라이프 빌딩 높이가 될 것이다." (내항 1단계사업 1971년 1,2월 회의록 중에서)

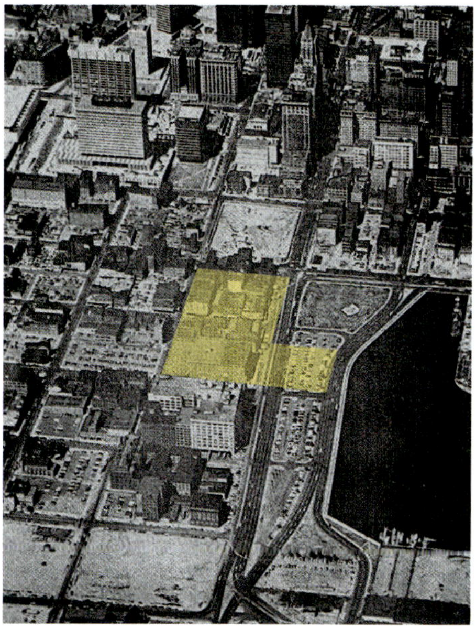

7-13 볼티모어 내항 1단계사업 부지

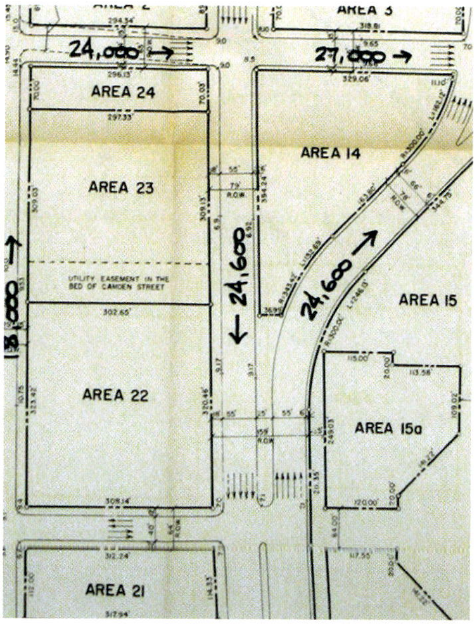

7-14 1단계 사업부지 중 15a, 22, 23구역의 디자인이 칸에게 요청됐다.

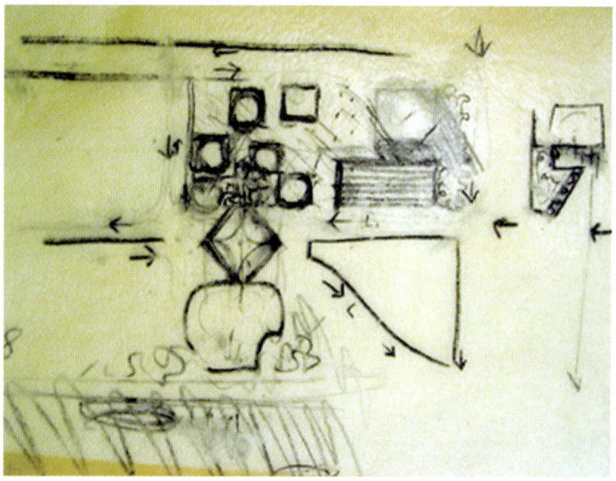

7-15 루이스 칸, 내항계획. 스케치

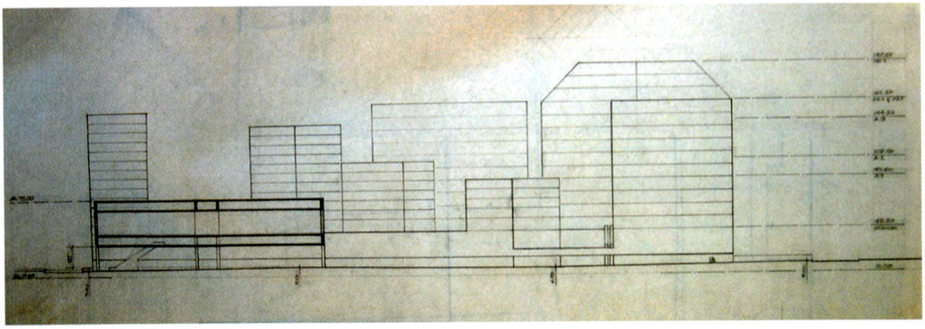

7-16 루이스 칸, 내항계획, 동쪽입면(라이트길 상부) (1971년 8월). (오피스 드로잉 030.I.C.790.001, 동쪽 입면 (Light St), 24 AUG 71)

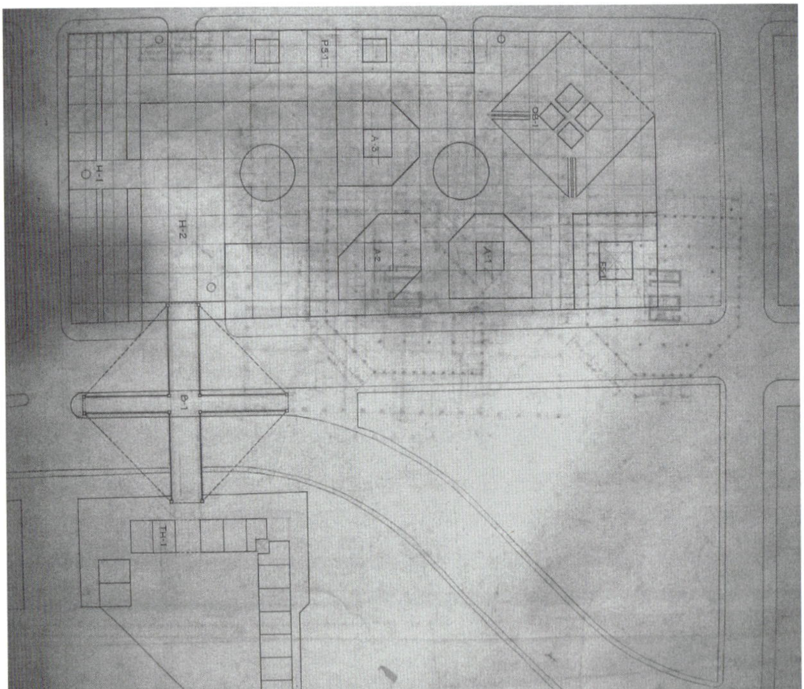

7-17 루이스 칸, 내항계획, 배치도 (1971년 8-9월). (오피스 드로잉 030.I.C.790, 24 SEPT 71 | 23 SEPT 71 | REV: 1 SEPT 71 | 21 AUG 71 | 1"=30'-0")

캠든길과 라이트길 위로 연결을 가능하게 하는 페르스펙투스(Perspectus)의 도시디자인 개념은 콩코스를 거닐 수 있게 하고 거기에 공간적 연속성을 부여한다. 교각구조들은 그보다 못한 구조물들과 대조되도록 자유로운 경간의 독특한 기술적 고려사항을 표현하게끔 디자인할 것이다. 하지만, 콩코스 건물에 큰 경간을 쓰게 된다면 다리의 구조를 제안할 수도 있다.

콩코스와 차량

라이트길과 찰스길에서 진입하는 자동차입구는 콩코스를 지하층 주차장과 콩코스 위층 주차장으로 연결할 것이다. 입구스테이션들은 라이트길과 찰스길의 차로로부터 건축적으로 나타날 것이다. 캠든길 전체길이에 걸친 디자인은 '바깥 입구 로비'로서 표현될 것이며, 그 특별한 빛, 색, 방향 심볼, 거친 재료들이 건물들의 더 섬세한 재료들과 대조를 이룰 것이다. 캠든 지역권easement와 22, 23구역 건물들의 경계부를 따라 주차환기구를 리듬감있게 표현하려 한다.

건축

반(半)공적 건물인 호텔, 주기적으로 내부가 변화하는 건물인 오피스, 수직적으로 쌓인 주택인 아파트 건물, 그리고 15a 블록의 특별 용도의 건축공간은 제각각 고유한 건축적 특질을 가질 것이다. 건물들은 22, 23, 15a 구역의 옥상 위와 라이트길 위 다리건물 위에 꾸밀 정원과 관련을 맺을 것이다. 아케이드 길의 셀터, 옥외의 실들, 중정, 수경, 큰 화분이나 흙 포켓의 식재가 이 정원의 디자인요소가 될 것이다. 이 정원들은 가능한 내항을 충분히 조망하도록 계획과 연관될 것이다. 하지만, 건물의 본성을 반영하는 건물들의 건축적 성격은, 조화될 수 있는 재료들을 선택함으로써 통일성을 지니게 할 것이다.
크고 작은 경간들은 그 구조적 본성의 독립성을 이끌어 내도록 그것들의 특별한 형태들에 의해 극적으로 만들어질 것이다. 15a구역의 건물은 포치와 정원으로 둘러싸일 텐데 공원쪽으로 단을 지며 내려가 내항의 둑에 닿을 것이다. 모든 내부공간에 자연광이 비치게 할 것이다.

장소

수변의 대지가 자연에 대한 반응을 가져다 주며, 그것을 거주에 기꺼이 좋은 선택으로 만든다. 그것은 '장소'를 확립한다. 콩코스는 안에 있는 '거리의 방'으로서, 방문자와 거주자의 공동체적 요구를 만족시키는 모든 보호된 공간과 셀터와 연결된다. 그것은 '장소

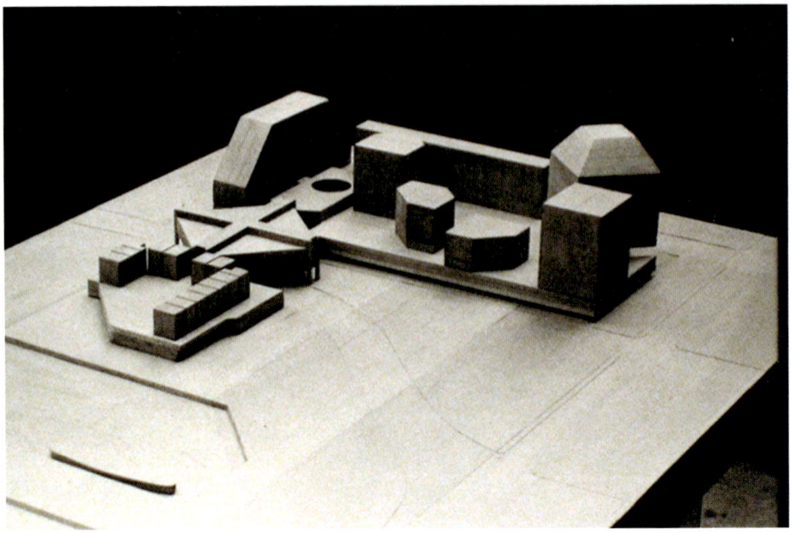

7-18 루이스 칸, 내항계획, 모형사진. 1971년 9월 10일 촬영모형

7-19 루이스 칸, 내항계획

'의 감각을 가진다. 이 두 가지 특징이 건축의 성격에 영감을 주어 '장소'의 감각을 강화하게끔 한다. '장소'는 기억을 만든다.

이러한 초기구상의 내용을 살펴보면 칸은 1964년에 작성된 내항계획의 목표와 계획개념들을 충실히 따랐다.[11] 특히 항만과 그 주변 공공구역을 물리적으로나 시각적으로 기존도시조직과 연결하는 문제, 조망을 확보하는 문제에서 그랬다.[도판 7.15, 7.16, 7.17, 7.18] 전체적인 디자인 접근방식에서, 칸은 자동차 문제를 우선 해결하려 했다. '지원하는 공간'을 먼저 해결하고 충분히 고려한다는 칸의 일반적 접근방식이 선명하게 읽히는 대목이다. 물론 이것은 지원받는 공간, 즉, 일차적 목적을 지닌 공간에 온전한 형상을 부여하기 위한 것이었다. 자동차 주차대수를 충분히 확보하는 문제가 아니라, 환기 채광 등에 있어서 충분히 건축적 환경이 되도록 하는 것이었고, 나아가 칸은 자동차 진입입구에 적정한 건축적 해법을 제대로 갖추게 하고 싶다고 제안한 것이다. [도판 7.19] 또한 칸은 초기디자인부터 이곳을 하나의 '장소'로 조성하려고 생각했고 이 생각을 일관되게 끌고 나아갔다. "자연에 대한 반응"과 "거리의 방"을 통해 장소를 만든다는 생각을 밝혔다. 업무회의 과정에서 칸은 이 장소에 영화관을 넣는 것을 제안하기도 했는데, 공동체의 활기를 불어넣는 데 도움이 된다고 생각했었을 것이다.[12] 그는 또한 전체블록의 입구를 무척 신중하게 정하려 했다. 특히 차량접근 입구를 극도로 잘 정의하는 것이 필요하다고 봤다. 경제적 이유 등으로, 포디움 상부의 건물 주변 아케이드는 집중하고 쓰임새가 높은 부분에 두어야 했다.

디자인에서 해결해야 할 기술적 문제로 주차공간과 그 위층 구조물을 연관시키는 문제를 중심으로, 칸은 그 디자인에 대해 '건물이 되고자 하는 바'를 합리적으로 설명하고 있다.[14]

이 프로젝트는 다음과 같은 첫 깨달음을 충실히 따랐다. 즉, 건물들이 올라 설 기단부에, 자동차 입구를 위한 장소를 제공해야 한다는 깨달음이다. 늘 "뒷문"으로 다루는 것이 아닌 실제적 입구 말이다. 그래서 이 입구장소에 자연광이 비치게 해야 했고 그래서 60피트[18미터]짜리 광정을 긴 대지 양쪽에 각각 둬서 자동차 구역으로 창이 나게 했다. 또한 이 지점들에 층간 이동 경사로를 둬서 빛과 순환장소를 통합시켰다.

주차공간의 실용적 기둥간격이 30피트[9미터]임을 찾아냈다. 쉽지 않은 규범을 가지고 시작하기 위해, 그 위에 놓일 건물은 전혀 참조하지 않고 이 간격을 정했다. 오피스 건물, 아파트 건물, 상점, 호텔은 제각각 건축구조물의 요구가 있고, 그 아래 30피트 간

7-20 루이스 칸, 내항계획, 호텔, 평면(1971년 1월 8일)

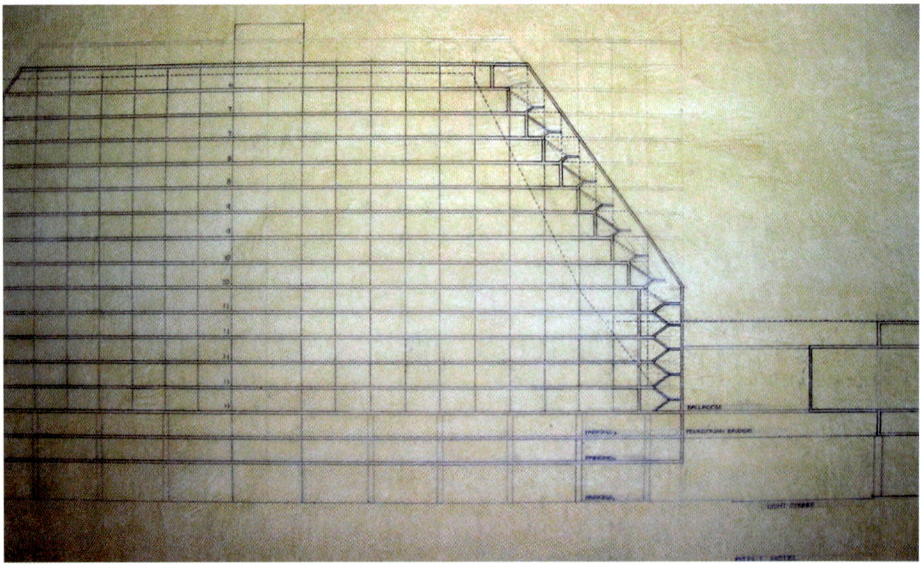

7-21 루이스 칸, 내항계획, 호텔, 단면(1971년 9월 17일; 10월 수정)

격에 상응하는 기둥의 포디움 층 위의 트랜스퍼 구조에 연관된다.

벽을 다른 건물들에 대해 각 지게 두어 빛과 전망을 허용한다. 이 각진 파사드들은 42피트 간격을 두고 있고, 대각선은 30피트 베이에 걸쳐있고, 직선은 30피트의 배수다. 포디움 위에서 벽면을 나눈 효과는 초기 규범에 자연스러웠다.

이 규범은 또한 오피스 건물을 찰스센터를 향해 각을 이루고 보행로에서 포디움으로 주입구를 형성하도록 위치시키는 데에도 영감을 줬다. 그것을 자유롭게 함으로써, 건물 아래에 큰 경간을 만들어 몇 층 높이의 대지의 표현적 입구를 형성하도록, 127피트[38.7미터] 트랜스퍼 구조를 만들었다.

기본적으로 건물들 외부는 콘크리트 벽에 창을 뚫은 것인데 어디도 민 벽이 없도록 전체 외곽에 끊임없이 창을 둘렀다. 이를 통해 항상 살아있는 느낌이 전시될 것인데, 이 느낌은 건물들에서 밝은 벽과 어두운 벽의 끝없는 다양함에서 표현된다. 한 순간도 창의 빛은 예상 가능한 패턴을 보이지 않을 것이다. 그것은 항상 바뀔 것이다. 마치 여름 밤 반딧불들처럼 말이다.

피디르는 내항개발의 새 구역 높이로 간주될 수 있다. 도로교통에서 떨어진 이 층에서 진정한 보행자 결속의 장소들이 생길 수 있을 것이다. 이 층에 세 군데의 엘리베이터와 계단으로부터 도착하게 되면 여기서 모든 건물과 그 상점들의 입구가 부속되어 있다.

라이트길을 건너는 폭 170피트[51.8미터]의 다리에서 파테르는 계속된다. 이 다리는 확실히 호텔의 랜드마크가 될 연회장이 된다. 이 다리겸 연회장의 지붕은 유리지붕이라서 연회장이 어두워지면 별을 보여줄 것이고 낮에는 여기를 밝게 만들어 줄 것이다. 다리는 그 아래에 라이트길 건너 테라스 층으로 이어지는 통로와 상점들이 있고 테라스 층에서 다시 내항 산책로로 이어진다. 이 계단과 테라스 아래에는 근사한 레스토랑을 둘 것이다.

파테르에는 또한 내항서부, 그리고 남쪽으로 연결하는 다리가 있다. 이 다리들은 그 향후 개발지로 보행의 연속성을 확장하게끔 한 것이다.

이 개발사업에 성격을 최초로 부여한 개발자들은 수변으로부터 건물이 갑자기 솟구치지 않고 수변에서 건물들이 있는 쪽으로 점진적인 전이를 모색했었다. 이런 이유로, 그들의 전제조건을 우리의 해법의 요구사항으로 번역함에 있어서, 엘리베이터 샤프트나 환기구나 냉각탑 같은 돌출물마저도 평평한 스카이라인을 위해서 억제했다. 오피스 건물, 아파트, 호텔은 모두 이 원칙을 고수한다.

7-22 루이스 칸, 내항계획. 배치디자인, 청사진도면 위 색지 콜라주

일상과 축제의 공간

건축표현의 주된 의도를 칸이 분명하게 밝히고 있으니, 몇 가지 주목할만 한 디자인의 측면만을 간략히 살펴 보자. 거주자나 방문자는 여기서부터 '연속된 방인 바깥 보행 공간'인 중앙광장을 통해 도심방향과 항만위락시설로 향할 수 있었다. 중앙광장 높이의 상부 브리지 등으로 외래방문자와 거주자의 동선을 분리하여 외부개방성을 통해 생기는 내부 거주자의 거주성을 보호하는 방안도 마련했다.[16] 주거는 오피스 건물과 호텔에 둘러싸여 내항을 향한 조망이 유리하면서도 서쪽 주거지와 연관되는 위치에 놓았다. 주차공간 위에 조성한 '파테르parterre'를 감싼 건물배치는 내부경관을 적극 확보하면서도, 수변 경관이 펼쳐지는 데 중점을 뒀다.[17]

WMRT의 1968년 내항계획에 비해 칸은 건물의 형태를 더욱 분절했다.[도판 7.20, 7.21, 7.26, 7.27, 7.35] 칸은 개별 건물들의 형태를 용도별로 차별화했고, 그 건물들로써 광장을 감쌌다. 배치는 직교체계에서 변화를 꾀했는데 이런 비직교체계는 이미 칸이 도미니크수녀원 등에서 이미 시험한 것이다. 칸은 다양한 프로그램을 단일한 형태가 아닌, 기능별로 각자 다른 건축형태에 담으려 했다. 그는 각 건물을 구별짓는 것이 경제적으로 타당하다고도 주장했다. 내항디자인에서 칸은 특히 공공적 용도의 건물과 주거건물의 표현을 뚜렷이 구분했다.[18] 한정된 대지 안에서 개별건물들에 서로 다른 위치, 규모, 방향, 형태를 풍부하게 부여하는 방식은 무척 놀랍다. 특히 이 대지는 앞쪽으로 항구쪽을 바라보는 방향이 선호되어 있어 개별 건축물들에게 서로다른 위치와 방향을 정하는 것이 1차적 차이를 만든다. 또한, 주차시설 위에 공통적으로 올려져 있어서 구조와 공간의 단위모듈을 공통으로 써야 하는 조건을 가지고, 서로 다른 용도를 평면에 수용해야 하는 과제가 있었다. 이것을 해결하기 위해 칸은 기하학적 단위의 구조와 공간을 분할, 회전, 조합하는 식의 변주를 적극적으로 구사했다.

이러한 방식은 이와 동시에 형태적 연관성도 깃들어 있게 만들었고, 각 건물들의 형태적 유사함도 마련하였고, 전체구성상 일관성과 통일성도 찾아 볼 수 있다. '연결의 건축'을 강조한 칸에게 연결이란, 서로 떨어진 건축물 또는 공간을 결합하거나 이어 붙이는 것을 뜻하는 것이 아니라, 오히려 떨어뜨리되 적절하게 상호연관되게 만든다는 뜻이다. 유사하게 만든다는 뜻은 결코 아니다. 서로 다른 성격을 뚜렷이 표현하도록 하되 그러면서도 같이 어울려 좋은 방식을 말하는 것이다.

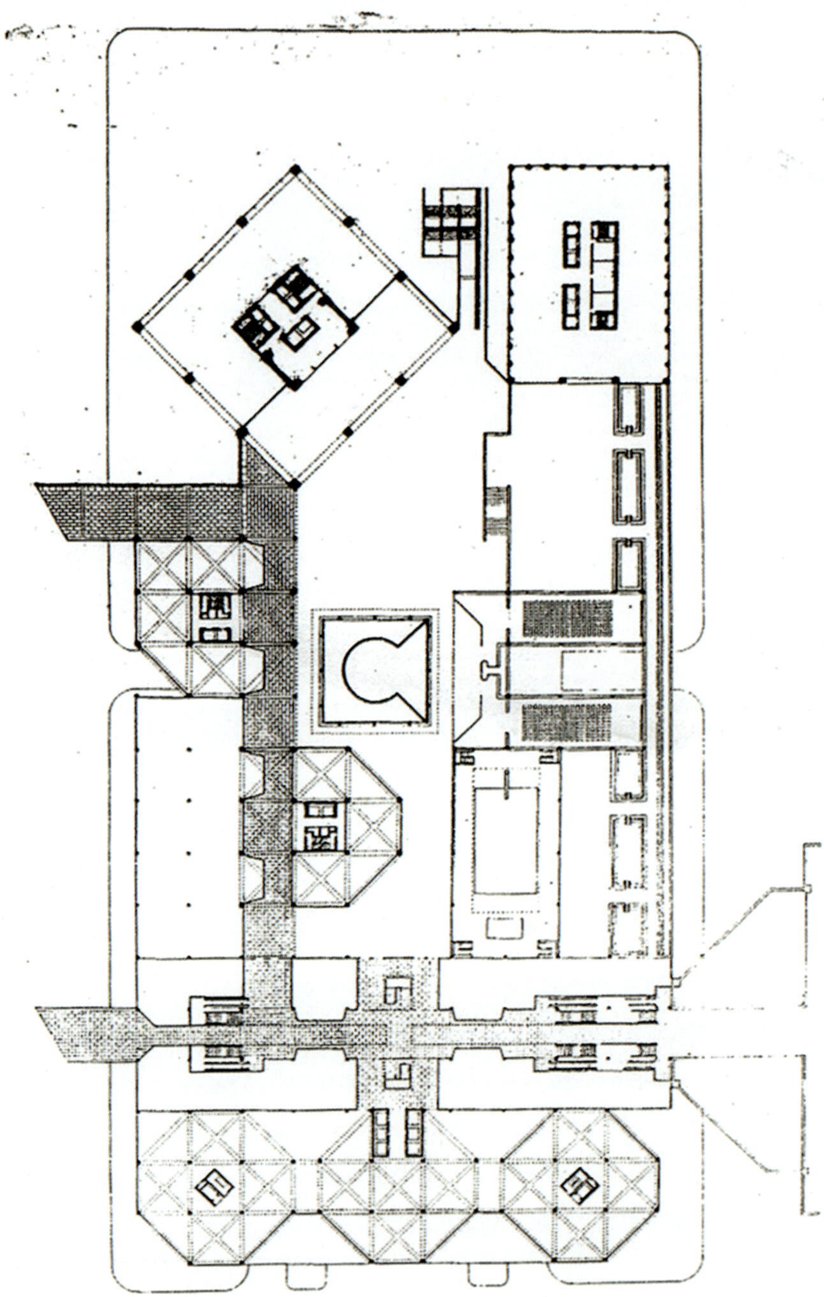

7-23 루이스 칸, 내항계획, 배치도

따라서 내항에서 칸이 보여준 연결의 건축은 독자적으로 서로 다른 성격을 가진 건축끼리 모였을 때 어떻게 조화할 수 있는지, 달리 말하면 어떻게 질서를 이루고 또한 성장을 기대할 수 있는지에 대한 가능한 한 가지의 최선의 해답을 제시한 것이다. 연결은 결국 각 개체의 고유한 의미를 서로 연결할 수 있게 하는 것이 핵심이 된다. 또한 전체적으로 하나의 '장소'를 만드는 것과도 관계있다. 이런 식의 연결은 개별 건축물의 표현을 상호연관되어 해석할 수 있게 하고, 이런 해석이 가능하다는 것은 곧 도시환경의 소통의 가능하다는 뜻이다.

칸은 전체건물군의 입구를 도시적 맥락에서 신중하고도 명확히 규정하려 했다. 즉, 사업부지 북서쪽 오피스 건물을 45° 로 회전하여 특이점으로 만들고 그 하부 구조를 강조하여 그 건물 밑을 파테르로 오르는 입구가 되게 했다. 이미 1971년 초에 두 개의 오피스 건물을 대지북쪽에 배치하여 북쪽에 연접한 업무지구와 대응시켰을 때도, 삼각형 트러스로 긴 경간이 지지되는 입구와 피라미드 형태의 상단부를 가진 건물볼륨은 길과 45도 각도를 이루었다. [도판 7.29] 이 건물규모와 형상을 확보하기 위해서 조닝규제를 완화받기까지 했다. 바로 인근의 U.S.F.&G. 빌딩의 높은 형태이 기념비성에 대응하는 형식이기도 했을 것이다.[도판 7.12] 반대편 입구쪽에 있는 15a구역과 22구역 사이의 라이트길 위에 떠 있는 대형구조물은 호텔 볼륨과 쇼핑공간을 수용하는 '거주하는 구조물' 이다.[19) [도판 7.27, 7.32] 건물군 외부에서의 인상도 내항전체의 도시적 규모에서 적절한 통일적 개체로 작용했을 것이다. 이렇게 내외부에서 다양하게 변화하는 경관의 복합성에 의해 전체건물군의 통일된 인상이 얻어진다.[20)] 칸은 건물들의 외관을 조율함에 있어서 모든 건물의 외피를 통일된 창으로 처리하고 그 창들에 다양한 빛과 그림자 효과를 부여하려 했다. 칸은 이것을 "진정한 벽의 축조, 벽의 건축"이라고 불렀다.[도판 7.30, 책 겉표지] 전체 입면은 하나로 이어져 굽이쳐 흘렀을 것이다. 전체 외관을 통일하되 배경으로 후퇴할 가능성이 있는 각자의 외관을 제안했다. 전체적으로 이 건물군의 인상은, 여러 건물들이 높이, 규모, 방향을 바꾸면서 항만으로부터 도시를 향해(동쪽에서 서쪽과 북쪽으로), 또한 그 반대로 자연스럽게 이어지는 형국이다. 그러면서도 포디움이라는 인공의 대지의 한정된 틀 위에서 스스로 제약을 만들어 조화롭게 놓여 있다.

자연과 도시를 중재하는 노력과 더불어 도시사회구성체의 통합을 축제적인 느낌 속에서 일상공간의 차원과 통합하려고 시도했다. 사실, 축제적 공간 또는 문화적 공간을 통한 도시개조는 60년대 미국도시의 중요한 흐름이었다. 또한, 이것은 20세기 후반 엑스포에 기대어 도시개조를 추진해 온 역사와도 관련된다. 이 새로운 경향을 이제 한 번 살펴보자.

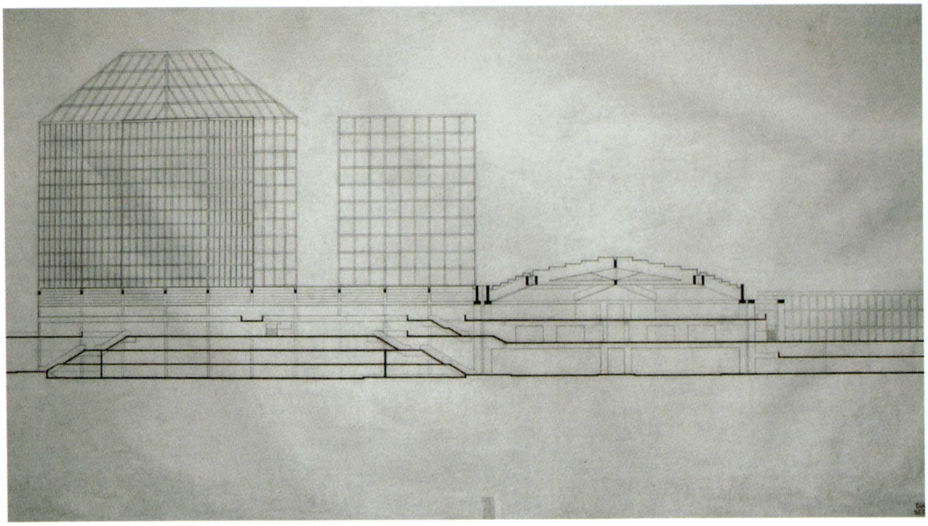

7-24 루이스 칸, 내항계획(1972년 2월). 내항쪽(오른쪽)으로부터 내항서부(왼쪽)에 이르는 연속된 길이 단면에 표현되어 있다.

7-25 루이스 칸, 내항계획. 내항쪽에서 바라 본 모습

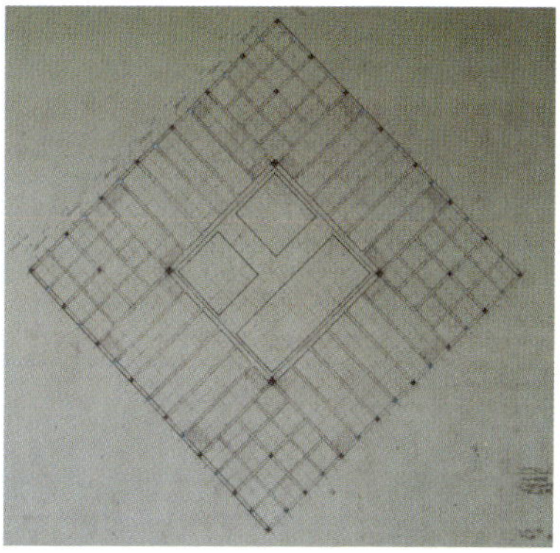

7-26 루이스 칸, 내항계획, 오피스 건물 평면 (72년 12월)

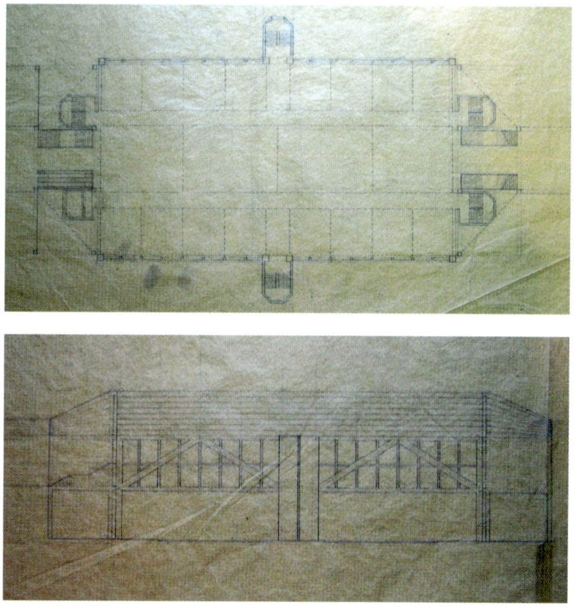

7-27 루이스 칸, 내항계획, 블록디자인(1972년 3월), 평면(위)와 입면(아래)

7-28 루이스 칸, 내항계획, 배치도(1972년 12월). 호텔 세 동을 중심부에 두고, 남쪽 블록 끝에 아파트 두 동을 이동배치했다.

7-29 루이스 칸, 내항계획. 칸의 프레젠테이션 도면

7-30 루이스 칸, 내항계획. 내항으로부터의 차량과 보행 진입부 모습

7-31 루이스 칸, 내항계획. 포디움의 모습

7-32 루이스 칸, 내항계획. 호텔 볼룸

7-33 루이스 칸, 내항계획, 모형사진(1973년 1월)

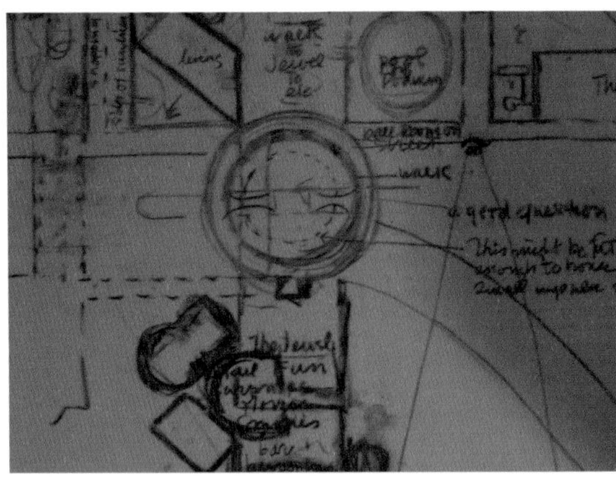

7-34 루이스 칸, 내항계획, 스케치(1973년 3월)

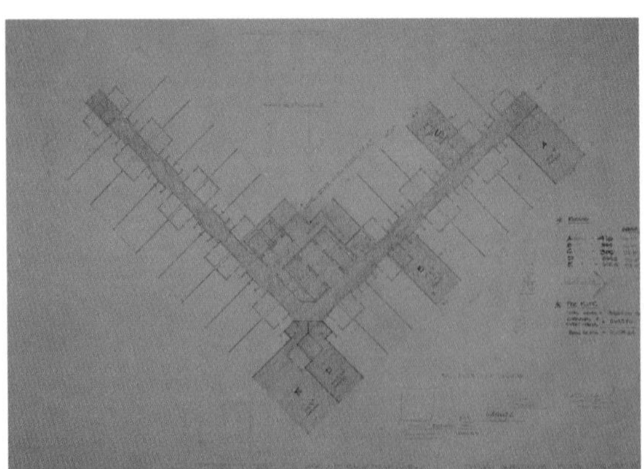

7-35 루이스 칸, 내항계획, 아파트 평면

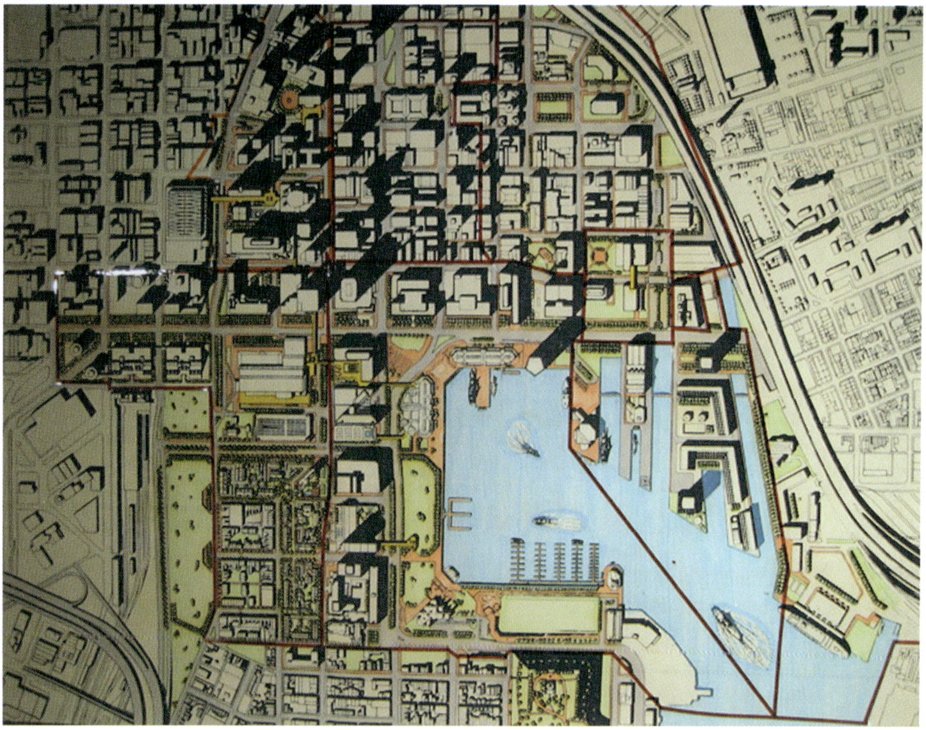

7-36 WMRT, 볼티모어내항 마스터플랜, 197X

7-37 오늘날의 볼티모어 내항 전경. 페더럴 힐에서 내려다 본 모습

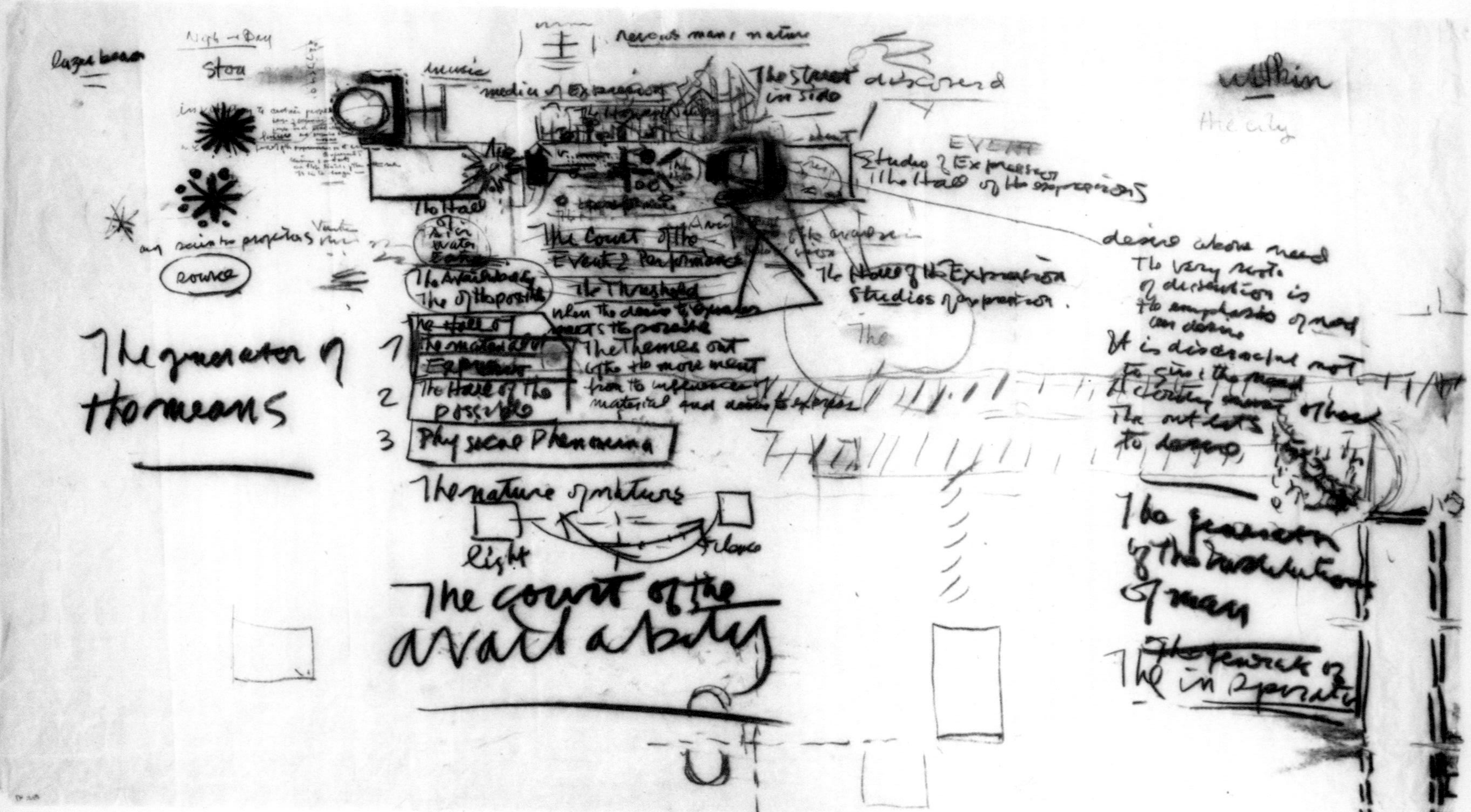

8-1 루이스 칸, 이스트윅 엑스포(1972~73)

8 필라델피아 이백주년 기념사업

미국에서는 1960년대 초부터 1976년 미국독립선언 이백주년 기념사업이 추진됐다. 이 사업은 중앙정부가 재정을 지원하고 국제엑스포기구의 공인을 받으며 추진한 대형국가사업이었다.[1] 엑스포를 중심으로 한 이 종합적 기념사업을 유치하기 위한 경쟁에 필라델피아와 보스턴 등 미국 주요대도시들이 참여했고, 기념사업을 각자의 도시발전을 위한 절실한 기회로 간주했다.

필라델피아는 기념사업유치를 위해 보스턴과 경쟁했는데, 이미 1876년 백주년기념사입과 1926년 백오십주년기념사업을 개최한 적 있고 1962년부터 일찌감치 조직을 결성했기 때문에, 실적, 재정조건, 조직의 측면에서 경쟁도시이던 보스턴보다 유리했다. 엑스포를 도시문제로 삼고 도시 안에 엑스포를 유치하려 한 의도도 보스턴보다 더 강했다. 하지만, 필라델피아의 추진과정에서는 과거대로 도시 내의 단일 부지에서 엑스포를 열자는 입장과 도시전역에서 여러 기념사업과 컨벤션을 분산개최하자는 입장이 대립하게 되면서 전문가들사이에서나 도시구성체간에도 의견대립과 충돌이 잦았다(필라델피아는 1967년 8월까지도 결론 없이 시 재정 13만5천 달러만 소진했다).[2] 계획위원회와 재개발국의 주도권, 또는 일부 유명건축가의 주도권을 견제하는 목소리도 있었다. 즉, 건축가들로 구성된 건축자문 태스크포스팀의 보고서(1967년 4월17일) 내용처럼, 계획위원회와 재개발국이 전과정을 통제하지 말고 개별 건축가의 신선한 관점과 집중된 에너지를 통해 계획의 품질을 향상시키고 지역계획과정에 힘을 실어야 한다는 주장이라든지, 유명건축가체계와 천편일률적 생산방식을 벗어나야 한다는 주장도 있었다.[3]

1969년 9월 미국혁명이백주년위원회에서 필라델피아의 제안내용은 미국독립혁명과 관련된 도시문화유산을 강조했고, 세 가지 주요도시재생사업을 포함시켰다. 즉, 하나는 국제전시장을 위한 부지로 서부 필라델피아의 철로 위에 스쿠컬강을 따라 난 130에이커를 개발하는 사업인데 그 국제전시관들은 추후 주민과 인근 대학에서 쓰도록 의도했다. 또 다른 사업은 인디펜던스 국립공원을 중심으로 한 100에이커의 땅에 50개 주의 전시

일 시	주 요 일 정
1962년	필라델피아, 엑스포 준비조직 결성
1963년	보스턴, 1975 세계자유박람회회사(World Freedom Fair, Inc.) 설립
1964년	뉴욕월드페어. 존슨대통령 1976 엑스포 예약
1966년	미국혁명이백주년위원회(ARBC) 결성
1967년 4월	필라델피아 건축TF팀, 보고서 제출
1968년 6월	레빈슨(Joel Levinson)의 "통근마을"(Commuter Village) 계획안
1969년	보스턴, 기념사업유치 포기
1970년 9월	닉슨대통령, 필라델피아의 단독 엑스포개최 승인
1970년 10월	레빈슨(Joel Levinson)의 브로드가 계획안
1971년 1월	국제엑스포기구 필라델피아 1급 엑스포 승인
1971년 5월	필라델피아 이백주년 기념사업 브리핑
1972년 2월	이스트윅 대지, 엑스포장으로 선정
1972년 3월	"자유의 약속" 마스터플랜 미연방정부에 제출. 포럼76 보고서 (1972년 9월까지 계획완료예정)
1972년 5월	닉슨정부, 기념사업 분산개최결정. 이스트윅 작업중단
1973년 6월	필라델피아 이백주년 기념사업 브리핑. 루이스 칸, 인디펜던스 몰 디자인
1973년 10월	펜실베이니아 이백주년위원회 해체

이백주년 기념사업 주요일정

와 활동을 제공하는 사업으로서, 인디펜던스 국립공원사업이 1951년부터 진척되지 않던 것을 기념사업으로 해결하려 했다.

나머지 사업은 북부 필라델피아의 80에이커가 넘는 규모의 흑인주거지를 새로운 계획기법을 통해 새로운 주거지로 변모시키는 사업이었다. 1968년 레빈슨Joel Levinson의 계획안은 필라델피아 도심인 센터시티에서 벗어난 외곽에 통근노선과 간선도로의 교차점에 이른바 '통근마을' Commuter Village을 조성해서 관람객을 수용하고 주차공간을 확보한다는 것이 주된 내용이었다.[4] 이 계획에서는 흑인공동체를 비롯해서 그리스 · 중국 · 아일랜드 · 이탈리아 · 러시아 · 독일 근린 등 필라델피아에 있는 소수민족 거주지를 개선하는 도시현안을 엑스포의 상업적 관광사업으로서의 가능성에 의해 해결하려 했다. 즉, 지역사회가 개발을 원하면 외국과 협력해서 건설자금을 조달하고 각국의 정체성을 표현할 기회를 주고 필라델피아에 국제적 성격을 부여한다는 내용이었다. 식민지 시기의 공공공간인 빌리지 그린Village Green 격인 빌리지 플라자를 조성하는 내용도 포함됐다. 필라델피아에서 엑스포를 열기로 결정한 뒤에도 레빈슨은 이 개념을 수정 · 확장해서 필라델피아 남북대로인 브로드가를 '이백주년대로'로 조성하는 계획을 제안했다(1970년 10월). 브로드가의 교통수단을 보강해서 통근마을과 전시를 통합하는 것을 주요 내용으로 하는 이 계획은 브로드가 남단에는 여가위락시설을 개발하고 북쪽 거주지와 전시공간을 연속적으로 늘어세우는 한편, 시청 북쪽에는 전시공간을 두어 북부 필라델피아 너머까지 이르게 한다는 대규모 도시개조계획이었다.

1970년에 필라델피아가 단독으로 엑스포를 개최하기로 결정되자 엑스포부지 선정 문제가 시급해졌다.[5] 이에 30가역 · 페어마운트 공원Fairmount Park · 델라웨어 강변 · 이스트 파크East Park · 비버리Byberry 지역 등 여러 곳이 검토됐는데, 부지선정에서 핵심 문제는 자연환경 파괴를 최소화하고 주변환경과 어울리는 방안을 찾는 것이었다. 이에 필라델피아 코퍼레이션은 필라델피아 북동부에 위치한 비버리 지역을 박람회장으로 제안했는데, [도판 8.2] 이 계획안에서는 1000에이커(약 4제곱킬로미터) 규모의 부지에 입구를 제외하고는 대지를 완전히 폐쇄하고 그 안에 세 개의 큰 국제 플라자를 두고 각각의 주변에 참가국의 산업전시시설을 조직해서 세 개의 테마구역(창조성 · 주거 · 배움)을 조성했다. 플라자들은 고가레일과 보행로로 서로 연결하고 중앙에 큰 기념푸럼을 둬서 특별행사장소로 삼았다. 하지만, 미국혁명이백주년위원회가 요구조건이었던 것과 달리, 지역사회의 동의를 받지 못하자 대지선정에는 실패했다(1971년 5월 7일). 델라웨어 부지를 대상으로 한 계획도 검토됐는데, 이것은 델라웨어 강 위에 띄운 인공대지에 엑스포 시설을 설치한다는 내용이었다.[도판 8.3]

칸은 센터시티와 도시 양쪽 하안을 개발하는 구상을 제시했는데(1972년 1월) 이것은 필라델피아 도심 전체를 엑스포 계획과 결부시키려는 시도였고, 1950, 60년대에 그 자신이 발전시킨 필라델피아 도시설계안의 골자를 실현하려는 시도이기도 했다. 즉, 칸은 스쿠컬 강 동쪽 강변과 델라웨어 강 서쪽 강변을 공중보행로로 길게 잇는 계획을 포함시키려 했고 이것이 펜스 랜딩Penn's Landing과 이스트 파크의 개발과 연관될 것이라고 주장했다. 이 때 칸은 고가로와 주차타워strategic dock 등 자신이 이전에 제안한 적 있는 기반시설 위주의 도시설계전략을 여전히 타당하다고 간주하고 이백주년사업을 통해 실현하려고 시도했다. 즉, 그에 따르면, "이 공중보행로는 기술적 구조물로서 그 자체가 경탄의 대상이며 […] 아래층엔 상점, 상부에는 광대한 주차장을 놓고 주변으로는 모텔과 호텔을 둘러싼다. 이 건물들은 선명한 입구 표식이 될 것이며, 기념사업이 끝나고도 쓰일 것이다. 이 건물들은 센터시티 개발사업의 촉매가 될 것이며 거대한 지역상업센터가 될 것이다. 이 활동은 우리 도시의 연속된 개발을 이끌 척추가 될 것"이었다. 그는 이 고가로 뿐 아니라 도시 양안의 시설들도 도시재생을 위한 영구시설물로 발전시킬 수 있다고 제안했다.

> 스쿠컬 대지는 위락용으로 쓸 수 있습니다. 강 전체에 스프레이 분수를 뿜을 수 있습니다. 델라웨어 강에도 강의 영원한 특질을 표현하면 좋겠습니다 […] 스쿠컬 강에는 넓은 공원부지를 전시장으로 내놓을 수 있겠고 그것은 만남의 건물군(건물들의 사회)이 될 것입니다. 그곳은 공연이 가능한 영역이 될 것입니다. 이 영역에 한 가지 물음을 던진다면, "도시가 배움 · 만남 · 복지의 시설을 제공하는 영감의 센터가 될 수 있을 것인가?"하는 것입니다. 이 세 가지 영감은 모두가 가진 인간동의의 감각에 의해 고무된 국가적 · 시민적 관심사를 나름대로 다 포함할 것입니다. 말하자면 오늘날의 빌리지 그린입니다 […] 이 건물군이 공원 · 코트 · 플라자에서 모든 환대를 수용하도록 미국정부가 전폭 지지하게 해야 합니다. 헌법과 독립선언문에 깔린 의미를 전하는 영감의 징표로 말입니다 […] 이 건물들을 영구적으로 짓는다면 새로운 문화대학의 장소가 될 수 있을 것입니다.[6]

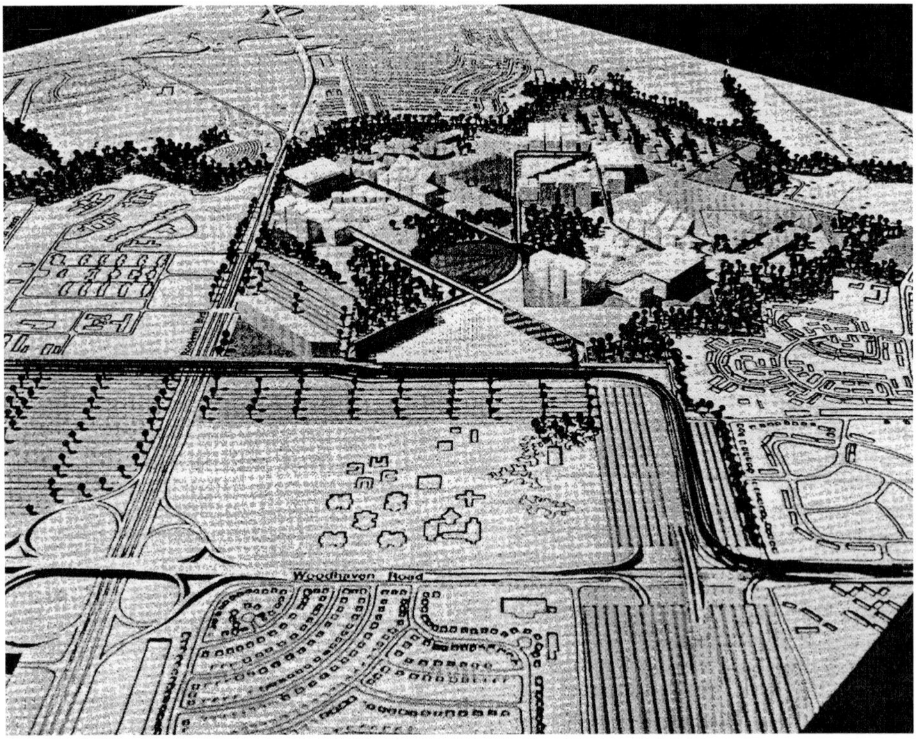

8-2 비버리 지역 엑스포계획

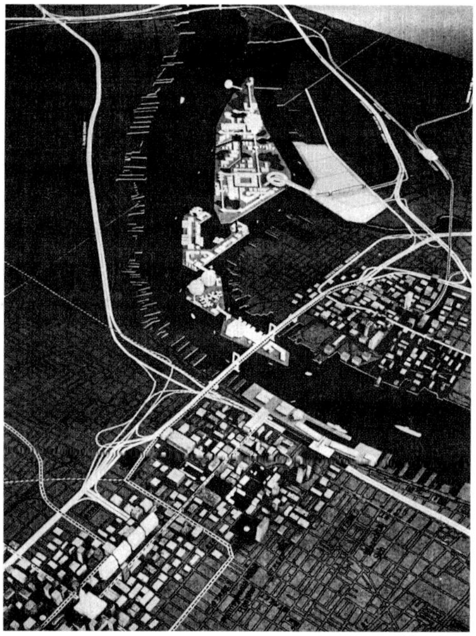

(a)

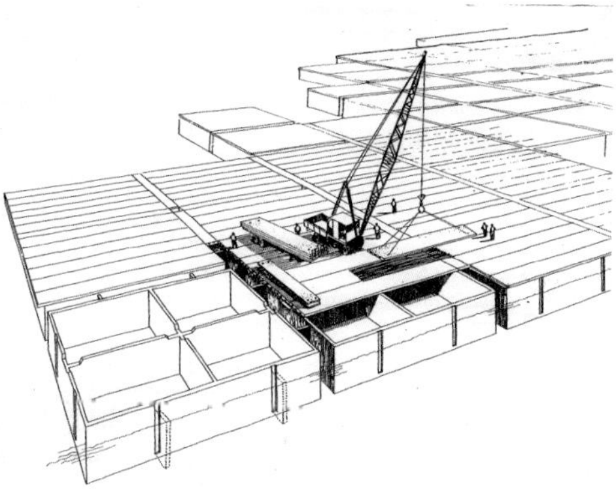

(b)

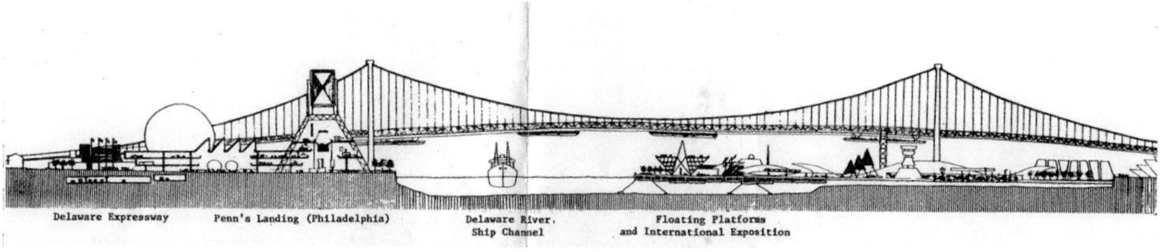

(c)

8-3 델라웨어 엑스포 계획(a, b, c). 1971년 6월과 8월에 웨이즈 사무실 (Frank Weise Architect)은 델라웨어 부지를 대상으로 한 계획 보고서를 작성해서 이백주년사업단에 제출했다.

필라델피아 엑스포 기획은 도시문제와 긴밀히 결부됐다. 주제측면에서는 과학전시 위주의 이전 시애틀 엑스포와 차별시켰고 직전의 뉴욕 엑스포에서 교통 · 산업 · 행정 · 위락을 주제로 삼은 것과도 달랐다. 필라델피아는 애국주의를 결부시켜 인본주의적 보편성의 이념을 표현하려는 경향이 강했다. 즉, 엑스포의 공식 목표를 "전통 엑스포에서 크게 벗어나 기술 · 산업혁명 · 상업보다 인간의 성취와 가치에 초점을 두고, 인간의 성취를 개인 · 공동체의 일원 · 지구공동체의 시민으로서 실현하는 참여를 표현하는 것 […] 엑스포의 조직원칙은 포럼"으로 정했다.[7)]

루이스 칸은 엑스포의 물리적 디자인과 주제 기획에 깊이 개입하고 영향을 끼쳤다. 그는 기념대상을 미국사회가 추구하는 선택의 자유 · 개인의 표현기회 · 인간의 제도 등으로 제안했고, 기념사업의 주제를 인간이 만든 제도들의 의미를 기리는 집회로 재해석했다. 즉, 그는 교육 · 정치 · 보건 · 종교 · 복지 등 각종 제도에서 미국의 선도적 역할을 강조했고, "인간제도를 철학적으로 토론하고 그것을 채택하는 정치적 도구에 관해 지도자들과 세계민중을 유치하는 것을 기념사업의 목적으로 삼으면 물리적 프로그램과 정신적 프로그램이 통일될 것"으로 주장했다. 그는 미국의 풍부한 제도야말로 세계문명의 선도적 증거라고 확신했고, 필라델피아야말로 "규모와 기념사업의 정신에 있어서 이 정신을 포섭할 자연스런 중심부"라고 주장했다. 이런 접근방식은 필라델피아에서 같이 활동한 적 있는 루이스 멈퍼드가 도시의 본질을 문화적 다양성으로 보고 그것을 증진하기 위해 문화자원의 양을 통제하는 방식으로 대면소통방식을 중시한 것과도 연관되어 보인다. 칸은 또한 구체적 근거나 프로그램을 가지지 않은 이벤트의 가능성을 중시했고 이것이 이백주년 기념사업의 환경을 통해 시도될 수 있어야 한다고 주장했다.[8)] 이백주년 기념장소에 사람들이 오는 이유는 아직 표현되지도 구체화되지도 않은 "말과 행동을 구하기 위해서"라는 것이다. 그는 기념사업을 모든 소통방식을 적극 시험할 기회로 간주하고, 온갖 종류의 소통이 가장 강렬하고 명확하게 표출되어야한다고 주장했으며, 전체도시 차원에서 이런 소통이 이루어지기를 도모했다.

같은 해 벤추리와 스콧브라운이 낸 성명에서는 칸의 입장과 뚜렷이 대치되는 입장이 보인다. 그들 또한 소통의 주제를 중시했는데, 이와 관련해서 "반(反)영웅 · 반보편주의 · 반건축"의 접근방식과 더불어 반기술 · 반거대주의 · 반휴먼 스케일을 표명했다.[9)] 그들이 볼 때 1967년 몬트리올 엑스포에는 건축적 혁신이 거의 없었다. 일례로 그들은 "하비타트 개념은 이미 10년이 묵었고 풀러의 돔은 20년도 더 됐다"고 봤고, 오히려 그 엑스포에서 가장 혁신적이고도 대중적 인기가 있던 것은 체코관의 영화라고 지적했다. 또한,

"인간과 인간세계" 같은 보편적인 주제를 엑스포 주제로 정하는 것이 공허하다고 비판했다. 그들은 오히려 엑스포 전시장 구성을 계획과 관계된 자유와 통제의 문제에서 "상업환경을 덜 강제하는 기술"을 적용해야 한다고 주장함으로써,[10] 상업성이 배제된 유럽엑스포 전통에 대해 미국의 월드페어World Fair 형식을 긍정적 전통으로 받아들일 것과 더불어[11] 더 느슨한 질서와 제어를 주장했다. 그들의 이념과 자유 · 통제에 대한 생각은 칸과 무척 대조적이었다. 즉, 대형 주제관을 개개의 국가관보다 선호해선 안 되며 스프롤 같은 도시문제와 자유 · 통제 문제는 엑스포에 "메가스트럭쳐"를 수용함으로써 모면할 수 있다고 봤다.

벤추리와 스콧브라운의 소통개념과 방식은 "소통건축"communication architecture으로 대표된다.[도판 8.4] 이것은 명료한 기호체계에 근거한 소통의 성격을 가지는데 이런 소통방식이 대중적 정체성을 도시환경에 수용 · 재현함으로써 건축을 통해 사회변혁수단이 될 수 있다고 봤다. 그것이 그들이 추구하는 소통의 목적이었다. 이를 위해 그들은 대중정체성을 도시환경에 수용하고 재현하는 것을 중시했다. 즉, '기호 또는 간판' (Sign)을 방임적으로 자유롭게 두고 그 기능을 인정하는 소통방식이었고, 이것은 자연스럽게 칸과 멈퍼드 등이 중시한 대면소통방식과는 대립각을 가지는 것이었다.

> 건물을 수수하게 만드는 대신 기호를 더 키워야 하는 것은 사회적 과제 때문이다. 도시 몇몇 부지에 군데군데 만남의 장소를 두고 그 곳에서 일어나는 사람들의 상호작용에 근거한 엑스포는 좀 열등해 보인다. 낮고 긴 건물들은 도로변 상업경관이나 교외 슈퍼마켓처럼 보일 것이다. 우리 건축가는 이 건물들과 맞서서는 안 된다. 오히려 이 건물들이 시키는 대로 하고 간판을 둔 건축을 키워야 한다 […] 간판을 규제해서 도시를 미화하기보다는 간판기술을 발전시키고 공공적 관심을 간판에 둬야 한다. 건축은 간판과 경쟁하려 해서는 안 된다 […] 개별국가와 조직에게는 화려한 독자성을 허용해야 한다. 왜냐하면 그 전시관들은 나름의 방식으로 간판대이기 때문이다. 링컨상이건 레닌상이건 루뭄바상이건 27층 높이로 키울 수 있게 허용해야 한다.

그들에게 이런 소통방식은 건축의 매체적 성격을 최대한 확보하는 방식과 관련됐다.

> 이 기호는 그 안에서 발생하는 사회적 과정을 표현하고 증거할 것이며, 영화 · 소리 · 빛 · 움직이는 사람들과 더불어 거미줄 같고 환상적이고 복합매체적이고 전기그래픽적인 엑스포를 만들 것이다.

또한 그들은 참여와 조정의 측면에서, 참가자들에게 표현의 자유를 최대한 주도록 단순하고 친숙하고 일관되고 쉽게 이해되는 구조를 배경으로 제공해야 한다고 봤고, 이를 위해 공적 영역 · 사적 영역 · 중간 영역을 뚜렷이 분절해야 한다고 봤다. 자유롭고 다양한 표현을 위해서는 단순하고 이해하기 쉬운 공통의 틀이 바탕이 되어야 하며 공적 영역이 자유로운 사적 영역을 뒷받침하고 이 두 영역의 직접적 충돌을 상쇄하기 위한 완충지역으로 중간 영역을 설정해야 한다는 생각이었다.

이스트윅 엑스포

필라델피아에서 엑스포를 개최하기로 정해진 지 일 년 후인 1972년 2월에야 필라델피아 남서부의 1100에이커[약 4.5제곱킬로미터] 면적의 이스트윅Eastwick 부지가 정해졌는데,[도판 8.5] 이제 엑스포디자인의 성격은 필라델피아 도심재생을 포기하고 비슷한 규모의 신도시를 구상하는 것으로 바뀐 셈이었다.[12)]

선정된 건축가들이 이스트윅 마스터플랜들을 제안했고, 세부사항을 협력하되 칸이 최종발표를 했다(1972년 3월 10일). "자유의 약속"Freedom Promises이란 명칭의 칸의 기본 아이디어는 긴 형상의 엑스포장 부지의 한가운데를 길게 관통하는 큰 길을 내고 그 길에 면해서 국가관과 주제관을 나란히 놓아 각 건물을 고가교통과 지상교통을 통해 서로 연결하는 것이었다.[도판 8.1, 8.6] 이 질서는 분명하고 강력한 것이어서, 칸이 필라델피아 도심을 관통하는 고가로 구조물을 뒀을 때의 강한 질서를 떠올리게 한다. 연방정부에 제출한 제안서인 '포럼 76: 사람들의 약속' Forum 76: The Promise of People 종합계획(1972년 3월)은 이 기본아이디어를 다른 건축가들의 여러 아이디어와 더불어 발전시킨 결과물이었다.[13)] 이 제안서에는 "세계인의 만남의 장소," "공동의 목표를 위해 함께 하는 사람들," "동의와 다양성의 감각"이 전시기본주제로 제시됐는데, 전체 엑스포장 배치는 자유로운 성장 가능성에 비해 명확한 질서가 더욱 뚜렷이 읽힌다. 이 질서는 우선 엑스포장 구역 전체의 경계부를 명확히 설정함으로써 도모됐는데, 즉 인근 산업시설들로부터 식재배치 등을 통해 엑스포장을 보호하면서 뚜렷이 제한된 영역을 만들었다. 또한, 이 경계 안에 긴 부지모양에 따라 크게 굽은 대로를 두어 길을 강화했다. 이 길의 양 끝에는 가장 큰 주제관 둘을 배치했고,[14)] 길에는 다양한 통행체계가 통합되고[15)] 그 주변에 개별 국제관들을 일렬 배치함으로써,[16)] 길을 중심으로 강한 질서를 구현하려 했다.

대형주제관을 중심으로 개별전시관들을 배치한다는 점은 당시 1970년 오사카 엑스

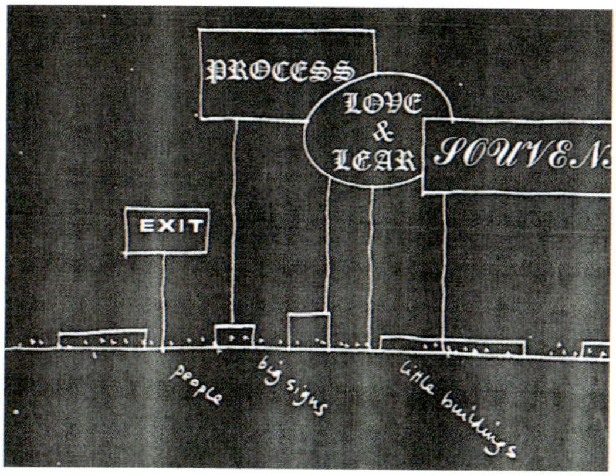

(a)

(b)

8-4 벤추리와 스콧브라운, 이스트윅 엑스포. “섬세 엑스포”(Gossamer Expo)의 도해 ‘(a)와 “이스트윅 엑스포 계획(b)

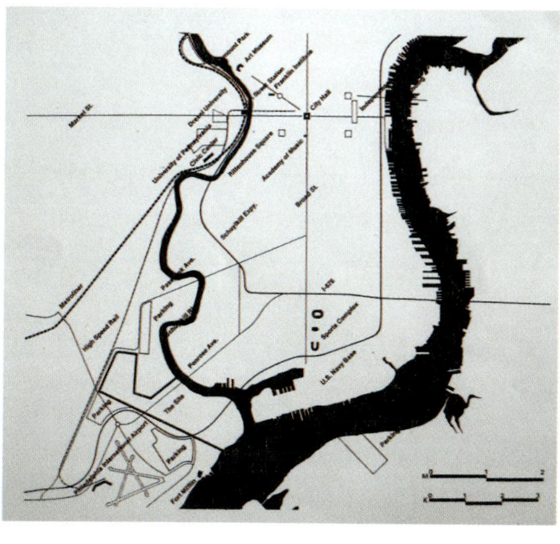

(a)

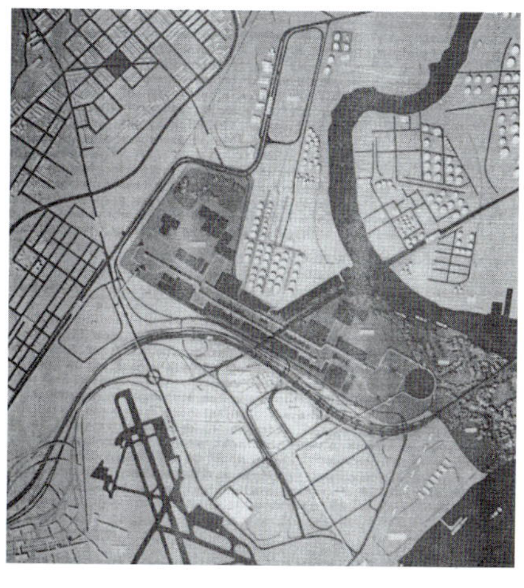

(b)

8-5 이스트윅 엑스포 계획. 엑스포대지의 위치(a), 스터디모형사진(b)

포 등의 경향과도 비슷했지만,[17] 거대한 두 개의 전시관과 그 사이의 집약된 통행체계라는 전체 배치가 간명하여 이전의 엑스포들보다 더 강한 물리적·상징적 질서가 읽힌다. 다만, 이 마스터플랜은 이 길을 주변에 배치된 전시관의 행위가 쏟아져 나오는 '공공영역'으로 의도했고, 통행체계만이 아닌 "활용성Availability의 포럼"으로 의도했다. 이 포럼에 들어설 개별국가관들은 '동의의 방식'에 따라 서로 질서를 이룰 것으로 기대됐다.

또한 이 길은 동시에 국가관 존·보행 존·커뮤니케이션 존의 위계를 설정함으로써 분절되고 세분화된 공간으로 디자인됐고, 이 점은 동의의 방식과 다른 입장이 반영된 결과였다.[18] 즉, 커뮤니케이션 존을 따로 두고 여기에 "대형 그래픽사인과 퍼포먼스가 강조되고, 이웃국가와 긴밀한 협조를 요청한 것"은 벤추리·스콧브라운 등이 주장해 온 "섬세 엑스포"Gossamer Expo와 같은 개념이 수용된 것으로 보인다.[도판 8.3] 이것은 새로운 매체를 통해 기술적인 소통체계를 마련하려 한 시도였고, 상징적 소통보다는 더 직접적

8-6 루이스 칸, 이스트윅 엑스포, 스케치

소통, 정보 차원의 소통을 보완하려는 의도였다.

각 국가관이 대형 그래픽 · 간판 · 폐쇄회로 TV 또는 다른 형태의 외부 영사를 통해 제 위치를 알리고 국가관 내부에서 이루어지는 활동을 바깥에 내보이게 한 것도 "분명하고 호소력 있는 소통체계를 부지 전체에 강조하기 위한" 시도였다. 이런 소통요소들은 정보제공 뿐 아니라 공간과 방향감을 부여하고, 저녁엔 조명이 되고 특별행사나 국가의 날을 위한 조정된 전시가 되고, 길 중앙의 퍼레이드에서부터 콘서트 · 소극장공연 · 길거리음악 · 기타 특별행사를 벌일 수 있는 것으로 기획됐다. 이런 식으로 복합적인 기능을 "복잡한 질서"로 통합하고 "덜 강압적인 상업환경 통제술"을 시도한 노력도 있었다.

이렇게 루이스 칸과 벤추리 · 스콧브라운으로 대별되는 상이한 소통의 철학과 방법론들이 서로 상충했음에도 불구하고, 칸 식의 아이디어를 바탕으로 벤추리 식의 아이디어가 절충되는 식으로 이스트윅 엑스포의 틀 안에서 새로운 소통의 도시모형이 종합됐다.

필라델피아 '76

필라델피아는 수많은 계획을 연달아 만들고 폐기했으며, '필라델피아 '76' 이란 형태로 계획을 재구성하기까지 3백만 달러를 썼다. 1972년에 결국 닉슨 정부가 기념사업을 미국 전역에 분산개최하기로 결정하자,[19] 이스트윅 엑스포는 좌절됐고 필라델피아는 연방정부로부터 5년 동안 총 5천만 달러를 지원받는 것에 만족해야 했다. 이제 필라델피아는 계획을 변경하여, 그 전부터 추진해 온 인디펜던스 공원사업 등 도심개조사업 일부를 수행하기로 했다.

이 과정에서 일부 비용은 기념사업과 무관한 도시개선사업에 쓰고 사업완공시점을 기념사업에 일치시켜 전체 기념사업에 편입시켰다. 즉, 총 5천만 달러의 지원비 중 3천만 달러는 인디펜던스 국립공원 복원에 썼고 8백만 달러를 미술관 개조사업에 썼다. 또한, 천이백만 달러를 들여 델러웨어 강변에 보행로와 역사적 선박의 정박소와 "세계조각공원"을 조성하는 사업을 추진했다. 그 밖에 프랭클린코트 · 리버티 벨 파빌리언 · 방문자센터 · 미국제일은행과 제이은행의 복원 · 올드시티 태번 사업을 진행했다. 이 과정에서 엑스포장 기획을 통해 새로운 도시이념을 종합적으로 제시했던 건축가들은 개별 사업들을 맡아 각각 독자적 접근방식을 보여줬다. 루이스 칸은 인디펜던스 공원 계획(1973년 6월)을 통해 엑스포장 기획에서 제시한 접근방식을 압축적으로 보여주었다.

비록 1976년 필라델피아 이백주년기념사업은 원래의 종합적 계획대로 실현되지 못했지만, 그것의 기획과정에는 20세기 후반 도시설계의 주요 이슈와 접근방법이 뚜렷하게 반영돼 있었다. 특히 필라델피아의 전문가들이 실험한 대안적 도시설계개념들은 목표상으로는 도시의 소통과 질서를 도모하고 도시민과 개별 건축물의 참여와 중재방식에 초점을 두려 했다는 점에서 공통적이었다. 하지만, 그들의 접근방법에서는 서로 다른 해석들을 보여줬는데, 즉, 도시환경의 소통에 대해, 대면접촉을 통한 전통의 정신적 전수를 중시하는 입장이 있었는가 하면 이와 대조적으로 명료한 정보 소통을 통해 사회변혁을 도모하는 입장이 있었다.

도시구성원의 참여와 조정에 대해서는, 상호동의를 중시하는 입장이 있는가 하면 이와 대조적으로 합의에 의해 공사영역을 명확히 설정하자는 입장이 있었다. 이런 다양한 입장을 통합하려는 노력도 있었던 이백주년 기념사업은 20세기 중반 도시설계의 이론실험장이었다.

인디펜던스 몰 재개발

칸은 이백주년계획단Bicentennial Planning Group으로부터 기념사업의 일환으로 인디펜던스 몰의 디자인을 의뢰받았다.(72년 9월 21일)[20] 이백주년계획단은 주로 인디펜던스 몰과 펜스랜딩 사이의 지역에서 이백주년 행사를 개최하는 것을 새로운 노선으로 정했다. 인디펜던스 몰 계획은 이백주년 사업에서 사실상 가장 중요한 단위 사업이었는데, 이곳이 도시 내 넓은 개방공간으로서는 유일한 장소로서 대규모 군중과 대규모 공공행사를 치를 공간으로 적합하다고 봤으며, 행사 방문자 대부분이 인디펜던스 몰을 방문할 것으로 예측했다.[도판 8.7, 8.8, 8.10] 이런 기본구상 아래 칸이 맡은 임무는 기념사업의 중심공간이 될 몰을 어떻게 사용할 지 이백주년 프로그램의 용도를 수행하는 데 필요한 변경사항을 검토하는 것이었다.[21] 이백주년계획단은 인디펜던스 몰을 전격 재건하기보다는 기존시설을 가능한 포용할 것 등을 칸에게 주문했다.

인디펜던스 홀과 관련된 도시설계는 1933년 폴 크레Paul Cret의 인디펜던스 홀 앞 광장계획까지 거슬러 가는 것이었고, 인디펜던스 몰은 인디펜던스 국립공원Independence National Historic Park을 조성하기 위해 1950년대에 기존 도시조직을 철거하여 조성된 것이었다.[23] 칸이 이 사업에 대해 어떤 입장이었을지는 알려져 있지 않지만, 칸은 인디펜던스 홀과 인디펜던스 몰을 자신의 1957년 필라델피아 도시설계에서도 중요한 도시구성요소로 간주한 적 있다. 칸은 인디펜던스 몰을 이백주년 기념행사를 여는 가장 중요한 상징적 장소로 표현하고 싶었을 것이다.[도판 8.11, 8.12]

인디펜던스 몰 일대를 새롭게 디자인하는 과정에서 칸은 원래 인디펜던스 몰을 디자인한 하비슨 휴 리빙턴 · 라슨Harbeson Hough Livingston & Larson(HHLL)사무소와 편지를 주고받았다(1972년 11월). 하비슨은 칸의 디자인[도판 8.13, 8.14, 8.15] 이 자신들의 원래 디자인 의도에 부합한다며 다음과 같은 지지의사를 밝혔다.

> 5 · 6번길, 아치길을 '커뮤니티 하우스'로 재구성한다는 [칸의] 아이디어는 길을 재규정할 필요성이 높다는 점에서 아주 가치 있고, '커뮤니티 룸들로 된 벽'을 가장 효과적으로 만들어 줄 것이다. 그것이 몰을 디자인한 초기의 의도였다.[23]

8-7 인디펜던스 몰 지역

8-8 인디펜던스 몰. 1960년대의 모습

8-9 빌리지 그린. 1934년 시카고박람회 때 '메리 잉글랜드 Merrie England'에 재현한 모습

8-10 리버티 벨. 이 역사적인 종을 체스넛가 북쪽에 옮기고 인디펜던스 홀에는 새 종을 만들어 종을 울리자고 칸은 제안했다.

또한, 하비슨 측은 몰 북단이 '긍정적으로' 종결되는 것이 연속된 몰 공간을 담아 완결 지으면서도 그 너머의 고가도로 구조물과 조명설비를 안보이도록 가리는 것이 좋다고 호평했다. 하지만, 칸의 디자인에 대해 몇 가지 지적이 제기됐다. 즉, 기본적으로 도시환경을 변경하면 흔히 사후 더 많은 변경의 선례가 된다는 점에서, 어떻게 짓든 궁극적으로는 몰의 목적과 존재를 충족시켜야지 그 개념 자체를 변경해선 않는다면서, 칸의 디자인처럼 두 번째 블록에 사람들이 단일목적으로 모일 수 있는 가라앉은 가운데 마당을 두기보다 현재 상태로 야외극장을 두고 그 위에 스페이스 프레임이나 가설구조물을 만드는 것이 어떠냐고 제안했다. 또한, 칸이 세 번째 블록을 시각축으로 연결하려는 의도는 이해

8-11 인디펜던스 몰. (북쪽에서 남쪽으로 국립헌법센터(National Constitution Center, 2003)에서 인디펜던스 홀을 바라 본 모습)

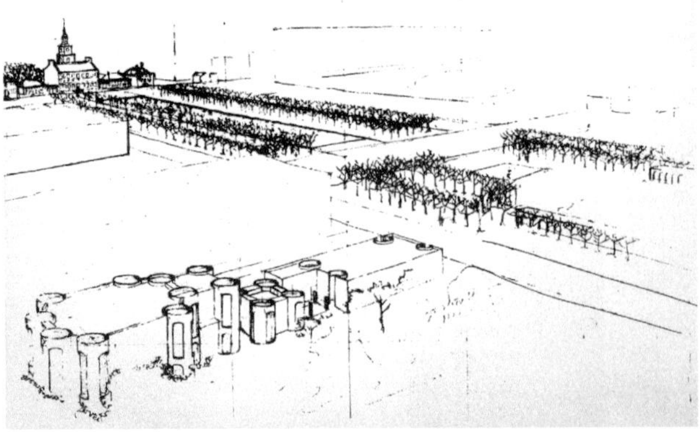

8-12 인디펜던스 몰과 미크베 유대교회당디자인 (1966년경). 칸은 유대교회당 건물을 인디펜던스 몰에 직각으로 접하게 하고, 교회건물을 따라 산책로를 구상했다.

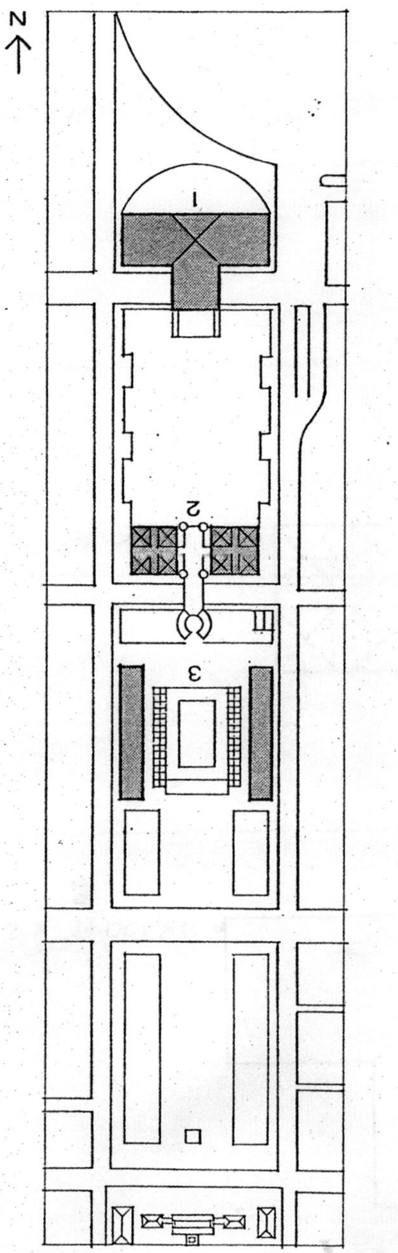

8-13 루이스 칸, 인디펜던스 몰 계획. 북쪽으로부터 레이스가, 아치가, 마켓가, 체스넛가

하지만, 아치가 위쪽의 건물은 다른 몰 부분과 동떨어져 있어서 칸이 추구하는 "정원"의 성격을 훼손한다고 평가했다.[24] 아치가 북쪽 다리와 두 건물에 대해서도 하비슨 측은 기존의 형태 맥락과 어긋난다는 점을 들어 납득하기 어려워했다.

이백주년계획단은 칸의 디자인 내용을 좋게 받아들였다(1973년 2월).[25] 이전 디자인보다 훨씬 더 강력하고 실행가능성이 높다는 평가였다. 즉,

> A. **북단의 대형 홀.** 건물을 레이스가를 넘어 연결하는 생각이 좋고, 입구는 몰 쪽에 건물은 레이스가 건너편에 둔 것이 좋음. 건물규모가 그 뒤편 고속도로 경사로에 견주어 무척 적절함.
>
> B. **중앙블록의 두 건물.** "기존건물과 충돌하지 않고 그것을 보강하고 확장함. 형태는—단일하고 단순한 볼트로서 포트워스의 볼트들을 닮았는데—또한, 기존건물과 경쟁하기보다 배경이 됨. 모델에는 이 건물들에 어떻게 진입하는지 안 나타나 있음—아치를 지나 진입해야 한다는 느낌이 드는데(즉, 아치 뒤의 벽돌 벽을 철거하고 그 벽이 준 동일한 에워싼 느낌을 신축건물이 줄 것임. 이 건물이 포트워스의 [킴벨미술관의] 볼트와 닮은 점이 지금 장점임. 그 볼트와의 참조 때문에 일반인들이 더 쉽게 이것을 이해할 수 있을 것임(최종건물이 포트워스처럼 보일 것이란 뜻은 아님)."

칸은 가설 건물이 아닌 상설 건물을 제안했고, 이 건물들에 '시설회의' Congress of the Institutions의 성격을 부여하려 했다.[26] 칸은 "그 건물이 회합 · 연구 · 공청회 · 커뮤니케이션 · 계획의 공간의 사회를 형성하는 다양한 방을 수용하며, 그것은 우리의 현재 시설에 영감을 다시 불어 넣고 그럼으로써 현재 시설들을 강화하여 새로운 활용성을 낳을 것"이라고 설명했다.

> 이 '시설회의'는 국가적 책임으로 간주될 수 있을 것이며, 또는 현대 도시가 인구의 중심이자 새로운 국가적 활용성이 등장하는 데 이바지하며, 무엇을 위해 마련될 것인지 널리 보여줄 것이다…이는, 아직 개척되지 않은 변경에서 오는데, 민주주의에 대한 사랑이자, 배움과 만남에 대한 열정 때문에 다른 나라 국민은 이해하지 못하는 독특한 자유의 감각이 발전된 것이다. 우리의 자유란, 법이 만들어질 때 좋은 변호사를 구해야 하는 그런 것으로 말해질 수도 있다.

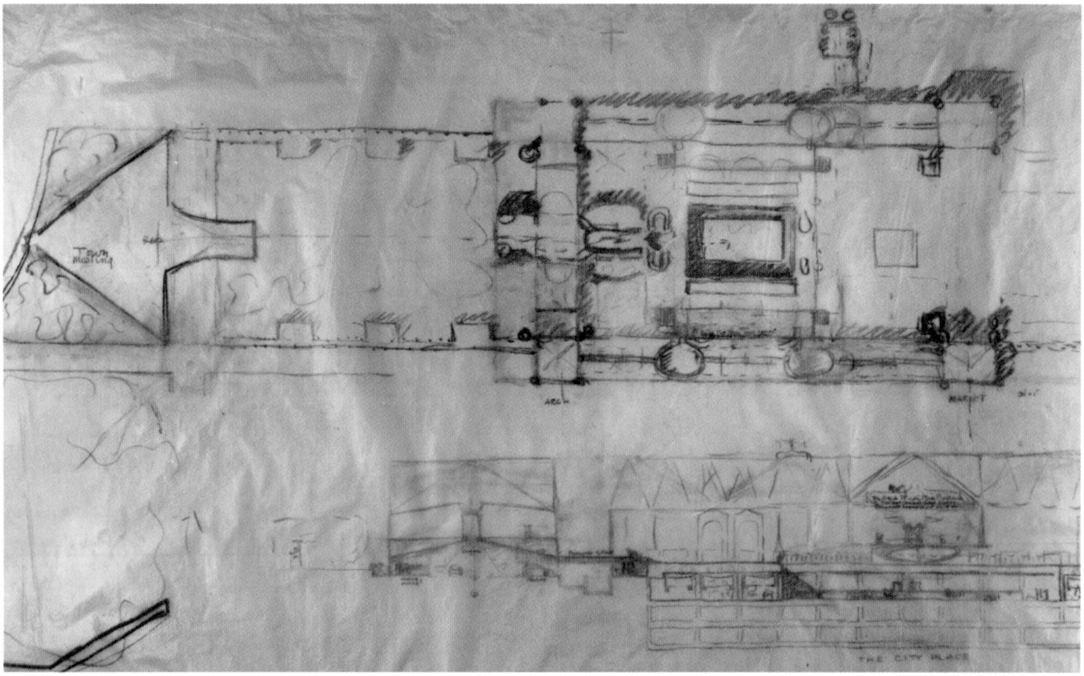

8-14 루이스 칸, 인디펜던스 몰 계획 스케치

칸은 이제 이 장소 전체를 시티플레이스로 간주했다. 세 개의 블록을 관통하는 시각적 축과 "정원"의 개념은 도시를 관조하는 중심이 될 수 있었다. 칸이 디자인한 가라앉은 마당의 경우, 르 코르뷔제가 찬디가르Chandigarh의 '성찰의 트렌치' Trench of Considerations에서 보여준 공간적 해법을 떠올릴 수도 있겠다. 르 코르뷔제가 압도적인 세 개의 건물을 화합시키는 방식으로서 트렌치를 두고 그 안에서 나머지 건물이 보이지 않게 되는 방식을 취한 것은 칸의 이 가라앉은 중앙 마당에서도 현실공간에 거리를 두는 방식으로서 취해졌다. 이 마당은 약하나마 도시로부터 보호받아 모임과 관조가 가능한 공간으로 구상됐던 듯하다. 이런 거리두기는 같은 시기 뉴욕의 루즈벨트기념비의 공간수법과도 맥락이 닿아 있다.

이것이 칸이 필라델피아와 미국 도시에 마지막으로 제시한 제안이었다.

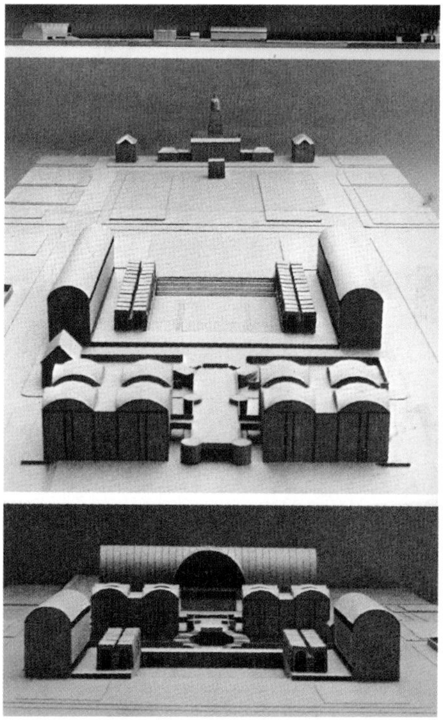

8-15 루이스 칸, 인디펜던스 몰 계획. 모형사진. 이백주년계획단은 주로 인디펜던스 몰과 펜스랜딩 사이의 지역에서 이백주년 행사를 개최하는 것을 새로운 노선으로 정했다. 남쪽으로 인디펜던스 홀을 향한 전망(위)과 북쪽을 향한 전망(아래)

9-1 루이스 칸, 테헤란 압바스어버드(1973~74), 스케치

9 테헤란

우리가 과거의 작품에 경탄하는 것은, 그 작품의 기원의 순간. 즉, 표현의 욕구가 수단을 찾았을 때의 경이로움 때문이다. 일차적으로 표현하기 위해 산다고 할 수 있는 인간은 자기가 어떻게 만들어졌는지 자신 안에 남은 기록을 끄집어냈고, 그것이 자연의 기하학적 성장구조형태의 비의식적 수단임을 찾아냈다. 그것이 발견되자 그것은 형이상학적인 것으로 간주될 수밖에 없었다.

이것을 표현하는 다른 방식은 전통적인 것이다. 인간은 수단이 결여되어 있는 측정할 수 없는 정신을 충족시키고자 자신의 표현물을 짓는데, 온갖 수단의 원천인 비의식적인 자연으로부터 이것을 구한다.

이것은 지금 무척 중요하다. 지금은 표현을 위해 찾아 낸 수단이 우리의 인간환경의 방향을 결정하고 있기 때문이고, 짓는 것은 아주 전문적인 통계, 조사, 기술에 기반 해 있기 때문이다. 오래 전에는 보잘 것 없는 수단만 있었다. 그것에 강한 동기를 부여한 것은 경이로움이었으며, 그것이 배우려는 욕구를 불러 일으켰고 그 심오함이란 잴 수 있는 것과 잴 수 없는 것이 만나는 곳의 문턱에 있는 것이었다. 바로 이 만남의 순간이 표현의 욕구가 가능성과 만나는 영감의 순간이었다. 지금도 예전처럼 그 순간이 인간에게 핵심이다.

– 루이스 칸, 1971년.[1)]

1960년대에 칸은 미국 밖에서도 큰 프로젝트들에 관여했다. 방글라데시 다카의 마스터플랜과 건축디자인을 비롯하여 인도대륙의 도시프로젝트들이 비교적 잘 알려져 있지만, 그 밖에도 이스라엘, 이탈리아, 체코슬로바키아 등에서 중요한 프로젝트들을 맡았다.[2)]

1974년 3월 17일 예기치 않게 삶을 마쳤을 때, 칸은 미국 밖에서 또 다른 야심찬 도시사업에 막 관여하여 도시 구상을 펼치고 있던 중이었다. 칸 생애의 마지막 도시적 성명을 보여 준 그 사업은, 이란의 수도 테헤란 도심에 미개발상태로 남아있던 압버스어버드

Abbas-Abad라는 지역을 행정중심지로 조성하는 사업이었다. 칸은 작고했을 당시 압버스어버드의 마스터플랜을 서너 개월 동안 진행한 상태였고 첫 공식발표를 두 달 정도 앞둔 상태였다. 이 미완의 디자인의 내용은 칸이 남긴 단편적인 스케치와 도면을 통해 추적해 볼 수 있는데, 비록 많은 추측을 동원해야 하지만, 자세히 살펴보면 주된 아이디어들을 찾아 읽어 낼 수 있다. 칸의 압버스어버드 마스터플랜은 그의 마지막 작업이라는 의미 외에도 미국도시에 대해 남긴 작업들과 비교할 때 흥미로운 시사점을 던져 준다.

칸은 60년대 말부터 이란의 관계자들과 교류했는데, 1970년 9월에는 이란의 에스파헌에서 개최된 국제건축회의에 국제적 건축가들과 함께 참석했다. 이 회의에서는 "현대기술에 전통을 적용하는 방식"을 논제로 걸고 이란의 향후 도시개발방향을 논의했다.[3)]

> 환경창조에 있어서 우리 시대의 기술적 진보는 무한한 시설과 새 지평을 열었다. 하지만 전통이 깊은 나라에서는, 영구한 요소와 이 전격적인 변화 사이에 조화로운 상호관계를 찾는 것이 중요하다. 우리의 관점에서 볼 때, 이 해법에는 우리 동양문화를 특징짓는 정신적 바탕이 반영돼야 한다.[4)]

압버스어버드의 부지는 면적 500헥타르의 자연구릉지였다. 군이 이곳을 소유, 관리하고 있었지만 테헤란 도시영역이 확대되며 개발대상이 됐다. 1968년 테헤란 마스터플랜은 미국의 도시계획가 빅터 그루언Victor Gruen과 이란의 아지즈 파르먼파르머이언Aziz Farmanfarmaian이 작성했는데 이 지역을 새 행정중심이자 세계적 수준의 "도시 안의 도시"로 조성하기로 정했고, 이 개발사업을 통해 구도심을 탈중심화하고 저밀화하는 효과를 노렸다.[도판 9.3]

칸은 일본건축가 당게겐조와 테헤란의 젊은 건축가들과 함께 디자인팀을 꾸렸다.[5)] 이 팀은 팔레비 국왕부처로부터 책임 건축가의 역할을 맡을 수 있도록 후원 받았는데, 그들의 역할은 확정적이지는 않았고 테헤란시장(Gholam Reza Nikpay)이 지지하는 영국건축가 집단과 경쟁해야 하는 관계에 놓여 있었다.

칸이 테헤란 시 당국으로부터 압버스어버드 마스터플랜 작업에 공식 초청된 것은 1973년 10월이었다. 그는 1973년 11월 테헤란을 방문하여 사흘을 머무르며 칸은 압버스어버드 부지를 처음 살펴봤고 자신의 첫 기본구상을 이끌어 냈다(먼저 왔다가 떠난 당게겐조와는 못 만났다. 두 사람은 1월에 도쿄에서, 2월 중순에 테헤란에서 만나 협의한다). 압버스어버드는 완만한 자연구릉지로 남아 있었고 물길 몇 갈래가 남북방향으로 나 있었

일 시	주 요 일 정
1970년 9월	이란 에스파헌에서 국제건축회의개최. 루이스 칸 참가
1973년 1월 2일	당게겐조, 루이스 칸에게 편지 보냄
10월 2일	테헤란 시장, 루이스 칸에게 전화, 테헤란 방문 제안
10월 9일	아론, 루이스 칸에게 편지. 칸이 마스터플랜에 초청될 가능성 통지
11월 11~13일	루이스 칸, 테헤란 방문
11월 13일	루이스 칸, 팔레비 왕비에게 편지
1974년 1월	최초의 드로잉 890.21
1월 17 ~20일	루이스 칸 도쿄 방문, 당게겐조와 협의
1월 30, 31일	레이워드의 정보제공
2월 10일	모형제작 완료
2월 14~17일	루이스 칸과 당게겐조, 테헤란 방문
2월 18~20일	당게겐조 에스파헌, 시라즈 방문
2월 19일	루이스 칸, 변경된 아이디어 스케치를 레이워드, 당게, 나데르에게 보냄
2월 27일	루이스 칸, 변경된 아이디어 스케치를 레이워드, 당게, 나데르에게 보냄
1976년	르월린-데이비스의 마스터플랜

칸의 압버스어버드 관련 진행사항

다. 첩첩이 겹쳐진 구릉들 너머로 멀리 북쪽에는 카스피해를 가로막으며 알보르즈 산맥이 장엄하게 펼쳐져 있었다.[도판 9.2] 또한, 압버스어버드의 부지 바깥은 2층 규모의 주거지가 펼쳐져 있었다.

칸은 팔레비 왕비에게 편지를 보내 이 사업과 대지에 대한 기본입장을 밝혔는데, 땅으로부터 오는 인상이 강렬했다는 점, 새 행정중심은 독특하고 종합적이고 교향악적인 종합이 돼야 하며 새 삶의 차원을 향한 열망이 부여돼야 할 것이라는 견해를 밝혔다.[6]

이 유구한 땅의 힘과 호소력은 기대한 것보다 훨씬 더 컸습니다. 새 행정중심지는 지워질 수 없을만치 독특하고 교향악적인 종합체여야 합니다. 삶의 새 문턱을 향한 열망을 부여하는 방식이자 모든 재능에 영감을 부여하여 위대한 모범적 작업을 만드는 방식이어야 합니다.

칸 사무소에서 작성한 업무회의기록을 보면, 바자르가 테헤란 북부로 확장하고 있어서 압버스어버드를 새 도심으로 삼고자 한다는 큰 목표 아래, 1, 2단계사업의 디자인 요점은 다음과 같았다. 우선, 자연지형과 기후에 대응하는 문제가 있었다. 최대높이차가 185미터에 이르는 압버스어버드의 지형의 경사를 이용해서 전망을 확보할 필요가 있다. 또한 해발고도가 1100-1600미터인 테헤란에는 항상 서풍이 분다. 압버스어버드 개발사업지의 총인구는 6만 4천명으로 계획되어 있었다. 그 중 1단계로 87.2헥타르 면적의 압버스어버드센터에 만 명을 수용할 예정이었고, 센터이외의 2단계 개발사업지에는 인구 5만 4천명(주거밀도는 1헥타르당 275명)을 수용할 예정이었다.[7] 기존 상황과 관련해서, 부지의 자연조건을 경제적, 미학적 논리에서 다루는 문제, 골짜기의 교통 문제, 골짜지 등 녹지공간을 두는 문제 등도 고려할 필요가 있었다. 압버스어버드센터에 들어갈 건축물들은 행정건물, 오피스 건물(민간소유), 도시쇼핑센터(호텔 등), 이란국립석유공사(NIOC) 본사건물들, 새 시청사, 오페라 극장, 시 광장(약 1 헥타르) 등이었다.

우선 칸 사무소는 압버스어버드의 지세를 도면으로 자세히 그려 분석했고, 여기에는 북쪽으로 알보르즈 산을 향해 보는 경관도 포함됐다.[도판 9.6] 또한 칸은 새 행정중심을 구도심의 바자르(전통시장 지역)과 기타 주요공공장소의 관계를 살폈다.[도판 9.4] 남북길이 약 3킬로미터, 동서길이 약 2킬로미터인 압버스어버드 사업대지의 규모를 칸은 필라델피아의 규모와 비교해 봤다. 필라델피아의 도시블록으로 환산하면 267개가 나오는 규모였고, 필라델피아 센터시티의 규모에 필적했다.[8] 칸은 700피트(약 210미터) 간격의 격자를 2만분의 1 축척의 압버스어버드 지도 위에 중첩해 그렸는데, 흥미롭게도 격자 하나의 크기는 칸의 1950년 필라델피아 시티타워 디자인의 기단 크기와 똑같다.[도판 9.5]

하지만, 칸은 압버스어버드에 이 격자체계 도시조직을 고스란히 적용하지는 않았다. 그는 일부 기업본사 건물들과 행정건물들을 압버스어버드 남쪽영역에 한 묶음으로 배치했고, 나머지 일반상업건물들을 한 묶음으로 북쪽에 배치했다. 이 두 영역 각각의 구성방식은 대조적이고 서로의 영역이 분리되어있지만, 또한 플라자를 통해 연결됐다. 칸은 기존 대지조건을 활용해서 계곡을 호수로 바꾸기도 했다.[9]

개발자인 레이워드가 칸에게 알린 바에 따르면(1974년 1월 30일), 팔레비 국왕은 압버스어버드센터에 대한 테헤란시의 제안(파르머이언이 작성)에 흡족하지 않았다.[도판

9-2 1970년대 압버스어버드 사업부지 모습. (출처: 루이스 칸 컬렉션, 030.IV.A.890.1.)

9-3 테헤란의 도시확장과정

9-4 칸이 그린 구도심과 압버스어버드 사업대지

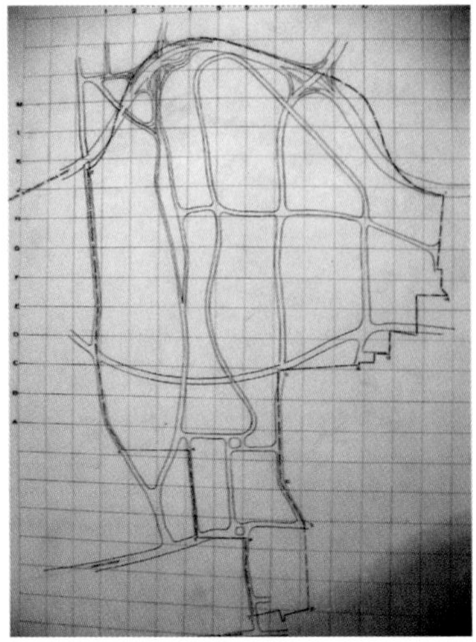

9-5 압버스어버드. 칸이 그린 당시 현황과 격자

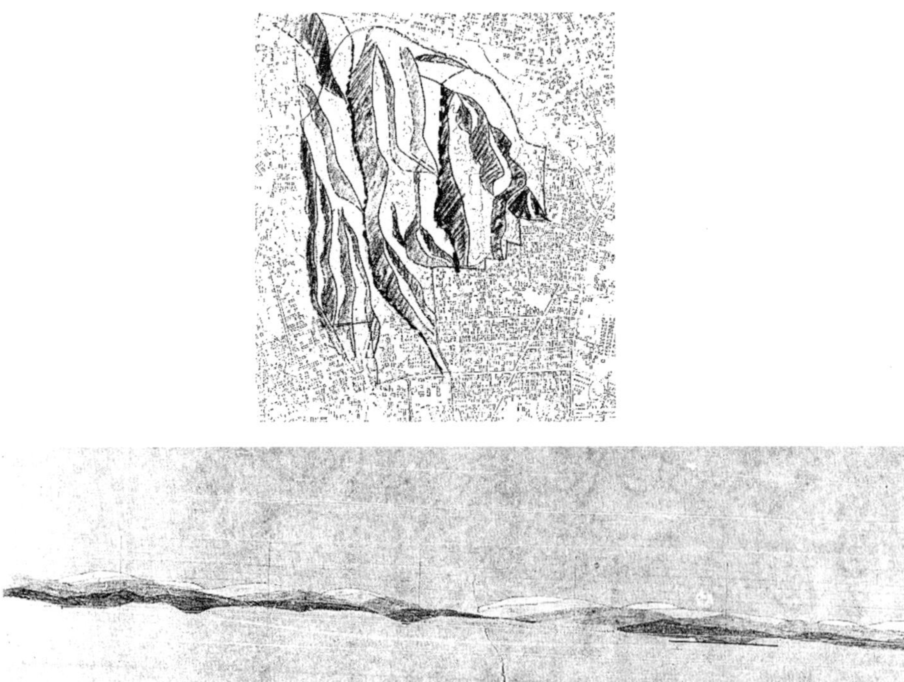

9-6 루이스 칸, 압버스어버드의 지세분석

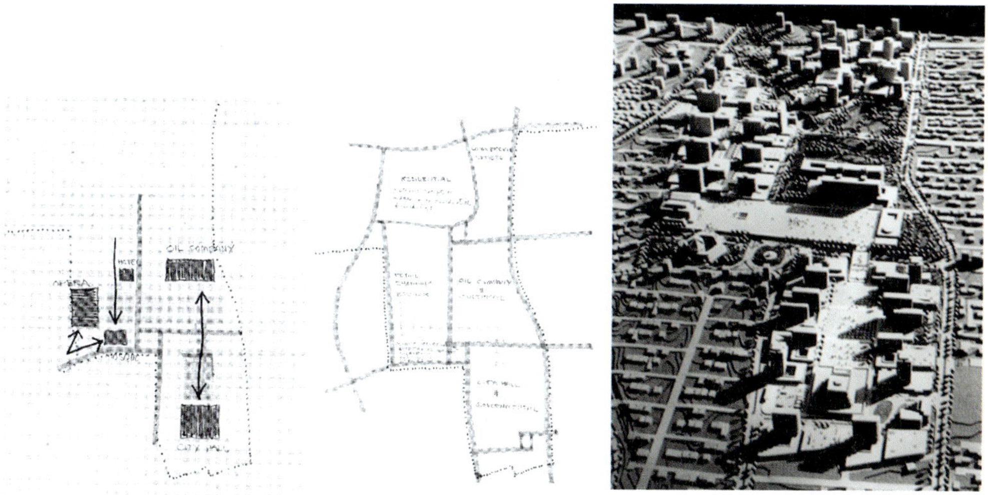

9-7 테헤란시가 마련한 압버스어버드 마스터플랜

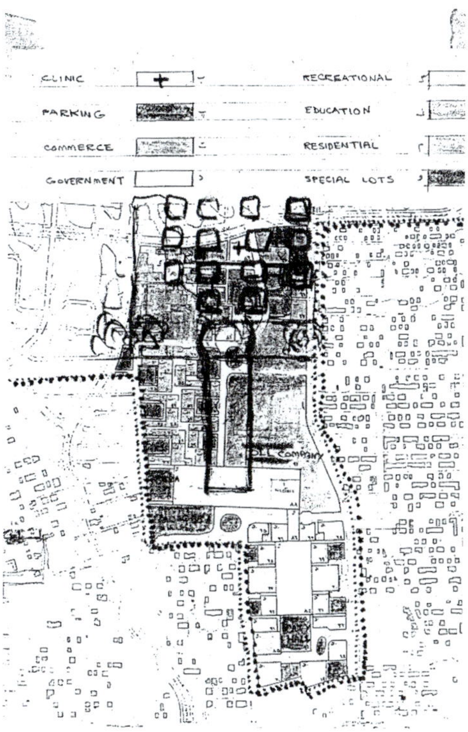

9-8 테헤란시가 마련한 압버스어버드 마스터플랜 위에 칸이 그린 스케치(1974년 1월경)

9-9 루이스 칸, 압버스어버드센터, 스케치

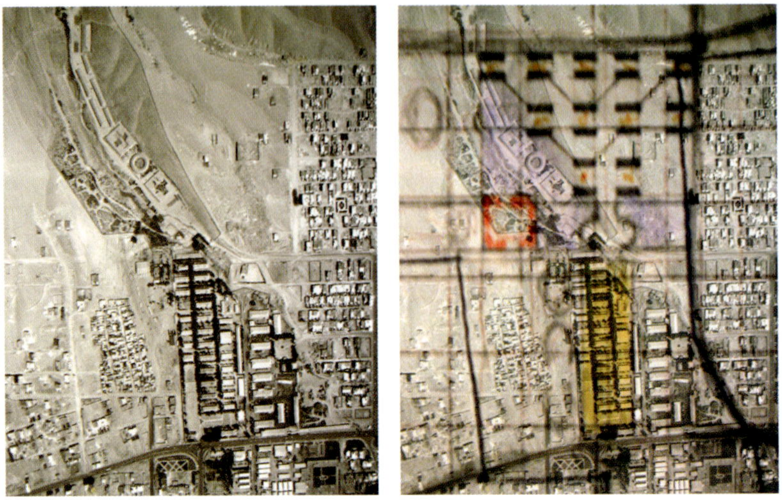

9-10 루이스 칸, 압버스어버드 계획. 대지에 칸의 계획도면을 겹친 모습(저자의 재구성)

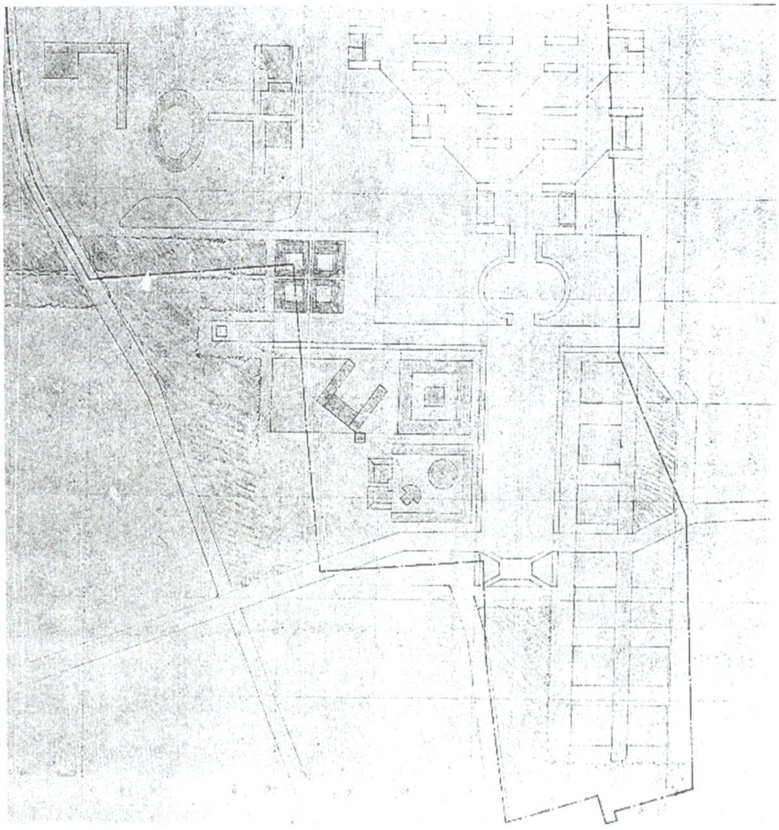

9-11 루이스 칸, 압버스어버드 센터

9.7] 국왕은 특히 4층규모의 주택들이 제안된 것 대신 고층타워를 두기를 원했고, 금융센터를 명확히 표현할 필요를 제시했다. 즉, 칸은 증권거래소, 상품거래소, 중앙은행건물이 포함하는 금융센터가 디자인되도록 고려해야 했다. 월스트리트격 금융지역인 "페르세폴리스 광장" 또는 "황제 광장" 같은 것이 설립되어야 했다.

파르머이언이 작성한 디자인에서는 두 개의 광장을 직각으로 연결시키고 남쪽에서부터 (1) 시청 · 행정구역로 구역, (2) 석유회사 · 문화시설 구역, (3) 소매상점 · 바자르구역, (4) 주거구역, (5) 상업오피스구역을 배치했다. 광장 주변에는 시청, 석유회사, 모스크, 오페라 극장 같은 공공건축물들을 두드러지는 지점에 배치했다. 칸이 이 기존 마스터플랜 위에 자신의 마스터플랜을 그린 스케치를 보면,[도판 9.8] 칸의 제안은 남북방향으로 긴 광장을 남쪽에 두고 그 북쪽에 상업 · 업무건물들을 두는 식이었고, 이것은 테헤란시의 제안보다 더욱 간명한 구성을 의도했음을 알 수 있다. 칸은 두 개의 광장을 두는 대신 큰 광장 하나를 남북방향으로 두는 것으로 바꾸었고, 그 주변에 행정건물과 석유공사건물을 배치했다.[도판 9.9, 9.10, 9.11] 광장은 테헤란시의 마스터플랜 조성요건에도 들어있었는데, 칸은 그 면적을 길이 480미터 폭은 140미터의 I자 형태(1 : 3.4 비례)의 광장으로 번안했다. 동서 방향의 경계부에는 낮은 회랑을 두었고, 광장 전체는 남북 방향으로 완만한 경사를 두었다(최고 10미터 높이 차이, 2퍼센트의 경사도). 무엇보다 이 광장의 규모와 형태는 칸이 1970년에 방문했던 에스파헌의 샤 광장(지금의 이맘 광장)과 비슷하다. 칸은 이란과 유럽의 역사적 건축을 참조한 것은 분명하다. 칸의 프로젝트 서류철에는, 이란의 중정형 건물 말고도 로마의 목욕장과 원형경기장의 평면 뿐 아니라, 로마포럼, 베니스 산마르코광장, 에스파헌 이맘광장, 페르세폴리스 등이 남아 있다.[도판 9.14]

이 광장의 클라이막스는 오히려 북쪽 상업 · 업무지구로 이어졌다. 칸은 작은 타원형 광장 및 호수를 지나 이 지구로 이어지게 했는데, 상업용도와 업무용도를 포함하는 단위건물을 일정한 간격으로 떨어뜨려 기단 위에 반복 배치함으로써 테헤란시의 제안과 비교하면 강력한 상징성을 지닌다. 모스크는 건물 전체가 메카를 향하는 남동쪽을 향해 돌아있다. 에스파헌의 샤 광장에서 샤 모스크가 광장에 면해 있는 것에 비해, 이 모스크는 광장으로부터 떨어져 시각적으로 다소 감추어져 있다시피 하다. 팔레비 국왕이 원한 '금융센터의 상징성'을 일차적으로 우선적으로 표현하기 위해서는 종교적 상징의 표현을 부차화시킬 필요가 있었을 지 모른다.

상업 · 업무지구의 건물배치에 있어서 칸은 경사지형을 오르면서 점차 오피스의 높이가 낮아지게 했다.[도판 9.12, 9.13] 이 건물들은 개별적으로는 남북향의 선형건물이며 두 개씩 한쌍을 이루는데 건물들끼리는 대각선방향으로 콜로네이드(또는 아케이드) 형식

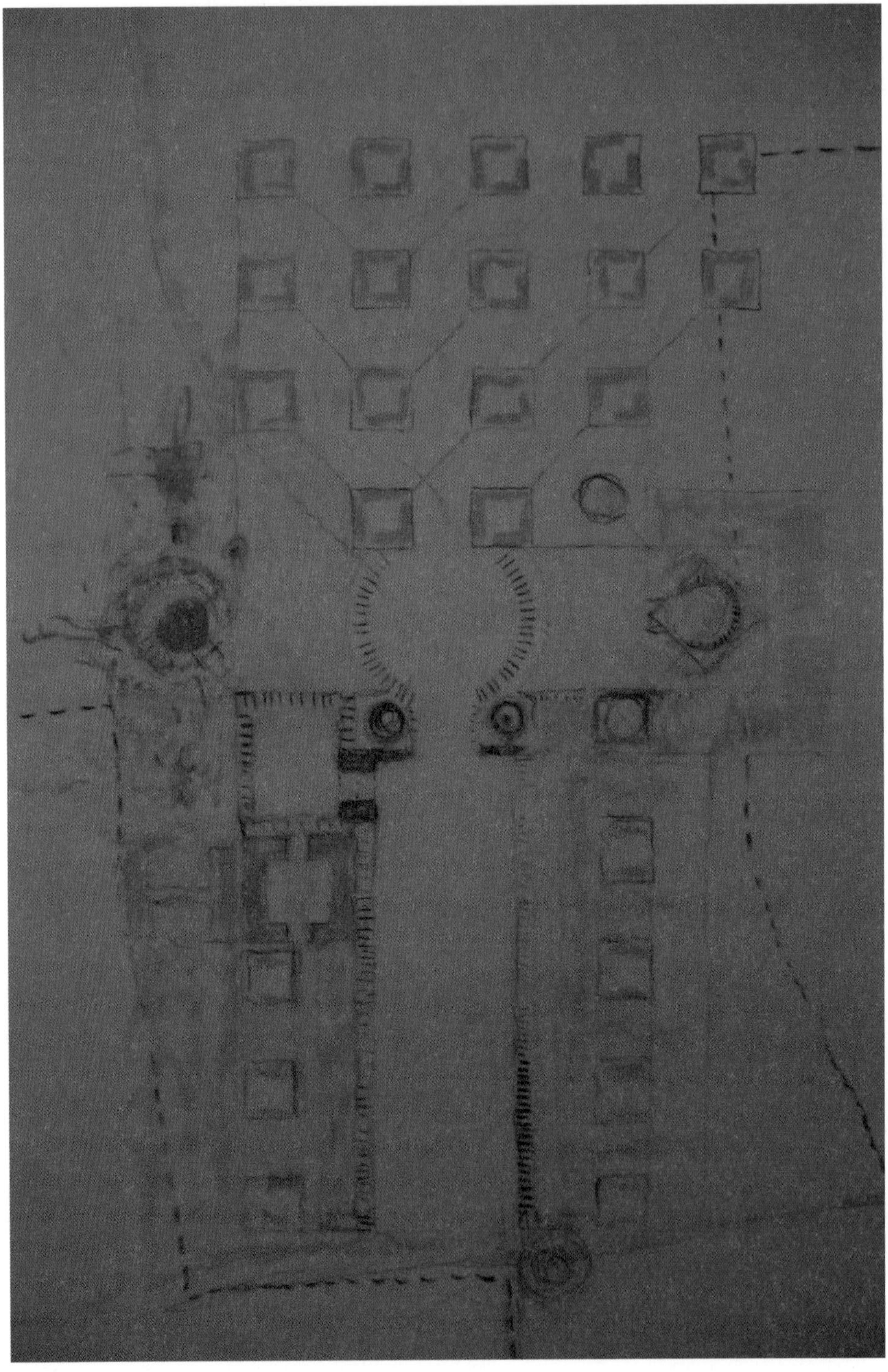

9-12 루이스 칸, 압버스어버드 계획, 스케치

9-13 루이스 칸, 압버스어버드센터, 모형사진.(1974년 2월 10일 점토모형 제작을 완료했고 2월 13일에 사진을 찍어 이란으로 보냈다.)

의 보행로(보행로 위를 덮었고, 식재도 병행했던 것 같다)가 연결되어 사람들이 이동할 수 있는 대각선 길 들을 조성했다. 동서방향으로 건물이 트인 이유는 어쩌면 늘 서풍이 부는 테헤란의 기후에 대응한 것으로 고안되었을 수도 있다. 하지만 무엇보다 건물의 방향 및 건물간 간격이 조합됨으로써, 이 건물들에는 남향의 유리한 채광과 남북쪽의 유리한 조망이 제공될 수 있었다. 이 건축물들은 남쪽으로부터 한 줄씩 각각 층수가 낮아져 최상부층 높이가 똑같이 맞추어져 있는데, 강력히 통제된 인공 수평선을 설정함으로써 압버스어버드의 구릉지 경관과 알보르즈 산의 경관을 드러내고 침해하지 않으려던 의도였음을 읽어낼 수 있다. 국왕이 압버스센터에서 원한 장대한 기념비적 표현은 수십층 짜리 고층건물을 통한 것이었던 것에 비해, 칸은 전반적으로 낮게 옆으로 펼쳐진 수평의 건물 구성을 통해 적극적인 대안을 마련했다. 건물군의 수평적 전개가 가져다주는 경관이 대지 상황에 적합하다고 봤을 것이다. 이런 건축적 배치는 칸이 맨해튼 남단 유대인학살

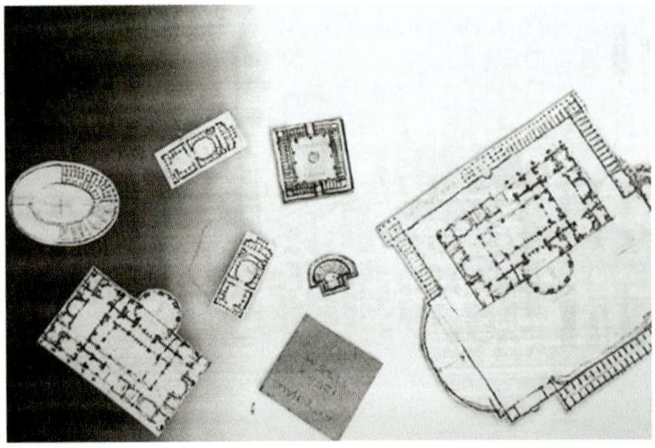

9-14 루이스 칸, 압버스어버드 계획. 로마의 카라칼라 욕장과 콜로세움, 에스파헌의 중정형 건물인 카라반 세이, 시청, 밀라노의 라 스칼라 극장 등의 도면을 마분지 위에 같은 축척으로 그려 제작했다.

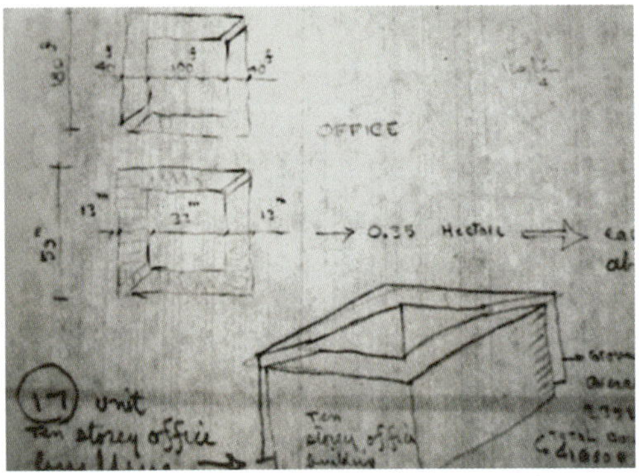

9-15 루이스 칸, 압버스어버드 계획, 오피스 건물 단위. "열 일곱채의 10층짜리 오피스 건물," "한 변 길이 59미터(180피트) → 0.35 헥타르 → 세 단위가 1 헥타르," "지상층 면적 2392제곱미터 평균 10층 건물 2392×10 → 23920제곱미터 전체 건축요구면적 416600 ÷ 23920 → 17 단위."

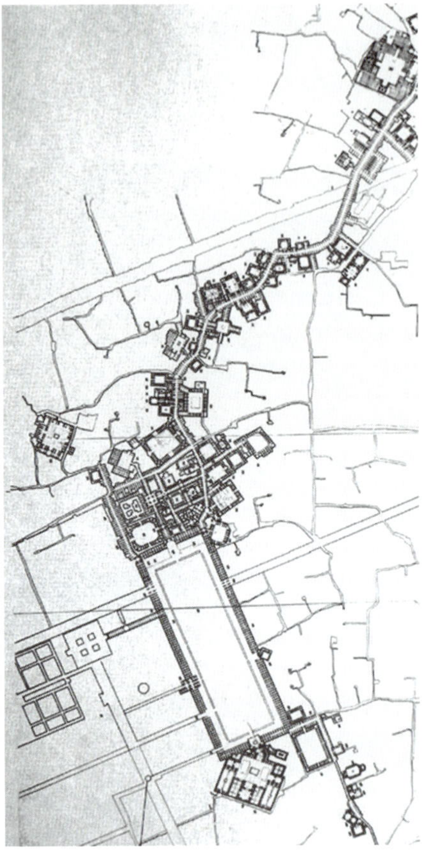

9-16 이란, 에스파헌. 샤 광장 주변(왼쪽), 전통시장 바자르(오른쪽 위)와 광장에서 본 모스크(오른쪽 아래)

9-17 파스칼 코스트Pascal Coste가 그린 19세기의 샤 광장

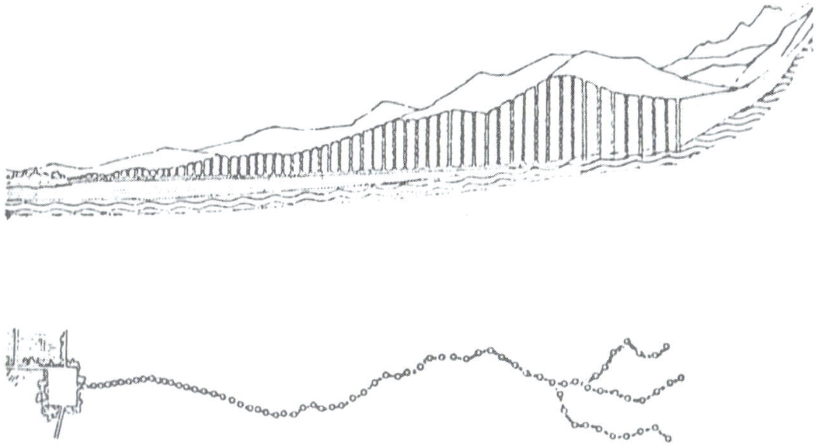

9-18 가나트Ganat. 전통적인 이란의 급수체계

9-19 루이스 칸, 압버스어버드 계획. 상업지역의 건물배치와 다카 국회의사당건물과의 비교. 상업지역의 한 건물의 크기는 국회의사당건물의 크기에 필적한다.

기념비에서도 시도한 적 있었다지만, 이런 배치는 동일한 10층 높이의 다카 국회의사당의 이미 건축적 성과를 확신했기 때문이었을 것이다. 궁극적으로 그것은 성장의 수평적 수직적 한계를 섬세하게도 강력하게, 그것도 질서있고 아름다운 기념비성을 통해 설정하고 지켜 낸 의도로 봐야 한다. 이런 점에서 칸의 도시구상의 첫 시점의 것과 [도판 4.2]과의 질적인 성장을 우리는 말할 수 있다. 이 업무지구는 북쪽으로 펼쳐진 자연과 남쪽의 도시 사이에서 유연한 연결을 도모한 결과이기도 하다. 그 양쪽을 장식하면서 도시 전체에서 중요한 연결고리로 작용할 수 있었다.

칸의 디자인은 2월 중순의 테헤란방문을 기준으로 주목할 만한 변화가 있었다. 1974년 2월 중순 루이스 칸과 당게겐조를 비롯한 칸의 팀은 테헤란에서 만나 이 계획에 대해 논의하고 발전시켰다(이 때 칸은 에스파헌과 시라즈를 여행했고 스케치를 남겼다). 시점에서 압버스어버드 대지 전체에 대한 계획을 구상하게 되는데, 이 센터에 대한 칸의 기본구상에 바탕을 둔 상태에서 남북의 축을 확장시켰다. 칸은 압버스어버드 도시디자인을 더욱 발전시켜 관통도로 체계와 통합했고, 분리되면서도 연결된 세 개의 도시적 중심으로 구성했다. 문화시설을 대지의 북쪽으로 이동시켰고, 그 남쪽의 시빅센터에 행정기능을 옮겨왔고, 나머지 기능 일부를 대지의 최남단에 남겼다.[도판 9.20] 이제 시빅센터의 형태는 더 자체적으로 완결된 기능과 형태를 가지게 되었는데 다이아몬드형으로 키워 전반적으로 더 뚜렷한 영역과 경계를 형성했고, 외곽에는 주차건물들을 배치했다.[도판 9.21]

시빅센터에 배치한 열일곱 채의 건물들은 동일한 형태를 하고 서로 일정간격을 띄워 배치됐다. 배치가 바뀌면서 단위건물 자체도 속이 빈 입방체형태에 가깝게 각자가 완결된 형태로 바뀌었다. 건물은 외곽의 한 변 길이가 180~210피트[54~63미터]고 높이는 10층이었다. 가운데는 중정이 들어 있다. 건물의 두께는 40~60피트[12~18미터]였다. 구조기둥의 간격은 10미터이며 폭 2.5미터의 중복도에 폭 8.5미터의 공간들이 양쪽으로 길이 70미터로 배열했다. 이 단위건물 자체는 역사적 산물과 현재적 고안의 결합물로서, 자연적 문화적 유산으로부터 새로운 업무시설의 창작으로 이어 나아가는 시도를 칸의 시도를 보여준다. 이 건물은 칸이 1950년대에 칸이 필라델피아와 포트워스의 도시설계에서 고안한 원형 평면의 주차건물의 단위건물과 비교해 보면 그 연속성과 차이를 파악할 수 있는데, 이 건물은 이란의 광장과 바자르에 붙어 있는 중정형 건물인 카라반세라이의 형태를 연상시킨다.[10] 칸은 이 단위건물의 빈 중정 한가운데에 샘을 두려 한 것 같은데, 이 지역의 오랜 전통급수체계인 가나트의 전통으로부터 이끌어 낸 아이디어였을 것이다.

2월 27일 아르덜런이 칸에게 쓴 편지를 보면, 테헤란시장이 영국건축가들을 지지하고 있지만, 여왕이 루이스 칸과 당게겐조를 지지하고 있어서 시장에게 그들의 중심역할을 보호하게끔 요청할 것이라고 했다. 당게겐조와 루이스 칸은 그해 5월 여왕에게 보고할 예정이었지만, 칸은 그러지 못하고 작고했다. 칸의 사망 후 당게겐조가 그해 6월에 제출된 안은 칸의 계획을 일부 변경한 것이었다.[11] 이후 당게겐조가 전면적으로 새로 작성한 마스터플랜은 남북방향의 선형 배치계획이 더욱 뚜렷했다. 하지만 1975년 르웰린-데이비스Llewelyn-Davies 회사가 선정되어 도시설계와 개발지침을 포함한 세부마스터플랜을 작성했다(1975년에 시가 부지를 매입했고, 노서지Nosazi 개발공사가 공사를 맡았다).[12] 당게겐조는 1977년에 시청디자인을 제출했는데 이 제안에서는 압버스어버드 플라자를 필로티 공간에 의해 내정과 연결했는데, 이것은 칸의 팔라쪼 콩그레시Pallazzo dei Congressi와 닮은 방식이었다.[도판 9.22]

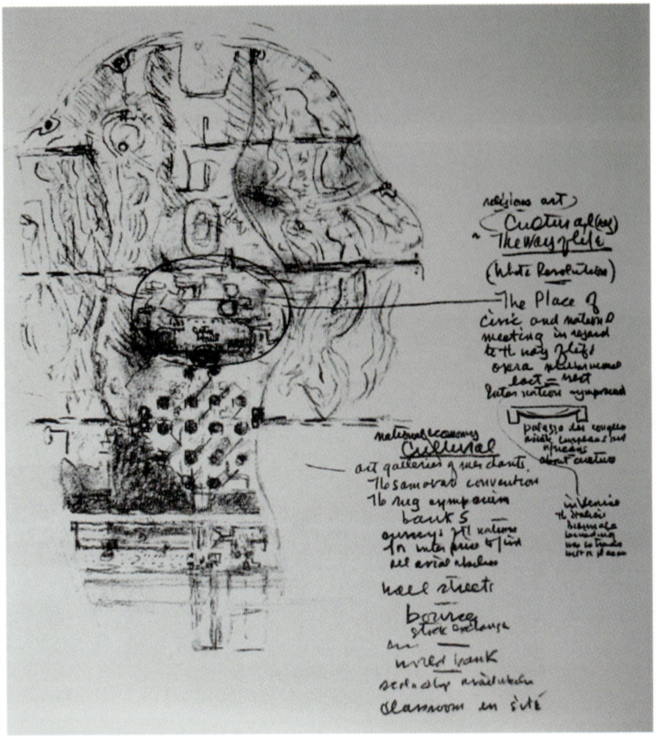

9-20 루이스 칸, 압버스어버드 계획, 스케치

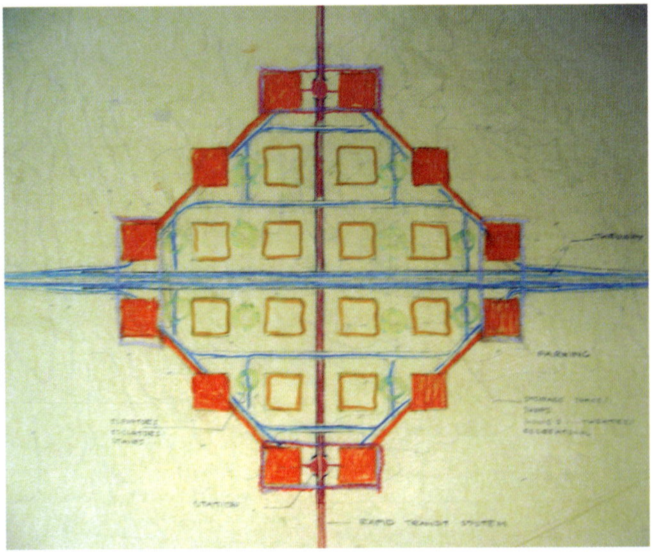

9-21 루이스 칸, 압버스어버드 계획. 중심 상업지구 스케치

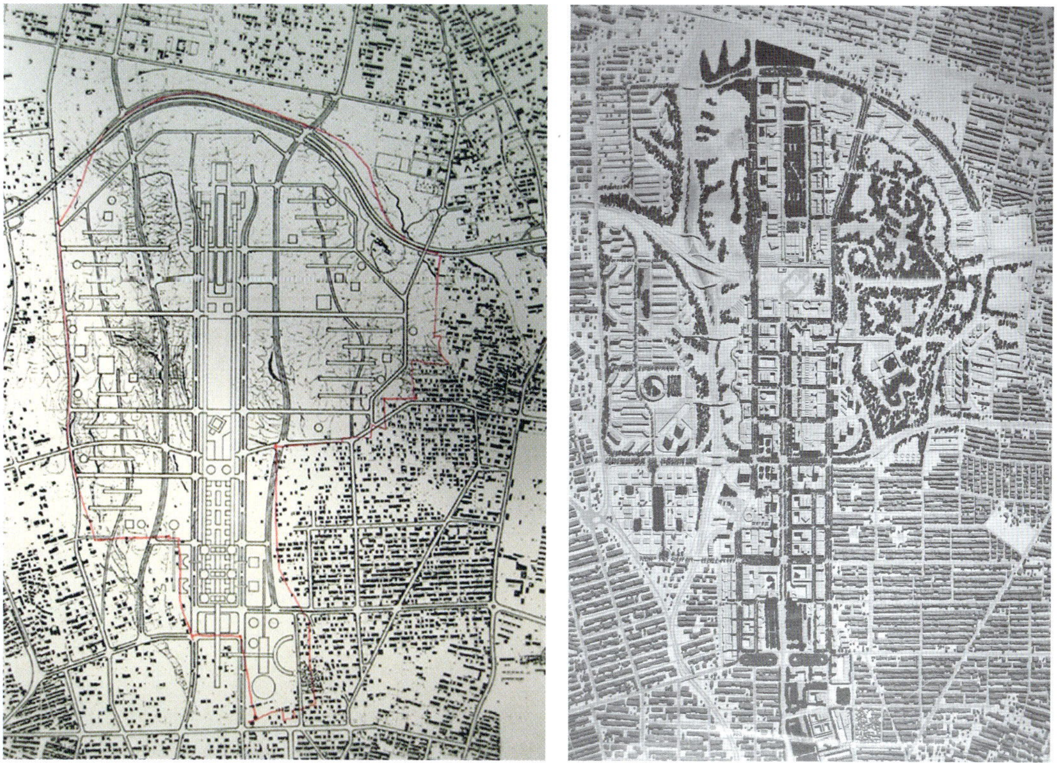

9-22 당게겐조(왼쪽)와 르웰린-데이비스(오른쪽)의 압버스어버드 계획

맺으며

도시건축의 보편적 가치를 고민하고 공동의 노력을 도모한 현대건축의 전통은 1960년대에도 이어졌다. 당시 미국의 도시건축담론에서는 도시민과 물리적 도시환경의 소통을 문제 삼고 도시의 질서에 집착했다. 소통을 위해 도시환경에서 기능주의의 오류를 바로 잡고 감정적 · 지적 · 영혼적 충족을 추구하자는 생각들과 더불어 건축가에게는 도시건축을 위한 해석과 표현을 맡은 임무와 권리가 주어졌다. 한편으로는 풍성한 논의였지만, 다양한 대안들로 나누어져 실천력을 크게 갖지 못했다.

이 상황에서 건축가 루이스 칸은 자신의 대안을 적극적으로 제시했다. 칸은 비현실적이거나 허구적인 대안을 제시할 생각이 없었다. 스스로 밝혔듯이 칸은 '사실의 건축' 에서 출발했다. 그의 건축이 유토피아적이었다는 평가도 있지만, 그것은 재고되어야 한다. 그는 창작영역 말고도 교육, 심의, 자문 등의 영역에서 도시건축을 실천적으로 고민했다. 또한 1960년대 이후 창작과정에서 훨씬 분명하지만 그는 건축의 실질적 실현가능성을 의식했고, 이것은 결코 도시와 분리되지 않는다. 그는 필라델피아를 비롯한 미국도시의 현실 속에서 모더니즘을 반성적으로 발전시켰다. 칸은 도시의 질서를 찾음에 있어서 과거의 향수적 이미지를 복원하려 하거나 현실도시의 조건을 무비판적으로 받아들이지 않았다.그는 필라델피아의 동료들과 대화하고 반응하는 과정에서 자신의 대안을 발전시켰다.

오히려 칸은 당시 일부의 대안들에 대해 비현실적이라며 그 한계를 지적했다. 도시의 소통과 질서에 대해 과학적인 방식으로 접근하는 방식도 비판했다. 요컨데 칸이 주장한 질서의 내용은 자연생명체와 인공창작물에 모두 적용시킬 수 있는 물음, 즉, '무엇이 되려는지' 의 잠재성에 대한 물음과 직결되어 있었다. 칸 자신에게 그것은 도시의 성장과 변화를 수용하는 질서였다. 그는 총체적 도시환경을 고정화하고 통일화하는 접근 방식은 받아들이지 않았고, 오히려 각각의 건축물과 도시공간이 뚜렷이 자기의 내용과 질서를 가지고 목소리를 내야하며, 그것들이 서로 소통적으로 연결되는 것이 문제의 해법이라고 봤다.

칸이 추구한 소통의 도시는 우선 삶의 문화가 풍부한 '활용성의 도시' 였다. 멈퍼드에게 도시가 존재하는 본연의 이유는 인간 제도들의 '만남, 섞임, 융합' 에 있었고 이를 위해서는 정보가 아니라 도시민의 실제적 만남과 소통이 가장 중요했다. 칸에게도 도시의 일차적 본질은 바로 여기에 있었고, 이를 위해 그는 광장과 길, 각종 모임과 교류의 장소를 도시를 살리는 심장으로 간주했다. 이런 문화와 문명의 장소를 칸은 자신의 실제 디자인작업에서 분투하여 실현하려 했다. 필라델피아 심장부의 보행광장, 엑스포장의 시설들의 포럼, 브로드웨이타워와 캔자스시티타워의 플라자와 트러스, 볼티모어의 포디움, 파테르와 호텔볼룸은 칸이 분투하여 실현하려 한 도시의 핵심적 공공공간들이다. 이 핵심들은 도시에서 가장 당당한 자리에 가장 당당한 모습으로 강조되고 두드러지기에 합당할 만큼 사랑받을 수 있는 것들이었으며, 그 자체가 도시를 가장 아름답게 꾸밀 수 있는 장식들이었다.

칸 건축의 기념비성은, 바로 이런 요소들, 그런 공동의 뜻을 '표현'하는 일차적 방식이었다. 그가 공공적 표현의 핵심으로서 간주한 기념비성의 원리는 근대운동진영이 제시한 "현대적 기념비성"이 감정적 소통과 미적 추상을 주장한 것과는 초점이 달랐다. 순전히 기념비적인 목적을 가진 칸의 루즈벨트 기념비와 같은 것들을 살펴 보라. 그러면, 우리는 그의 기념비성을 거대함과 세련성, 신비한 초월성으로 파악하는 것에 큰 한계가 있다는 것을 확인할 수 있다. 칸의 기념비성은 표현의 적합성을 전제한다. 그것 나름에 합당한 비중과 역할에 따라 표현은 강조되거나 약화되어야만 하고, 두드러지거나 숨어야만 한다. 그의 건축적 기념비성에 '거리두기', 고립, 배제의 속성이 발견되는 것도, 긴 시간에 걸쳐 지속되는 의미와 더불어 판단해야 한다. 칸 건축의 기념비성에서 기술과의 긴장관계가 읽히는 것은 분명 주목할 만하며, 이것은 결코 쉬운 해석을 내리기는 힘들다. 하지만, 결코 놓치지 말아야 할 요점은 그가 기술을 건축의 창작에 있어서 결코 맹목적으로 우선시하지는 않았다는 점이다. 그는 건축의 수단으로서 기술의 합리성과 실효성을 인정했지만, 표현과 실현의 수단을 기술에 기댈 때 생기는 심각한 문제가 그에게 명백했기 때문이다. 더불어 칸의 소통의 도시는 사회적 동의와 소양의 영역을 존중하고 호소한다. 그의 '소통의 도시'는 동의의 방식에 기반했고, 이 소통의 도시의 내용과 표현은 자유만을 강조하는 방임이나 공통점만을 남기는 통제로 만들어지는 것이 아니었다. 그것은 '과거와 현재의 대화' 또한 인간의 동의의 의해 진정 가능한 것이었다. 이런 동의는 무엇보다 자기제약의 원칙을 수반하는 것이었다.

현대도시를 위한 소통과 질서에 대한 물음은 아직 충분히 답해지지 않았다. 우리가 정치경제적 접근 방법으로 다가갈 수 없는 영역, 즉 예술의 영역이 남아있는 이상, 소통과 질서 그리고 진정한 표현의 문제는 여전히 중요하다. 개별을 넘어 공동의 것으로, 현재를 넘어 역사로 소통가능한 건축의 한 가능성을 역설한 역사적 노력이, 오늘날 그 물음을 우리에게 되던지고 있다.

미주

1장. 미국현대도시건축과 필라델피아

1) 1960년 도쿄 세계디자인회의WoDeCo도 소통문제를 다뤘다. 이 회의에서 다룬 논제는 Cycle 1: 개별성 · 지역성 · 보편성 / Cycle 2: 환경 · 생산 · 소통 / Cycle 3: 사회 · 기술 · 철학이었다.

2) 예를 들어, 리쿼트는 린치의 연구를 긍정적으로 본다. "린치는 '독자적이고 읽힐 수 있는 환경이 안전하면서도 인간경험의 잠재적 깊이와 강도를 키운다' 고 썼다. 어떻게 그런 '독해' 에 도달하는지에 대해서 린치는 40년 전에 선구적으로 연구를 수행했는데 지금까지 그 누구도 그 연구를 넘어서거나 더 발전시키지도 못하고 있는 유감스런 상태다." Joseph Rykwert, *The Seduction of Place: the City in the Twenty-first Century* (New York: Pantheon Books, 2000), 133쪽; 한편, 타푸리는 린치의 연구를 극단적으로 부정한다. 제어불가능한 이미지로 도피하는 유토피아적 성격을 지니고 있다는 것이다. Manfredo Tafuri and Francesco Dal Co, *Modern Architecture*, trans. Robert Erich Wolf (New York: Electa/ Rizzoli, 1979), 360쪽.

3) 새로운 소통논의의 틀을 제안하는 것과 더불어, 서양의 건축표현이 바로크시기에 근본적으로 패러다임이 바뀐 양상을 해명한 연구로는 Dalibor Vesely, *Architecture in the Age of Divided Representation: The Question of Creativity in the Shadow of Production* (Cambridge, Mass.: MIT Press, 2004)를 볼 것.

4) "사회계획가와 건축가 중 누가 우선인지, 건설산업화가 건축형태를 기계화 · 표준화할지, 무의식적으로 한 세대의 감정에 깃들인 특별한 공간개념이 새로운 기술과 재료를 표현과 통합할 수 있을지, 변화하는 사회패턴이 집단의 보금자리를 만들 수 있을지, 개인의 창조성의 여지가 미래에도 남아 있을지, 순수하고 비타협적인 기능주의는 가장 중요한 인간 욕구로 판명될지 아니면 감정적 필요를 표현하기 위해 이를 극복해야 할지, 세 번 죽인 절충주의라는 사자를 또 한 번 죽여야 할지, 보존할 전통 가치가 있다면 그것은 기본적으로 변화하는 세계에서 살아남을지?" Paul Zucker, "Planning in Three Dimensions," *New Architecture and City Planning: A Symposium* (New York: Philosophical Library, 1944), 4, 5쪽.

5) 같은 책, 8, 9쪽에 다음의 내용이 함께 이어진다. "기껏해야 기능주의일 뿐인 것으로는 새로운 양식을 찾을 수 없다는 게 지난 30년의 역사로 증명된다. 기능주의 덕에 19세기 절충주의라는 최악의 오류가 사라졌고, 취약하고 왔다갔다하는 이른바 "취향"의 지배가 깨어졌지만, 대개 기능주의는 감성적 따뜻함은 발전시키지 못했다. 기능주의적 건축표현이 건설과 재료의 새로운 기술적 가능성을 따르긴 했지만, 기능주의는 기능이 예술적 과제의 모두인 영역, 예를 들어, 산업건축 같은 데서만 미적으로 성공했다. 기능주의는 다양한 성격의 주요 인간적 가치가 요구되는 곳, 사유주택 · 주거지 · 공공건물에서는 실패했다. 여기서 기능적 진실함을 뛰어 넘어 진정한 양식으로 봐 줄만한 설득력 있는 형태를 만들 려면 인간 감정을 표현해야 할 뿐이다. 예술은 사실을 말하는 것만이 아니다. 예술은 사실을 고귀하게 만든다! 건축이 진정 기능적인 것으로 간주될 때조차도 [예술이어야 한다]. 진부하게 일관되고 단조롭고 평범한 "현대양식" 이른바 "새 전통"은 19세기의 절충주의 방식보다 좋은 것도 나쁜 것도 아니다. 기능 논리가 최고의 건축원칙이 됐지만, 우리는 창조적 개별성의 감정적 효과를 통해 그 결함을 극복해야 한다. 우리시대에 그런 창조적 개별성은 기본적 사회문제에 깊은 관심과 충분한 이해를 가짐으로써 빌진될 수 있다. 다행히 미국은 철저히 기능적이면서도 그것을 개인적으로 명료화된 인간적이고 사회적 감정 이해의 표현과 결합한 건축사례들이 이미 있다."

6) Christiane C. and George R. Collins, "Monumentality: A Critical Matter in Modern Architecture," *The Harvard Architectural Review* IV (Spring 1984): 34를 볼 것.

7) "1950년대에는, 도시담론이 형성되어 도시설계사상에서 이용되는 양상이 모호하고 제한적이었다. 도시개입방법에 대한 토론은 실제 지어진 형태만큼이나 다양할 수 있었지만 근저에 깔린 생각은 극히 제한돼 있었다. 그러나 당시 도시설계사상은 이후 가장 명백하고 상식적인 해법으로 여겨진 것을 뒤집을 단서를 포함했다… 참가자 대부분이 물리적 개량으로 도시의 난관을 해결할 수 있으리라 믿은 것은 도시의 사회변화에 대한 긍정적 관점에 바탕을 뒀다 […] CIAM과 기타 논쟁을 반영하며 PA/GSD 회의의 일부 발표자들이 과학적 질문과 재현방식이 가진 한계를 '인간주의적' 가치로 극복할 수 있으리라 여겼지만, 그들이 칭송한 프로젝트는 언술과 일치하진 않았다." David Smiley, "A Tale of Two Conferences: Urban Design and Urban Discourse in the mid-20th Century", *paper for Urban Design: Premises, Pedagogies, and Practices*, Conference, Columbia University (April, 5~6, 2002)

8) 1955년에 아키텍처럴포럼지가 주최한 회의와 1956년에 피에이PA와 지에스디GSD가 공동주

최한 회의를 비교한다면, 도시의 정치경제적 지도자들은 "상업적 실용주의"에 입각해서 도심개발의 여부와 방법을 다뤘고 "경제가치의 위기에 대응하여" 대규모계획을 선호했다. 도시건축분야의 전문가들은 "미적 · 문화적 의미의 가치 위기에 대응하여" 철거재개발이 유일한 개입방식이 아니라 다양한 규모의 유연한 디자인 접근방식과 도시적 개입을 연구해야 한다고 보고 그것을 정치경제적 문제보다 우선시했다. "서트는 도시설계가 지리 · 사회 · 정치 · 경제적 계획의 도구성을 넘어서 상상력과 예술적 가치가 도시설계에 영향을 미칠 수 있는 방법에 주의를 기울일 것을 요청했다. 1940년대에 품은 생각을 되풀이하며 서트는 '길 위의 인간' 에 관심을 두고 구현되는 '새로운 인본주의' 를 요청했으며 도시문화의 지속적 자치에 대한 신념에 기반한 도시의 탈중심화를 요청했고, 소외시키고 파편화된 도시공간을 만들게끔 돼있는 맹목적 전문화를 전문가들이 극복할 것을 요청했다." 위의 글.

9) 이 회의는 뉴욕주 라이Rye에서 1958년 10월 2일부터 3일간 열렸고 록펠러재단이 후원했다. 칸, 홈스 퍼킨스, 맥하그 등 펜실베이니아 대학 주요 교수진을 비롯하여, 제이콥스 · 린치 · 바우어 · 멈퍼드 · 클레이 등이 참가했다. 펜실베이니아대학교 건축아카이브 퍼킨스컬렉션 054.480

10) 특히 클레이, 제이콥스, 윅스Edward Weeks 등이 공공적 논의를 일으킬 것을 주장했다. 당시 아키텍처럴포럼지 편집장인 더글러스 해스컬은 바야흐로 도시설계비평이 시작되고 있다고 보면서 건축비평을 정기적으로 도입할 것을 제안했다. (Douglas Haskell, Architectural Forum's Adventure in Architectural Criticism: A Letter to Gray Clay of the Urban Design Criticism Conference, 1959); 잭슨J. B. Jackson, 래러비Eric Larrabee, 구터임Frederkick Gutheim, 칙 주니어Leslie Cheek, Jr., 멈퍼드 등은 환경의식을 진작해야 한다고 주장했다.

11) 데이비드 크레인이 정리한 펜실베이니아대학교 도시설계회의와 관련된 한 문건 내용. 칸 컬렉션 030.II.A.63.11 "University of Pennsylvania, 'Faculty Conference on Urban Design Criticism'"

12) 이 행사는 뉴욕건축연맹이 주최하고 아키텍처럴포럼지가 후원했다. 다섯 차례의 포럼의 제목은 다음과 같다. '비평-오늘날의 건축에 대한 평가(1960년 10월 27일),' '도시설계라는 새 예술 - 우리는 준비돼 있는가? (1960년 12월 8일)', '국제양식-죽음인가 변신인가(1961년 2월 9일)', '대중사회에서 예술시장(1961년 3월 16일)', '개별표현 대 보편질서 - 건축의 논제(1961년 4월 20일)'

13) 건축가 프란젠Ulrich Franzen의 기조발제, "The New Forces in Architecture," *Architectural League Forum*, 1960-1961.

14) *Architectural Forum*, vol. 114 (June 1961): 86-89.

15) Jose Luis Sert, "Windows and Walls: An Approach to Design," *Architectural Record* 131, no. 5 (May 1962): 132-133.

16) *Architectural Forum* CXIV (June 1961): 88; Alessandra Latour, ed. *Louis I. Kahn: Writings, Lectures, Interviews* (New York: Rizzoli, 1991), 141쪽에서 재인용.

17) 에릭 멈퍼드E. Mumford는 전후미국 도시주의의 주류를 양대 계보로 파악한다. 즉, 그 하나는 하버드와 팀텐 영향권의 계보인데, 아르피아이RPI(Renselaer Polytechnic Institute), 워싱턴대학교, 컬럼비아대학교에서 팀텐의 60년대 개념이 구사된 것이고, 또 다른 하나는 런던 와버그연구소와 리버풀건축학교, 캠브리지대학교의 학문적 배경을 바탕으로 1962년부터 콜린 로우Colin Rowe가 있던 코넬대학교의 계보이다. "서트와 로우에겐 각각 르코르뷔제의 서로 다른 측면이 중요했다. 서트의 경우, 시아이에이엠CIAM의 후기관심사이던, 표준요소로 도시보행체계를 조성하는 도시개념을 받아들였다. 스콧브라운에게는 이와 더불어, 도시환경에 대중적 정체성을 수용하고 재현한다는 개념이 중요했다. 이 양자에 대항한 콜린 로우와 코넬학파는 지테Sitte 식의 20세기 이전 도시설계전통을 르코르뷔제의 도시주의와 결합하려 했다. 미국 도시설계에 끼친 유럽의 영향을 이 세 가지로 환원할 수는 없지만, 지난 40년 동안 도시설계교육에서 이들이 가장 중요해 보인다. 일리노이공과대학교에서는 시아이에이엠의 초기 바이마르기에서 직접 도출되고 미스와 힐버자이머의 작품을 따른 여러 유산이 1990년대까지 대부분 도시설계교육의 바탕이 됐다." Eric Mumford, "From CIAM to Collage City: Postwar European Urban Design and American Urban Design Education," *Paper for Urban Design: Premises, Pedagogies, and Practices*, Conference, Columbia University (April 5-6, 2002).

18) Jan C. Rowan, "Wanting to Be … The Philadelphia School," *Progressve Architecture*, no. 4 (April 1961): 150-154쪽을 볼 것.

19) 골드하겐은 필라델피아파의 기념비적 건축디자인 경향에 대해서 설명하기를, 개인이 공동체생활과 통제에 참여하는 의무감을 키우는 도시적, 공공적 기념비를 건축가가 디자인해야 한다는 확신이 커지는 쪽으로 기념비적 건축을 해석한 것이라고 봤다. 린Karl Linn이나 맥하그 같은 조경건축가들, 게디스, 주걸러, 브릴런드Tim Vreeland 같은 건축학과의 구성원이 그런 방향을 제시했다는 것이다. "린과 맥하그는 소비주의가 사람들의 공공적 의무감을 소멸시켰다고 봤고 린은 펜의 교수진이 학생들에게 시민적 의무감을 주입해야 한다고 주장했다. 게디스, 주걸러, 브릴런드는 공공건물을 잘 디자인하면 개인을 더 큰 사회체와 동일시

하고 그 이상을 공유할 수 있다고 주장했다." Sarah Goldhagen, *Louis Kahn's Situated Modernism* (New Haven, Conn.: Yale University Press, 2001), 142-144쪽을 볼 것.

20) 건축가로는 칸, 주걸러Romaldo Giurgola, 게디스Robert Geddes, 퀄스Qualls, 나우스키Nowcki, 바우어Bower, 르 리콜레Le Ricolais, 홈스 퍼킨스G. Holmes Perkins, 벤추리Robert Venturi, 스콧브라운Denise Scott-Brown, 로머너치Romanach, 더블유엠아르티WMRT, 크레인David Crane, 베이컨Bacon 같은 인물들이 대표적이다. 펜실베이니아대학교의 도시계획학과의 교수진으로는 멈퍼드Lewis Mumford, 아브람스Charles Abrams, 해리스Britton Harris, 메이어슨Martin Meyerson, 베이컨Edmund Bacon, 스콧브라운Denise Scott Brown,스트롱Ann Louise Strong이 있었다. 조경건축학과는 도시생태에 초점을 둔 맥하그가 이끌었다. 크레인은 이 대학교의 도시설계Civic Design프로그램을 건축과 도시계획의 협동과정으로 기획하여 운영했다. 주요인물의 펜실베이니아대학교 교육경력기간은 다음과 같다. 홈스 퍼킨스(1951-71) GSFA 학장, 멈퍼드(1951-56, 59-61), 베이컨(1949-70) 필라델피아 도시계획국, 크레인 도시설계 학과장, 칸(1955-74), 주걸러(1954-66), 게데스(1950-65)

21) 이 집단의 도시건축담론의 실체는 1960년대 초 일련의 토론회들을 살펴봄으로써 추적할 수 있다. 대표적으로 펜실베이니아대학교 도시설계회의(1958년), AIA-ACSA 교수세미나(1962년), 도시설계심포지움(1963년)을 들 수 있다. 또한, "교수진은 주간 회의와 공개 심사에서 모든 분야를 늘 발표했고 열띤 토의를 했다. […] 칸의 관점도 도전받았다. 칸의 기술협력자인 코멘던트와 르 리콜레는 기술자의 창의적 비전과 건축에 대한 독특한 이바지를 설득력 있게 말했다. 맥하그는 열성적으로 자연에 대한 존중을 요청했다. 위튼은 건축적 결정의 사회적 중요성을, 스콧브라운은 도시설계의 이슈를 말했다. 그러나 고무적이고 독창적인 아이디어를 보인 것은 젊은 진영이었다." 홈스 퍼킨스. 1991년 PMA 루이스 칸 전시개막식.

22) 홈스 퍼킨스는 하버드대학교에서 가르친 이후(1945-51) 펜실베이니아대학교 예술대학학장으로 부임함으로써 폴 크레Paul Cret의 보자르교육체제를 대체했다. 60년대 내내 필라델피아 도시계획위원회 의장(1958-1968)을 맡았다.

23) 홈스 퍼킨스가 1962년 미국철학협회에서 '도시형태' Urban Form라는 제목으로 발표한 내용.

24) 같은 곳.

25) 르코르뷔제식 접근을 염두에 둔 것일 수 있다. 홈스 퍼킨스는 다음과 같은 르코르뷔제의 말을 자주 인용했다. "건축가는 형태를 배열함으로써 그의 정신의 순수한 창조물인 질서를 깨닫는다. 형태를 통해 그는 정확한 정도로 우리의 감각에 영향을 끼치며 감정을 촉발한

다. 그가 만드는 관계에 의해 그는 우리 안에 심오한 반향을 일으킨다. 그는 그가 우리 세계와 동일하다고 느끼는 질서의 척도를 부여한다. 그는 우리 마음과 이해의 다양한 움직임을 결정한다. 그때 우리는 미의 감각을 경험한다."

26) 같은 곳.

27) "새로운 도시형태에 대해서 디자이너와 주창자들이 모두 직면한 위험은 개인적 유토피아를 묘사하도록 묶여 있는 바로 그러한 성질의 위험이다. 이런 전망은 종종 예언적이지만, 기껏해야 완전함의 약속으로 가득한 얼어붙은 이미지를 제공한다. 그런 완전성을 획득할 수 있고 그것을 수 세기동안 유지할 수 있다고 보는 것만큼 현실에서 먼 것도 없다. 따라서 우리는 모든 제안을 꺼낼 때, 미래의 계획의 첫째 요소는 도시의 끊임없는 재생을 고무하는 단순하고 효과적인 수단을 제공하는 것을 경계해야 한다. 그 디자인의 지침원칙은 변화에 대한 적응성이어야 한다."

28) 그는 도시의 역사와 성장방식을 이해하는 것을 중시했다. 도시사교육에 대해 그는 다음과 같이 말했다. "도시를 만듦에 있어서 우리는 역사의 중요성을 더 잘 알고 시간을 기본 디자인요소로 이해해야 한다. 오늘날 대부분의 학교는 건축역사교육에서 도시를 빠뜨리고 있다. 성당과 궁궐의 연대는 배워도 그것이 도시설계와 어떻게 연관되는지는 교육과정에서 빠져 있다. 도시의 역사를 이해하고 도시의 성장방식을 이해하는 것은 건축양식이 어떻게 진행되었는지 이해하는 것보다 훨씬 더 중요하다."

29) David Crane, "The City Symbolic," *Journal of the American Institute of Planners*, vol. 26 (1960): 280-292쪽을 볼 것; 크레인은 펜실베이니아대학교의 도시설계(시빅디자인Civic Design)과정을 이끈 인물로서, 1960년대 후반의 필라델피아 이백주년 기념사업 등에서도 필라델피아의 건축가들과 협력한다. 그는 보스턴 계획General Plan for Boston and the Boston Regional Core (1965-1975)과 1960년대 말 포트링컨뉴타운Fort Lincoln New Town 도시계획 등에 관여했다. 크레인의 도시설계 교육의 역할에 대해서는 또한 다음의 글을 참조할 것. Denise Scott Brown, "Between Three Stools," *Architectural Design* special issue "Urban Concepts" (London: Academy Editions, 1990): 8-20.

30) "물리적 도시는 정적이고 피상적인 도시미화운동이 됐는데, 버냄 이후 마땅히 소멸했다. 사회도시는 19세기 말 폭로자와 함께 시작해서 공황 기간에 급성장하여 지금도 유행이다. 그러나 1949년 슬럼 철거를 강조하며 퇴조했다. 과정도시는 오늘날 중요한 요소다. 1910년대의 최초의 조닝법과 더불어 시작됐고, 지방정부에서 효율성전문가들의 출현으로 촉발됐다. 그 지평 너머 새 단계로 아이비엠IBM도시가 있으며 그것은 아마 과정도시의 더 효율적인 형태이다." David Crane, 같은 글, 282쪽.

31) 크레인이 1963년 말에 작성한 "도시건설의 공공예술"의 초록은 다음과 같다. "법원이 도시미학을 행정적 관심의 법적 영역에 인정했지만 도시설계상의 광범하고 활발한 공적 조처와 부합하지 않았다. [⋯] 가장 광범한 공공선과 최대의 디자인성과를 위해서는 모든 일반적 계획과 개발기능의 맥락에 미적 목표가 설정돼야 한다. 계획과 개발이 밀접하게 연관된 공공도시주의산업으로 최근 발전해 가는 것은, 다재다능하고 전략적으로 효과적인 방식으로 충족하는 것을 미적 욕구와 연관성을 제공할 것을 약속한다. 공공디자인행위가 가능한 모든 영역에서 공공용지, 가로, 커뮤니티 시설의 '캐피털 디자인' 상의 지방정부의 역할은 엄청난 기회와 의무를 제공한다."

32) 보고서 "Civic Design Symposium, Part 1 : Emerging Forces and Forms in the City Today" (University of Pennsylvania, Graduate School of Fine Arts, January, 10-11, 1963) ; 이 심포지움의 1부에는 베이컨, 크레인, 헤크셔, 멈퍼드가 발표자와 토론자로 참가했다.

33) 같은 심포지엄에서 멈포드가 한 말.

34) 멈퍼드의 도시규정은 도시가 "장소, 작업, 사람들의 최대의 상호작용을 획득하기 위한 구조"라는 게데스Patrick Geddes의 입장과 맞닿아 있다.

35) Robert Wojtowicz, *Lewis Mumford and American Modernism: Eutopian Theories for Architecture and Urban Planning* (New York: Cambridge University Press, 1996), 111-112쪽에서 재인용.

36) 주걸러는 새롭게 도시설계를 규정함에 있어서, '도시건설의 예술'과 관련된 용어들 가운데 불어의 위르바니즘Urbnisme에 종합적 의미가 있다고 보고(이에 비해 독일어 슈테터바우Stadtebau, 영어 타운 플래닝Town Planning은 물리적 측면을 말하기에) 그 용어를 쓰자고 주장했다. Romaldo Giurgola, "Architecture in Change," *The Architect & the City*, Papers from the AIA-ACSA Teachers Seminar, Cranbrook Academy of Art, June 11-22 (Cambridge: MIT Press, 1962), 104쪽.

37) 같은 글, 119쪽.

38) "베이컨과 크레인은 도시설계에 깔려야 할 기본방향의 성격에 대해 같은 일반적 방향으로 나아가고 있다고 봤다. 그러나 크레인은 이 방향이 도시건설의 공공적 측면으로서 캐피털 디자인에 한정해야 한다고 주장했고, 베이컨의 생각은 달랐다. 베이컨은 이런 제약이 불필요하며 커뮤니티 발전의 사적영역이 공공적 자극에 반응하지 않으리라는 두려움에 기인한다고 봤지만, 경험상 그런 두려움은 발견되지 않는다고 봤다." Civic Design Symposium, Part 1 : Emerging Forces and Forms in the City Today"

(University of Pennsylvania, Graduate School of Fine Arts, 1963.1.10-11)

2장. 도시건축에 대한 칸의 생각

1) Alessandra Latour, ed. *Louis I. Kahn: Writings, Lectures, Interviews* (New York: Rizzoli, 1991), 143-144쪽.

2) "brain varies, but about still we have within us an undefinable communication, […] out of the commonness of the soul. The souls are the same in all […] The soul, therefore, being the same, is really the human communication. We are talking in one sense about psychological validity and in another of physical validity. […] the machine must go on to become more and more resourceful, and maybe even become wonderful. But it must always end up as an inspiration to the mind, and not be an end in itself. That goes for technology of any other kind. It goes for any kind of information." (칸 컬렉션, 030.II.A.53.4 "1969 Lecture")

3) 이들은 1954년부터 록펠러재단에서 기금을 받았고 하버드대학교와 엠아이티MIT의 도시연구합동센터Joint Center for Urban Studies의 지원을 받았다. 이 중 린치는 이 연구결과를 토대로 1960년에 『도시이미지』The Image of the City를 출판했다. 나중에 린치는 연속된 연구로 유네스코의 지원을 받아 어린이와 도시생활에 대한 연구를 수행하여 *Growing Up in Cities: Studies of the Spatial Environment of Adolescence in Cracow, Melbourne, Mexico City, Salta, Toluca, and Warszawa* (Cambridge, Mass.: MIT Press, 1977)를 저술했다. 그 밖의 린치의 저술로 *What Time Is This Place?* (Cambridge, Mass.: M.IT Press, 1972); *A Theory of Good City Form* (Cambridge, Mass.: MIT Press, 1981)가 있다. 린치의 이론적 업적에 대한 추후의 평가로는 다음을 볼 것. Gwendolyn Wright, "The Image of the City, by Kevin Lynch," *Harvard Design Magazine* no. 16 (Winter/Spring 2002); Larry R. Ford, "Lynch Revisited: New Urbanism and Theories of Good City Form," *Cities*, vol. 16, no. 4 (Aug. 1999): 247-257; Alexander Tzonis, Liane Lefaivre, "Thinking in Forms as well as Words: Kevin Lynch and the Cognitive Theory of the City," *Design Book Review*, no. 26 (Fall 1992): 23-29.

4) 골드하겐은 린치와 칸이 서로 영향을 주고 받은 점은 지적했지만, 그 내용을 정확히 파악하지 못하고 다음과 같은 지적에 머무름으로써, 중대한 차이를 밝혀 내지 못했다. "린치의 『도시이미지』The Image of the City는 1960년에 나왔지만, 1950년대 중반부터 린치는 이미 랜드마크와 도시기념비가 '심상성' imageability의 측면에서 중요하다는 자기 생각을 퍼뜨리고 있었다. 린치의 생각은 칸에게도 직접적인 영향을 줬다." Sarah W. Goldhagen, *Louis Kahn's Situated Modernism* (New Haven, Conn; Yale University Press, 2001), 111-112쪽에서 재인용., 120쪽과 각주 74를 볼 것; 골드하겐은 린치가 상정한 도시의 '소통' 을 칸이 호평했다고 주장하며, 도시와 도시의 기념비적 건물에 대해 린치와 칸의 관점이 비슷했다고 주장한다. 하지만, 린치의 연구서 사본에 칸이 남긴 필기내용을 자세히 검토해 보면, 사실상 칸은 린치의 접근법을 일부만 인정했을 뿐 대부분 부정한 것이 사실이다. 도시와 기념비에 대해 이들은 화해할 수 없는 차이점이 있었다. 더구나, 이후 두 사람 간의 영향관계 또는 접촉관계는 찾아보기 힘들다.

5) "린치의 연구진은 랜드마크 말고도 도시환경을 이루는 전반적 요소에 관심을 가졌다. 즉, 경계와 한계, 사람들이 어떻게 '그들의' 지역과 구역을 설정하는지, 또 경로가 어떻게 도시를 통해 구분되는지… 도시의 개념지도—사람들이 머릿속에 재구성시키는 방식-가 지도제작자가 제공할 수 있는 '객관적' 조사와는 아주 다를 수 있음을 알았다." (Joseph Rykwert, *The Seduction of Place* (New York: Pantheon Books, 2000))
린치의 저서 '도시이미지' 에서는 이 연구를 확장하여, 도시의 경계, 노드, 패스, 지역, 랜드마크 같은 지각요소를 도시설계와 인간경험을 연결 지었다.

6) 4부구성에 총 38쪽의 연구계획서는, 〈2부: 도시 소규모환경과 그 지각에 대한 연구〉 〈3부: 도시에서 정향과 재인식의 수단에 관한 연구〉, 〈4부: 도시경관의 의미의 소통에 관한 연구〉 〈부록 A 활동요약: 1954년 9월—1955년 5월〉 〈부록 B 도시와 도시순환에서 자연요소에 관한 연구의 몇 가지 제안〉으로 구성되어 있다. 이 연구기간 동안 도시에 관심 있는 심리학자들과 예술가들의 집단토론도 개최했다. 이 토론에는 루돌프 아른하임, 하버드대학의 브루너Bruner, 타귀리Tagiuri, 작곡가 케이지John Cage, 사진가 파이닝거Andreas Feininger, 소설작가 페럴James Farrell, 촬영기사 카우프먼Boris Kaufman, 화가 샨Ben Shahn 등이 참여했다.

7) "I take it that the objective in all studies is to discover and understand workable design elements of urban construction. They may be formulated if a way of living is [?] accepted." (연구계획서 9쪽, 칸의 메모. 밑줄은 칸에 의한 것. [?] 표시는 저자가 판독하지 못한 칸의 필기임. 이하 2장의 미주 동일)

8) "It should make amusing intellectual discussion for designers' reactions to the

urban characteristics of spaces. But I believe what's [?] is this (what is) is not important as (what it wants to be). The study does not point this." (연구계획서 10쪽, 칸의 메모)

9) "심리학적 연구는 건축에 별로 가치 없다. 건축은 근본적으로 무디고 비인간적이기 때문이다."(Psychological study scarcely[?] valuable to architecture, because Architecture is essentially blunt and impersonal) (연구계획서 7쪽, 칸의 메모).

10) "우리의 가정은, 개인은 주어진 도시장면을 선택적으로 단순화하고 왜곡하며, 또 억제할 수 없이 구성을 통해 감지한다는 것이다. 나아가 이 선택성, 일관된 그림을 만들려는 시도, 또 이 감각에서 일어나는 감정적 반응이, 서로 다른 개인간의 중요한 유사성을 나타낼 것이다."

11) 칸 자신도 이것을 이 연구의 전적인 목적으로 파악했다. "That is what I thought was its objective—reading before this—the words at the beginning of this paper were too lightly cons..lulated—with multi-meaning .. to understand all."(연구계획서 10쪽, 칸의 메모)

12) "Every urban fragment unrelated to another fragment still may be the backdrop of a stage." (연구계획서 13쪽, 칸의 메모)

13) 제시된 연구방법들 중 칸은 다음의 것들을 민감하게 여겼다. 연구진이 50건의 인터뷰를 수집해서(6번 항목), "주체가 운전을 하거나 걸어서 한 지역을 지날 텐데, 사회의 '횡단면' [각 계층의 문제: 저자주]을 덮어 버리려는 시도는 결코 하지 않겠지만 특히 그 지역의 친숙함, 디자인 능력, 유아기 배경과 관련해서는 특정 범주의 균형을 찾으려 한다"는 방법. 또한 동영상을 써서 길 위에 있는 집단과 개인의 움직임, 동작, 얼굴표정을 관찰하고 이를 위해 길의 배경을 준비하고 공간에서 정확한 개인의 위치를 파악하기 위해 망원렌즈를 쓸 것이란 방법(7번 항목).

14) "I believe it is scandalous to dissect and expose or even bring into consciousness the life and limbs of a city area with the deliberate purpose to learn to design other places from good [?] observed and anylized[sic] thus."

15) 칸은 'appear'라는 단어에 대해 highly subjective and dangerously useless라고 했으며, 환경이 '객관적'이라는 데에 대해 "why objective Does this mean objects like buildings signs etc. Environment is never objective." 라고 썼다(연구계획서 12쪽).

16) "The means is talked about too soon. The way the research material is to be made up should be more obvious possible way by researching more the order

behind the descriptives anticipated."

17) "Honestly! Can one undertake to formulize the perceptual powers of people?"

18) "I would guard against such presumptions. The most trained scientist cannot evaluate the protoplasm."

19) "세 번째 단계에서, 우리는 더 이상 순전히 감각적 지각의 직접적인 시퀀스에 관여하지 않고 기억된 경험의 패턴과 개념적 구조에 관여한다. 여기서 다시 우리는 연속성을 조직하고 만든다."는 데에 대해서 칸은 이렇게 지적했다. "The psychological phraseology is dangerously limited full of traps leading to shallowest of shallow."

20) "(a) To establish the reasons for growth—the needs—in a form completely logical and expressive and in a position equally logical and expressive (new cities) will tend to give the city as it develops character(14쪽). (b) To look for those characteristics in old cities. It is also up to the caliber of the city factors and the comprehensive form of the [?] etc etc etc)…"

21) "The attempt to the all computing falls short without the source of order… life and death."

22) "MAKERS OF CITY CHARACTER
The greatness of purpose / […] / The greatness of love / The greatness of sacrifice"

23) "XXXX look out for this limited meaning of order
This is the wrong meaning of order / order is not bookkeeping / or an adding machine / or a formula / or a filing system"

24) "order is! The very essence of creation coming into play at the least more of something wanting to exist
To find its directions is to find the resources for preformed design."

25) "… They are not intuitive but learned as means as a technique. There is no such thing as an intuitive technique."

26) "예술가는 시각적 전체의 제작을 촉진하는 여러 테크닉을 경험에서 발전시켰다. 예술가는 형태를 순정화함에 있어서 유사성과 대조의 중요성을 안다. 그루핑 도구를 사용하고, 시각장의 조직에서 연속성과 폐쇄를 사용함으로써, 그리고 삼차원세계의 통합에 규모와 일관된 공간 형태를 적용한다. 변화하는 흐름에서 연속성을 유지하는 문제에 처해있으며, 리듬, 진행, 대위를 사용하여 변화자체를 구조화한다. 이것은 특히 지속성과 운동을 가진 도

시경험을 분석하는데 적절하다."(연구계획서 16쪽).

27) "Does this imply that growth is not anticipated by the artist? This is not so."

28) "continuity is a true quality as well as a dimension quality"

29) "Based on existing examples the mind is already made up about the unity by character. The same unity is impossible in the auto era and the era of the horse and buggy."(연구계획서 20쪽)

30) "visual unity is a constantly changing value."

31) 시민의 활동효율성과 주위환경에서 느끼는 편안함은 쉽고 정확한 의미전달에 달려 있다. 도시 삶의 협동과 상호작용, 즉 공통체감은 소통에 크게 의존하며, 그 메시지의 대부분이 물질적 도시경관에 의해 수행된다. 이 메시지들은 너무 복잡하고, 너무 빨리 바뀌고, 너무 많고, 너무도 그 형태가 해체돼 있어서, 읽는 사람이 큰 스트레스를 받고 억눌리게 된다. 이 점에서 마치 교통정체에 해당하는 것을 당한 것이다. 특히 고용도 지역에서는 형태적 사인과 심볼이 시각장의 지배적인 특징이 되어버렸다. 그런 해체된 소통은 재구성을 요청한다. 억제하자는 것이 아니다. 왜냐하면, 이 메시지의 많은 것들이 중요하고 사인 없이는 경관이 활력을 잃을 것이기 때문이다. 오히려 스트레스를 줄임으로써 소통을 최대화해야 하며, 주의를 기울이는 관찰자가 주위환경에서 가장 큰 의미를 뽑아낼 수 있도록 해야 한다. 직접적인 구두언어적 의미로부터 더 간접적인 상태, 기능, 집단감정의 전달까지.

32) 이 경관의 혼돈에 대한 제어를 문자기호나 직접적 도상을 포함하여 형태, 색채, 질감, 소화전이나 교회첨탑 또는 개인이 위치를 전달하는 세부사항(가령 스크린 도어장식), 의도적 소통으로 간주되지 않은 표면과 형태(병원이나 교회 앞의 포장의 재질, 또는 큰 상업지역의 상점정면의 색채 코딩)를 포함한다.

33) "Communication is used in the narrowest sense. Really they are <u>directives</u> or <u>interactions</u>."; "The <u>communications</u> (communications is too good a word to use for […] this study…) study is an important study of integrating the street equipment with buildings."(밑줄은 칸에 의함)

34) Manfredo Tafuri and Francesco Dal Co, Modern Architecture, 360쪽.

35) 예일대학교 건축잡지 『퍼스펙타』(Perspecta) 3호, 59쪽.

36) 프램튼은 칸의 기념비성을 "현대적 기념비성"의 연장선상에서 이해하며, 전적으로 1944년의 칸의 연설에 기반하여 이해한다. 그것도 물질적 건축구축술tectonics의 차원에서 해석한다. "그는 기념비적 형태의 첫째 조건으로서 추구해야만 하는것이 매스형태나 유형보다는 오히려 구축적 구조체여야 한다고 확신했고 […]" Kenneth Frampton, *Studies in*

Tectonic Culture: The Poetics of Construction in Nineteenth and Twentieth Century Architecture (Cambridge, Mass.: MIT Press, 1995), 209쪽을 볼 것. 이에 대해, 레더버로우는 프램튼의 건축구축적 해석에 문화적 측면이 빠져 있음을 지적한다. 즉, "삶의 패턴에 내구적 차원과 상징적 표현을 주는 실행으로서 건축을 바라보는 관점이 부족하다"는 주장이다. David Leatherbarrow, "Review on 'Studies in Tectonic Culture,'" *Journal of the Society of Architectural Historians* 56:1 (March 1997): 98; 또한 모네오는 칸이 기하학을 구사하는 방식에 폭압적이지 않고 뒤로 물러서는 성격이 있음을 지적했다. 또한 그 이유가 빛을 섬세하게 취급했고 물질에 대한 특별한 감수성이 있어서였다고 설명한다. "기하학이 가진 연속적 정당성과 기념비적 조건을 분명히 받아들였기 때문에 칸의 건축이 고전전통과 가까워 보이긴 하지만, 그렇다 해도 고전건축에서 보이듯이 구성격자 배열을 선호한다거나 기존유형을 존중하는 것은 칸 작품에서 자주 보이지 않는다. 칸의 성공은 기하학의 폭압을 작품에 대놓고 드러내지 않았기 때문이다. 이것은 섬세한 빛의 취급과 물질에 대한 특별한 감수성 때문인 것 같다." Rafael Moneo, *A&V* 44 (1993): 3.

37) 1960년 칸의 말. Sarah Goldhagen, *Louis Kahn's Situated Modernism,* 173쪽에서 재인용.

38) Louis I. Kahn, "Monumentality," in *New Architecture and City Planning*, ed. Paul Zucker (New York: Philosophical Library, 1944), 577-588쪽을 볼 것.

39) 칸, 이란 에스파헌, 국제건축가제1차회의 (1970년 9월)

40) 칸의 말, John Cook and Heinrich Klotz, *Conversations with Architects: Philip Johnson, Kevin Roche, Paul Rudolph, Bertrand Goldberg, Morris Lapidus, Louis Kahn, Charles Moore, Robert Venturi & Denise Scott Brown* (New York: Praeger, 1973), 183쪽에서 인용.

41) Manfredo Tafuri and Francesco Dal Co, *Modern Architecture*, 360쪽.

42) 이 표면에서 중계된 빛은 비실제적인 빛, '타자'의 빛이다. 디자인이 더욱 지적이고 타당하게 구사될수록 [...] 측정할 수 있는 영역은 측정할 수 없는 영역에 들어서며 [...] 기억의 깊이와 차원을 암시한다. 또 훼손될 수 있고 우발적이며 물리적이고 경이적인 균형에 가까운 이 건축은 그것 아닌 "다른 것"을 암시한다 [...] 이 점에서, 칸의 건축은 역사의 감각을 회복하고 설리반 미학의 기본주제를 다시 제시한다. 즉, 언어의 효과와 무게라는, 위험하지만 피할 수 없는 의미론적 과제의 주제로서, 모든 창작프로젝트가 다루는 문제다. 하지만, "그것 아닌 다른 것"에 강하게 이끌린 설리반은 역사의 감각과 무한에의 복종이 필요

한 평형력만을 재현했고, “그것인 것”, 즉 실재의 대안적 국면을 드러낼 뿐이다 [···] 그러나 칸에는, 유한-무한의 이분법이, 설리반의 형태적-형성적 목적을 향한 동력에는 결코 없는 다른 의미를 가진다. Maria Bottero, “Organic and Rational Morphology in Louis Kahn”, 1967

43) “칸의 상징적 추상(emblematic abstraction)은 재현의 의미가 너무 특수하지 않고 한 형태에 여러 의미들이 공존하게 했다. 칸은 과거를 활용했지만 동시에 그것을 버렸고, 시간과 발명을 통해 작업하여 시간의 퇴적에 놓인 긴 의미의 바다를 추구했다.” William J. R. Curtis, “Presence of Absence,” Ptah [Jan. 2002]: 33.; 또한 같은 저자의 “Modern Architecture, Monumentality, and the Meaning of Institutions: A Reflection on Authenticity,” *The Harvard Architectural Review* IV (Spring 1984): 84-85을 볼 것.

44) William Curtis, “Presence of Absence,” 24쪽.

45) Sarah Goldhagen, *Louis Kahn's Situated Modernism*, 162쪽.

46) 같은 책. 207쪽.

47) 같은 책. 172쪽.

48) 같은 책. 210쪽.

49) 칸의 말, 오클라호마 주립대학 5학년 학생인 Daniel D. Carne의 편지에 대한 답장(1971년 10월)에서 인용. 칸 컬렉션 030.II.A.52.27 Miscellaneous “C” 1968-1969.

50) 칸은 건물몸체에서 구조적으로 분리된 표면을 구사하기도 했다. 예를 들어, 이 점은 르완다 영사관이나 소크의 회합장 디자인을 봐도 뚜렷하다. 그렇다면, 안팎이 하나인 개체란 구조적 일치여부를 가리키진 않는다. 칸 건축의 특성으로 내외부 간의 시각적 불일치에 대한 지적으로는 Sarah Goldhagen, *Louis Kahn's Situated Modernism*, 211-212쪽 등을 참고할 것.

51) 콜린 로우의 투명성 이론이 대표적이다.

3장. 60년대 공공건축의 표현 위기

1) 이 사업에 관한 기록으로는 다음을 볼 것. William Marlin, "The Stress of Camelot," *Architectural Forum* 138, no. 3 (1973): 26–38; "Bay Area Firms Vie for Golden Gateway Commission," *Progressive Architecture* (Apr. 1960): 41, 79–81; "Golden Gateway Project: San Francisco's $100 Million Contest," *Architectural Forum* (Apr. 1960): 112–119. 사업의 실행은 3단계에 걸쳐 이루어졌는데, 1970년대에 계획된 엠바르카데로 센터와 더불어 1980년대 후반에 모두 완공됐고, 총 주거 1400채, 엠바르카데로 오피스센터, 상업시설, 호텔, 12에이커의 외부공간으로 이루어져 있다. 1단계사업(1962-1965)은, 400세대 22층 규모 판상형 건물 한 동, 178세대 25층 규모 타워형 건물 2동, 38세대의 타운하우스로 구성됐다. 이 모두를 2층짜리 주차장 위에 올렸고 주차장 상부의 플라자들을 공중보행로로 연결했다. 주거 아래에 주차장과 상업시설을 뒀다. 2단계(1964–1967)는 400세대 22층 규모의 판상형 건물 한 동과 20세대의 타운하우스로 구성됐고 주거아래에는 주차장과 상업시설을 뒀다. 1968년에는 테니스 클럽과 실외수영장을 건설했다. 3단계(1978–1985)인 골든게이트 커먼스는 오피스와 상점으로 이루어진 3층짜리 블록과 광장으로 구성됐다. 저층 구조 위에 2층짜리 타운하우스와 3층짜리 콘도미니엄을 뒀다. http://sfgov.org 참조.

2) 이 사업의 당선작인 건축가 윌리엄 워스터William Wurster의 디자인이 도시규모에서 베이지역양식Bay Region Style을 적용한 시도였다는 평가도 있었지만, 건축역사가인 만프레도 타푸리는 이 사업을 록펠러센터 이후 "다중블록 고층건물 모형의 실패"를 고스란히 물려받은 "커뮤니티 규모의 박물관"이라고 평가했다. 즉, "40, 50년대의 미국 도시주의는 록펠러센터의 다중블록 고층건물 모형에 희망을 걸었지만 이 모형은 도시를 진보적으로 재구조화하는 기틀을 만드는 출발점이 되지 못했다. 대신, 이 모형은 도시적 규모의 계획에는 모두 반유토피아적 의미가 있음을 잘 보여줬다. 이 점에서 록펠러센터의 교훈을 가장 잘 전수받은 것은 배터리파크 시티와 샌프란시스코 엠바르카데로 센터 등의 계획이었다. 그 교훈이란 다름 아니라, 도시화된 영역은 유토피아를 전면 부정한다는 사실이며, 따라서 도시적 '모험'에 대한 잃어버린 매혹을 되찾고자 어떻게 해 본들 이제는 자본주의발전에 필수적인 불균형을 반영하게 되고 배터리파크시티와 엠바르카데로 사업이 대변하듯이 '커뮤니티 규모의 박물관'으로 좌천될 수밖에 없다는 사실이다." Giorgio Ciucci et al., *The American City: From the Civil War to the New Deal* (Cambridge, Mass.: MIT Press, 1979), 500쪽.

3) 작품제출자들은 다음과 같다. (이하 스폰서+건축가 형식, 번호는 임의로 붙임) 1) Kern

Webb+Welton Becket, 2) Webb & Knapp+I. M. Pei, 3) Sidney Leiken+J. Lubicz-Nycz, 4) Utah Construction+Angus McSweeney, 5) Eichler Homes+Anshen & Allen, 6) Barrett-Diversified-Lesser-Braemar+Daniel, Mann, Johnson & Mendenhall, 7) Tishman-Cahill+John C. Warnecke, 8) Lewis Kitchen +Skidmore, Owings & Merrill, 9) Perini+Wurster, Bernardi & Emmons. 1960년 4월 샌프란시스코 재개발국은 10개의 제출안을 6일 동안 심사했다. 건축분야 자문위원은 일곱 명이었고, 루이스 칸, 헨리 처칠Churchill, 야마사키Yamasaki, 케첨Ketchum, 앤더슨Anderson, 치암피Ciampi 등이었다.

4) 에스오엠SOM의 디자인에 대한 치암피의 평가내용.

5) 칸의 언급은 다음과 같다. "그룹배치가 분산배치보다 훨씬 더 경제적일 것이라고 믿는다. 또, 공공사업이라면 공공적으로 여겨질 아주 실체적인 것을 공공이 그 결과물로 얻어야 한다고 본다. 에스오엠의 제출안의 경우, 공원을 통해 확실히 공공적 보상이 있다. 워스터의 제출안도 더 작지만 스퀘어라고 할 만한 광장이 있는데, 단지 땅의 일반적 공간을 위해서가 아니라, 뭐라 부르던, 이것이 골든파크다라는 선언이 분명 있다. 그것이 좋고 그것에 대한 강한 공공적 공감을 가졌다고 생각된다. 공원도 스퀘어도 그것을 가지고 있으며 주변의 다른 매스 처리도 좋거나 나쁘거나 하겠지만, 이런 요소가 있을 때 스스로를 강하게 식별시켜야 하며, 그것은 공적 노력을 반영한다."

6) "나는 내가 어느 건물에서 사람들이 자신을 볼 수 있다는 사실 때문에, 어떻게 다른 곳에 반영된 자신을 볼 수 있다는 것 때문에, 아주 칭찬하는 것을 들었다… 네 개의 띠가 악수하는 것은 없애야 한다는 생각이 강하게 든다. 그 대신 보이드가 돼야 한다. 중심부에 무게가 너무 실린 것 같고, 아니면 책임이 너무 큰 것 같고, 미적으로 이 센터에 놓인 것 같다. 여기서 생기는 많은 심리적 문제들을 다릴 수 있는 사람의 작업을 지시한다."

7) "사업부지와 기념비에 대해 의견을 줄 건축위원회의 위원장은 피에트로 벨루스키였고, 루이스 멈퍼드, 잉거소일R. Sturgis Ingersoil, 홈스 퍼킨스가 포함됐다. 건축위원회의 제안으로 웨스트 포토맥 공원에 대지를 정했고 국회가 이를 승인했다. 국회가 설계경기를 승인했고, 디자인에 아무런 제약도 두지 않되, 다른 세 기념비들을 모방하지 않고 조화되길 요청했다." Hon Francis Biddle, "The Franklin Delano Roosevelt Memorial Commission."

8) 자문위원회는 "반사적 표현을 더욱 제시할 것, 위치상 링컨기념비, 제퍼슨기념비, 워싱턴기념비보다 덜 압도적일 것, 독자성이 있을 것, 나머지 세 기념비들과 균형을 이루며 그것들을 완결할 것" 등의 조건을 제시했다. Thomas Hawk Creighton, *The Architecture of Monuments; The Franklin Delano Roosevelt Memorial Competition* (New York:

Reinhold Pub. Corp., 1962), 25쪽.

9) 같은 책을 볼 것.

10) "랑팡 플랜이 그려진 이후, 원래 계획을 충족하고 뒷받침하기 위해 방대한 공지를 공원과 여가용으로 남겨 왔다. 많은 땅이 포토맥 강을 따라 조성되어 몰을 확장하고 분지, 개펄, 수로가 전체경관을 강화했다." Paul Thiry, "Unmemorial or In Memoriam!," *AIA Journal* (1962): 36쪽.

11) Isabelle Hyman, "Marcel Breuer and the Franklin Delano Roosevelt Memorial," *Journal of the Society of Architectural Historians* (Dec. 1995): 446-458을 볼 것; 물론 루즈벨트 기념비 사업이 국가기념비사업의 디자인에 있어서 최초의 논쟁인 것은 아니었다. 1937-38년 제퍼슨 기념비를 둘러싼 논쟁의 경우, 링컨 기념관과 너무 흡사하다는 이유로 CFA가 거부했지만 루즈벨트 대통령의 최종결정으로 판테온 형태의 디자인을 정했다.

12) 당시 필라델피아 도시계획국장 베이컨Edmund N. Bacon이 실무자문을 맡았다. 심사위원은 조경건축가 처치Thomas D. Church, 미술관장 헤이스Bartlett Hayes, Jr., 하버드대학교 건축학과 명예교수 허드넛Joseph Hudnet, 예일대학교 건축학과장 루돌프Paul M. Rudolph, 엠아이티 건축학과 학장 벨루스키Pietro Belluschi의 다섯 명이었다.

13) 루즈벨트기념위원회 위원장인 비들Francis Biddle의 말. 칸 컬렉션, 030.II.A.57.80 "Franklin Delano Roosevelt Memorial Competition."

14) Katherine Kuh의 말.

15) "기념비성의 요청, 그 올바른 접근법, 공동체에서 다른 물리적 표현과의 관계. 이것은 바로 근대운동이 시작한 후로 이따금씩 논의되어 온 주제였다. 당선작에 관한 논의 대부분은 기념비성에 바탕을 뒀다. 즉, 성공적인 기념비적 표현인지, 건축에서 기념비적 표현이 오늘날 의미가 있는지에 대한 논의였다. / 이제 우리는 미국의 건축과 관련예술에서 다양한 건물유형과 목적에서 규모와 위계의 문제로 기념비성을 바라볼 시점에 있다. 우리는 여전히 정당하게도 민주사회의 목적에 일치할 것을 요구한다. 또한 여전히 현대건축의 매체에서 의미 있고 감흥적으로 설득력 있는 결과를 생산할 능력을 입증해야 한다… 과연 그럴 수 있는가? / 20세기에서 기념비적 표현을 찾는데 너무도 실수가 많았음을 인정해야 한다. 기념비성은 근본적으로 표현의 문제이지, 기능, 기술, 경제의 문제가 아니다… 사실 고전적 접근방식을 거부하고 현대적 기념비적 표현을 대체하려던 최초의 시도들은 보통은 그만큼 육중했다… 모듈 프레임의 단순한 직각성은 그 자체로 기념비적 표현일 수 없었고 그로테스크한 결과를 낳을 수 밖에 없었다." Thomas H. Creighton, "Once Again: The

Question of Monumentality," *AIA Journal* 37: 32.

16) 1967년 예술위원회 회의에서 번샤프트의 말, Isabelle Hyman, 위의 글, 456쪽.

17) 루이스 칸의 루즈벨트기념비 디자인과정에 대해서는 David B. Brownlee and David G. De Long, *Louis I. Kahn, In the Realm of Architecture* (New York: Rizzoli; Los Angeles: Museum of Contemporary Art, 1991), 139쪽; Robert McCarter, *Louis I Kahn* (London; New York: Phaidon, 2005), 434-439쪽을 볼 것.

18) 당시 뉴욕주 도시개발공사는 존슨과 버기가 1968-69년에 수립한 마스터플랜에 따라 주거지를 개발하고 있었다. 1968년 1월 린세이 뉴욕시장과 웰페어 섬계획개발위원회가 이 섬을 재개발할 것을 제안했다. 1969년에 위원회가 시장에게 보고서를 제출했고, 시장요청으로 뉴욕주 도시개발공사가 위원회권고사항을 실행하게 됐다. 도시개발공사가 부설회사를 설립하고 커뮤니티 자문단의 구성원이 존슨 버기의 마스터플랜에 제안된 프로그램의 세부를 실행하게 됐다.

19) Isabelle Hyman, 위의 글, 456쪽.

20) Louis I. Kahn, "1973: Brooklyn, New York," *Perspecta*, no. 19 (1982): 90

21) 1964년 페더슨이 제출한 수정안과 원안 모두 반대한다는 입장을 제임스 루즈벨트가 표명했을 때, 그는 미국의 나무들이 들어선 수목원의 형태가 바람직할 것이라는 의견을 표명한 적 있다. Isabelle Hyman, 위의 글, 446쪽을 볼 것.

22) 멈퍼드는 판상형 건물이 국제연합의 상징에 부합하지 못한다고 봤고, 관료제가 그 조직의 가장 현저한 특징이라며 혹평했다. 멈퍼드는 국제연합 건물이 뉴욕시의 거대 도시조직 안에서 특별한 건축적 정체성을 가졌어야 했다고 봤다. 아마도 칸 또한 국제연합 건물의 디자인을 좋아하지 않았을 것이다. Robert Wojtowicz, *Lewis Mumford and American Modernism*, 111쪽을 볼 것; 또한 William J. R. Curtis, *Modern Architecture since 1900* (3rd ed.) (Upper Saddle River, N.J.: Prentice Hall, 1996), 410쪽을 볼 것.

23) "맨해튼은 세 개의 강으로 둘러져 필연적으로 그 완결함이 고정되어 있다. 그 확고불변한 경계는 다리, 터널, 케이블카의 수와 면적이 늘어도 전혀 바뀌지 않았다. 이 점에서 맨해튼은 북미 도시 중에서도 독특하다. 이 외곽 안에서 맨해튼과 인근 지구의 시민들은 자신들이 거대하게 분절된 몸체의 구성원임을 안다." Joseph Rykwert, *The Seduction of Place*, 218쪽.

4장. 필라델피아 마스터플랜

1) 루이스 멈퍼드, "도시기능과 공공예술," *New Yorker* (1953.4.25)

2) David Brownlee와 Sarah Goldhagen의 저서를 참조할 것.

3) "도시를 복잡한 기계로 보고, 생물학자들이 묘사하고 연구하는 유기체와 같은 방식으로 생산하고 기능한다고 본 것"이 유럽전위주의의 일반적 특징이었다고 조셉 리퀴트는 설명했다. Joseph Rykwert, *The Idea of A Town: The Anthropology of Urban form in Rome, Italy and the Ancient World* (London: Faber and Faber, 1976), 서문을 볼 것.

4) 1966년 이후 모델시티Model Cities 프로그램과 관련된 루이스 칸의 힐 센트럴Hill Central 재개발(1968, 뉴헤이븐)을 들 수 있다. 사회적 저항에 부딪혀 그것이 실현되지 못하게 된 과정에 대해선 Sasha Page, "Louis Kahn and the Hill Central Project: Looking for a Village Green in a Model City," 1982.를 볼 것.

5) 이는 시아이엠CIAM의 '도시의 심장부The Heart of the City' 회의의 주요내용이었다. 칸은 1959년 CIAM 오텔로회의에 미국을 대표하는 건축가로 유일하게 참석했다.

6) Richard S. Wurman, ed., *What Will Be Has Always Been: The Words of Louis I. Kahn* (New York: Rizzoli, 1986), 187쪽.

7) Manfredo Tafuri and Francesco Dal Co, *Modern Architecture*, 358쪽.

8) 1960년대 초까지 칸의 도시설계에 대한 연구로는 Peter Reed, *Toward Form: Louis I. Kahn's Urban Designs for Philadelphia, 1939-1962* (Ph.D. diss., University of Pennsylvania, 1989)를 볼 것. 또한, 지어지지 않은 주요 도시프로젝트들로는 필라델피아 예술학교(1964-66), 브로드웨이 교회 · 오피스(1966-68), 캔자스시티 타워(1966-73), 볼티모어 내항개발(1969-73) 같은 60년대 후반 작품들을 들 수 있다. 칸의 볼티모어 내항개발계획은 1972년 초 미완성상태에서 디자이너-개발자와의 계약이 종료됐고 캔자스시티 타워 디자인도 1973년 미완성상태에서 계약종료됐다.

9) 1962년 겨울 칸은 시카고 그래엄재단에서 이 도시설계안의 도면과 모형사진을 자신이 50년대에 작성한 교통계획과 주차타워 연구와 함께 전시했다. Peter Reed, 위의 책, 238-239쪽, 246-248쪽을 볼 것.

10) 1958년 도시계획위원회가 발표한 마켓이스트 교통 · 상업센터 계획은, 마켓가 북쪽의 9번길와 13번길 사이 네 블록의 재개발계획이었다. 교통계획상 이 제안은 동서관통 차량흐름을 월넛 길과 마켓 길에서 서로 반대방향으로 흐르도록 조정했고 체스넛 길에서 차량교통

을 제거하여 델러웨어와 스쿠컬 강 사이에 양방향 대중교통(트롤리)을 두는 것이 주된 계획이었다. 칸은 필라델피아도시계획위원회 마켓이스트계획 건축자문가로 위촉됐다(1961년 3월). 칸과 도시계획위원회는 세 차례 회의를 했다. 1961년 6월 7일과 8월 1일의 주요 논점은, 마켓가 북쪽 상업시설의 선형적 디자인에 대해 칸이 강하게 반대했는데, 그 선형 구조물이 도시의 주요 도착점을 적절하게 상징하지 못한다는 이유였다. 칸은 "도시가 무엇이 되려는지" 물었고 길의 성질, 도시의 '지원하는 공간' servant space과 저장공간, '시티플레이스' 의 창조와 그 공간유형 등을 고려했는데, 베이컨을 설득시키진 못했다. 1962년 8월 10일, 세 번째 회합에서 칸은 고가교에 대해 주로 설명했고 마켓이스트 상업시설에 대해 언급하지 않았다. 리드에 따르면, 칸과 도시계획위원회의 세 차례 회의는 "비판적 의견 교환이라기보다 칸이라는 철학적 건축가가 자신의 심오하고 추상적인 도시이해를 드러내는 독백 같았다." Peter Reed, 위의 책, 247쪽, 253-254쪽을 볼 것.

11) 스미슨 부부도 1962년 계획이 칸의 선행 필라델피아연구에서 아이디어를 채택했다고 지적했다. Peter Reed, *Toward Form*, 249-251쪽 참조. 리드Peter Reed는 1940년대까지 칸의 도시설계는 기능적 위계와 길을 중시한 것이 특징이었지만, 1950년을 전환점으로 하여 추상적 기하형태에 바탕을 두며 역사적 인유가 풍부해진 것이 특징이라고 본다. 또한 두 가지 본질적이지만 상반되는 칸의 도시전략 즉, '움직임의 질서' 와 다른 하나인 '공공센터' 에서, 칸이 '질서' Order라는 다가多價적 개념을 발전시켰다고 봤다. 이것의 통합과 본질적 통일이 칸이 선호한 형태적 해결법에서 표현되었고, 도시프로젝트에서 가장 선명하고 기념비적으로 드러난다는 것이다.

12) 리드는 1962년 칸의 도시계획은 이론적 산물에 가깝지 현실적 실현성을 염두에 둔 것이 아니라고 판단했다. 같은 책을 볼 것.

13) "도시를 임기응변적으로 교정하는 대신 우리는 자동차가 요구하는 새로운 물리적 질서를 감지해야 한다." Richard Saul Wurman, ed., *What Will Be Has Always Been*, 263쪽.

14) 리드는 고가교 건축의 다양한 의미를 짚었다. 즉, 1960년 칸이 미국건축사협회 필라델피아 챕터에서 이 아이디어를 제시하고 이를 라이스Norman Rice가 지지한 점, 칸 자신이 1960년 11월 인도도시의 기원에서 수로가 건물들의 위치와 성격을 위한 질서를 부여한다는 내용을 말한 점을 들고, 고가교와 수로의 상징적 의미를 연관성을 지적했다. 리드는 크레인의 아이디어와의 연관성은 간과했다. Peter Reed, 위의 책, 243-246쪽을 볼 것.

15) 벤자민프랭클린 다리의 델러웨어 강변 쪽 연결부에 칸은 원형의 대형주차건물을 두고(이것을 칸은 '저수지' reservoir로 명명했다) 여기 연결되는 주요 교통흐름인 북쪽의 바인 길Vine

Street와 동쪽 델러웨어 강변의 프론트 길에 삼각형교차로를 두고(델러웨어의 '관문'에는 헬리포트가 포함된다), 남쪽 사우스 길에도 거대한 '관문'을 뒀다.

16) 칸은 도시계획위원회 작성 보고서인 『물리적 개발계획의 주요소』Major Elements of the Physical Development Plan 속의 센터시티 도면 위에 스케치를 그렸다. 도판 1.1을 볼 것.

17) 1962년 4월 10일 필라델피아 도시계획위원회 회의석상에서 칸이 한 말. Peter Reed, 위의 책, 259쪽에서 재인용.

18) 필라델피아의 센터시티는 윌리엄 펜이 도시외곽을 한정하고 외부로의 도시확장을 제약한 전략에 힘입어 도시경계 안쪽을 향한 고밀개발이 진행됐다.

19) Lewis Mumford, *The City in History: Its Origins, its Transformations and its Prospects* (New York: Harcourt, Brace and World, 1961), 277-281쪽을 볼 것.

20) 같은 책, 277쪽.

21) "The Sixties A P/A Symposium on the State of Architecture: Part II," *Progressive Architecture* (1961): 164-169쪽을 볼 것. 여기서 벨루스키, 야마사키 등은 제약에 대해 관대했다. 즉, 벨루스키의 경우 "제약은 건축가에게 도움된다"고 했다. 야마사키는 "제약을 할지 말지는 좋은 건물을 못 만드는 무능에 대한 변명이라고 의심했다. 반면 컴프Kump, 넬슨, 코딜Caudill 등은 제약에 반대했다. 컴프는 "사회가 건축적 수법에 대해 그 어떤 제약도 가해서는 안 되며… 그런 제약은 건축분야에 대한 이해부족에서 벌어진다"고 했다.

22) 1953년 초 도시행정가, 필리스, 이글스가 다목적 스포츠경기장의 신축사업을 논의하기 시작했다. 장소 · 규모 · 디자인 · 자금조달 · 명칭에 대해 오랫동안 합의를 못 보다가 1967년에 착공해서 약 5200만 달러의 건설비용을 들여 1971년에 베테란즈 경기장을 완공했다. 이 경기장은 원래 습지이던 남부 필라델피아의 74 에이커 땅에 지어졌는데, 개장 때 내셔널리그 최대규모였다. 약 6만석을 수용했다.

23) Sarah Ksiazek은 칸이 당시 기술-유기적 흐름을 수용했고 스페이스프레임이라는 구조형태를 통해 타워를 디자인함으로써, 현실 이면에 존재하는 기하학적 질서를 건축적으로 상징하려 했고, 구조 자체보다 '미적, 상징적, 사회적' 관심이 더 컸다고 설명한다. 또한, 이 타워의 개방공간의 비방향성을 통해 민주적 접근성을 암시하고, 건물의 일층을 대중의 참여공간에 할애한 점이 상징적 수준에서 표현됐다고 본다. Sarah Williams Ksiazek, "Critiques of Liberal Individualism: Louis Kahn's Civic Projects, 1947-57" (1997)을 볼 것; 또한, 그녀는 칸이 "기술-유기적 기념비성"을 발전시킨 것은 풀러Buckminster Fuller, 르 리콜레Robert Le Ricolais, 팅Anne Tyng 등의 영향이었다고 설명한다. 특히

Sarah Goldhagen, "Techno-Organic Symbols of Community," in Louis Kahn's Situated Modernism, 64-87쪽을 볼 것.

24) 칸은 이 타워를 필라델피아의 여러 장소 뿐 아니라, 뉴욕시에 유니버설아틀라스시멘트의 본사건물로 제안했다(1957년).

25) 칸의 말, John W. Cook and Heinrich Klotz, *Conversations with Architects*, 179쪽에서 인용.

26) 같은 책, 191쪽.

27) Sarah Goldhagen, 앞의 책, 173쪽.

5장. 뉴욕 브로드웨이 타워

1) Peter Blake, *Architectural Forum* (June 1965); 이 개발사업에 대한 당시의 평가에 대해서는 또한 다음을 볼 것. "A Tale of Two Towers." *Architectural Forum* v. 124, n. 3 (Apr. 1966): 28-37; Bethami Probst. "CBS : Somber Power on Sixth Avenue" *Progressive Architecture* v. 46 (July 1965): [187]-192; P. Blake, *God's Own Junkyard; The Planned Deterioration of America's Landscape* (New York, 1964); P. Blake, *No Place Like Utopia: Modern Architecture and the Company We Kept* (New York, 1993); 리쿼트 또한 맨해튼 6번대로 건물들이 상징성과 현실적 이익에서 모두 실패였다고 본다. *The Seduction of Place*, 216쪽을 볼 것.

2) Peter Blake, 위의 책, 18쪽; 다만 여기서 시비에스가 외부공간을 제대로 규정하지 못하고 있다는 블레이크의 비평 내용은 다음과 같다. "영국비평가 레이너 버냄이 몇 해 전 지적했듯이, 사리넨의 런던대사관은 [...] 광장공간이 모퉁이에서 '새어 나가게' 했다. 똑같은 결점이 시비에스에서도 보인다. 사리넨은 타워를 길에서부터 뒤로 물러 세워 길의 공간이 동쪽으로 '새어 나가게' 해 버렸다. 건물을 가장자리에 정렬하고 플라자를 건물 뒤에 뒀더라면 더 좋았을 텐데 말이다."

3) Louis Kahn, "Talk at the Conclusion of the Ottelo Congress"(1959) in Robert Twombly ed. *Louis Kahn: Essential Texts* (New York: W. W. Norton, 2003)

4) Richard Saul Wurman, ed., *What Will Be Has Always Been*, 212쪽.

5) 존슨은 칸의 미 원칙에 대해 불신한 것 같다. 존슨은 "[리처즈 건물]은 장식일 뿐이지만 아주 강력하고 아름답다. 하지만 칸도 완전 사기꾼이고, 나보다 더 사기꾼이다. 우리 모두 사

기균이다."라고 말했다. John W. Cook and Heinrich Klotz, 위의 책, 23쪽.

6) 같은 책, 16쪽; 또한 존슨은 말하기를 "세상 최악의 건물은 피츠버그에 있는 월러스 해리슨의 건물인데, 건물이 올라가기만 한다. 시비에스도 그만큼 나쁘다"라고 했다(같은 책, 15쪽).

7) 로너와 자베리가 편집한 루이스 칸 작품집에서도 제시했듯이, 브로드웨이 타워와 캔자스시티 타워는 동시에 연구돼야 한다. 그들의 지적대로, 캔자스시티 타워에 대한 첫 번째 연구단계일 때, 칸은 브로드웨이 타워의 디자인을 의뢰받았다. Heinz Ronner, Sharad Jhaver, *Louis I. Kahn: Complete Work*, 1935-1974 (2nd rev. and enl. ed.) (Basel; Boston: Birkhauser Verlag, 1987), 318쪽을 볼 것.

8) 칸은 1966년 7월에 교회를 대표하는 건축가로 결정됐다. 교회와 개발자 사이의 계약은 칸이 마련한 디자인에 의해 만들어지기도 했다. 이 교회는 1903-05년에 건축가 바니J. Stewart Barney가 디자인한 건물을 브로드웨이 56번 길에 지었다. 1960년대 당시 교회신축을 결정하고 1969년에 그 땅을 매각하게 된다.

9) 대안규제Alternative Regulation선은 대지경계선에서 10피트(3미터) 안쪽에 놓이며 이를 따를 때, FAR18(용적률 1800퍼센트)이 적용되며 57번길(75피트 이상인 대로)쪽에는 지상 7.6/1의 기울기로 사선제한Sky Exposure선이 결정되고 56번길에서는 3.7/1의 기울기로 사선제한이 적용됐다.

10) 1966년 9월 1일, 교회쪽(Leonard G. Styche)이 칸에게 보낸 편지내용. 칸 컬렉션 030.II.A.33.3 Broadway Church - Notes - Roth & Son, N.Y. - Zoning Studies.

11) 기술자 오거스트 코멘던트와 칸의 관계에 관해서는 August E. Komendant, 18 *Years with Architect Louis I. Kahn* (Englewood, N.J.: Aloray, 1975)을 볼 것.

12) John W. Cook and Heinrich Klotz, *Conversations with Architects*, 56쪽.

13) Dennis Sharp. *Twentieth Century Architecture: A Visual History* (New York: Facts on File, 1991), 286쪽을 볼 것.

14) "코어를 일정 간격마다 두고 단위공간을 지원하는 메가스트럭처 개념이 이제 생겨나기 시작했다. 대형구조물에서는 출입구와 설비를 200피트마다 모아둬야 한다. 이 지점을 지지체로 하고 그 사이를 무주공간으로 하면 추가적인, 모든 도시공간의 본질적 특성인 지상공간이 생겨난다. 이 아이디어를 나이츠오브컬럼버스 같은 작은 건물에 표현했지만, 훨씬 더 큰 구조에도 적용할 수 있다. 이것이 메가스트럭처 디자인의 기초다." John W. Cook and Heinrich Klotz, 위의 책, 77쪽.

15) 같은 책, 62-63쪽.

16) 1970년 3월 교회 측의 의뢰를 받은 부동산 컨설턴트(James D. Landauer Associates, INC.)가 칸을 섭외했다. 교회 측이 칸에게 보낸 마지막 서신(1970년 9월 10일, 23일)에는 건축과 선정에 있어서 교회 측은 부차적인 역할을 할 수밖에 없었으며 은행 측이 정한 건축가에 대해 거부할 수 없었다고 유감을 표명했다. 1970년 6월 루터 교회의 계획위원회는 건물의 개방성과 환영성을 최우선 목표로 제시했다. 즉, 이 건물은 "다양한 인종과 민족적 배경을 가진 다양한 사람들을 수용하고 모두에게 환영을 표시하는 것이 돼야 하며", "드나듦이 쉽고 바깥이 내다보이는 내부를 가져야" 했다. 또한 "그룹의 규모, 예배의 형식, 다양한 장식을 수용할 수 있는 내부공간의 유연성을 요청했다. 외관에 대해서는 특별한 외관이 있기보다는 주변 환경과 조화를 이루며 식별 가능할 것, 무엇보다 개방적이고 환영적인 표현일 것을 밝혔다.

6장. 캔자스시티 타워

1) 건축주들(Richard Altman, Arnold Garfinkel)과 칸과 첫 만남은 1966년 6월경으로 추정된다. 그해 8월 칸이 사업대지를 방문했다.

2) 1967년 1월 5일 회의록 내용. 칸 컬렉션.

3) 1968년 11월의 보고서 내용에 따른 건물 개요는 다음과 같다.

건물 총용적은 약 4십만 제곱피트, 높이는 3백 피트이며 대지는 110피트 6인치×414 피트였고 헬기착륙대, 레스토랑, 클럽과 헬스클럽, 상점과 주차장을 포함했다. 도면은 콘크리트, 강철, 유리로 된 타워를 보여준다. 타워의 구조는 콘크리트와 강철 케이블로서 각각 최신기술의 특장점을 결합했다. 기둥과 코어는 슬립 폼 방식이며 최고높이까지 쉼 없이 연속적으로 타설한다. 그 뒤, 가장자리 거더와 그것을 연결하는 상부 바닥판을 타설하고 케이블을 거더에 매단다. 그 뒤, 위에서 아래로 바닥판을 차례로 타설하는데 바닥판의 중심부는 코어로 주변부는 케이블로 지탱된다. 바닥판 거푸집은 하나만 쓴다. 1회 타설한 뒤 굳으면 거푸집을 내려 다음 타설 자리에 준비한다. 같은 방식으로 아래쪽 바닥판까지 내려간다. / 외벽은 현수케이블구조에 스테인레스강 멀리언이 연결되며 거기에 유리를 부착하며, 보도 위 8피트 높이에서 끝맺는다. 헬기착륙대는 코어에서 캔틸레버 구조로 뻗는데 가장자리구조와는 닿지 않아 착륙대로부터 압력이 전달되지 않는다. / 임대오피스공간이 건물용적이 된다. 시공시스템 덕분에 코어와 평면가장자리 사이에는 기둥이나 장애물 없이 자유롭고 연속된 공간이 생긴다. 이 때문에 구조적인 바닥판의 모듈레이션 안에서 유연한 공간이 생긴다. 최고높이까지 바닥의 요소와 작업이 반복되므로 요소를 표준화하고 프리패브화한다. / 타워상부에 큰 거더 근처에는, 특별한 실과 특별한 여건의 식당과 클럽이 있다. 식당과 클럽은 프리스트레스트 거더 사이에 놓여 그 안에 건물의 이야기를 담고 있다. 도시의 전망이 그것들에 의해 보인다. / 거리 높이에서는 기둥과 코어만 땅에 닿는다. 매달린 요소는 지면으로부터 8에서 28피트 높이에서 그치기에, 완전히 자유로운 공간이 거리로 열린다. 대지경계에 기둥이 방점을 찍고 그 기둥주변에 출입문이 몰려있다. 지하에는 주차장 바닥판이 코어, 기둥, 옹벽에 붙어있다. / 위아래방향의 시퀀스에서 작업이 가속되기 때문에 공기단축으로 인한 건설비용절감이 있을 것이다. 시공시스템은 작업상 자체에 담겨있기 때문에 인근지역에 크레인이나 다른 장비가 필요 없다. 요소, 공간, 연결, 특징들을 고를 때, 그것들이 만들어지는 방식과 물리적 타당성을 건물이 증명하게 했다. 이로서 기초적 시공을 새롭게 실현됐다.

4) John W. Cook and Heinrich Klotz, 위의 책, 193쪽.

5) 1969년 2월 24일 건축주인 가핑클이 칸에게 보낸 편지내용에 나타난 사실.

6) 크라운 센터는 1968년에 착공했다. 원래 개발하려던 총 85에이커의 대지의 절반이 개발됐다. 현재 홀마크 본사를 비롯해서 호텔, 회합실, 식당, 상점, 극장 등이 들어서 있다.

7) American Institute of Architects Kansas City Chapter, *Kansas City* (Kansas City, Mo.: The Chapter, 1979), 43쪽; "[캔자스시티 전력회사Kansas City Power & Light Co. 건물은] 아르데코 양식의 마천루에 전형적인 여러 셋백과 양식화된 기하학적 표면장식을 활용했다. 뒤로 물러 선 각각의 참에는 플러드 라이트가 감추어져 있고 최상부인 6층의 샤프트에는 프리즘 유리패널이 있고 다채색 빛을 번갈아 쏜다. 지어졌을 때 미주리 주에서 가장 높은 건물이었다(같은 책, 71쪽)."

8) Richard Saul Wurman, ed., *What Will Be Has Always Been*, 233–234쪽을 볼 것. 칸이 이렇게 순화된 기술의 이념을 공공적 위계와 연관하여 표현한 것은 동시기 베니스의 사당 디자인(1968–74)에서도 찾아볼 수 있듯이, 칸 경력 정점기의 주된 접근방법이었다.

9) 같은 책, 233–234쪽.

10) 같은 책, 212쪽.

11) "신전을 기둥으로 세우고 싶지만 적절한 비례나 짓는 법을 몰랐고, 그러면서도 상부구조를 받치면서 아름다운 효과를 내려고 했을 때, 그들은 사람의 발길이를 쟀고, 그것이 키의 1/6임을 발견하곤 비슷한 비례를 기둥에 적용했다. 즉, 기둥 지름의 여섯 배를 주초로부터 주두를 포함한 높이에 적용했다. 이런 식으로 도리아 기둥의 비례가 생겼고 그 힘과 아름다움은 인간형상에서 나왔다." 비트루비우스, 『건축십서』, 4권 1장 6번째 문단.

12) Louis Kahn, "Architecture: Silence and Light," in Arnold Toynbee et al., *On the Future of Art* (Viking, 1970), 20-35쪽을 볼 것; Alessandra Latour, ed. *Louis I. Kahn: Writings, Lectures, Interviews*, 248쪽.

13) 공간의 어긋남, 예상 밖의 공간적 발견과 충격의 효과가 칸의 건축물의 일반적 특징이라는 지적으로는 Sarah Goldhagen, *Louis Kahn's Situated Modernism*, 211쪽을 볼 것.

14) 칸의 공책. 날짜불명. 칸 컬렉션 K12 22 c. 1971. craftmen - Architect

15) Hans-Georg Gadamer, 『진리와 방법: 1-1』, 이길우 외 옮김 (서울, 2000), 159쪽을 볼 것.

16) 2월 27일자 Kansas City Star 신문.

17) 아놀드가 칸에게 보낸 서신(1973년 4월 17일). 칸 컬렉션 030.II.A.39 Kansas City Office Building - Client Correspondence II.

18) 건축주는 캔자스시티의 건축가 아첸Kenneth von Achen에 디자인을 맡겼고(1974년 1월 9일), 최종적으로 에스오엠Skidmore, Owings & Merrill이 디자인을 맡았다(1974년 3월 18일). 건축주와 건축가산 서신. 칸 컬렉션 030.II.A.39

19) Heinz Ronner and Sharad Jhaveri, *Louis I. Kahn: Complete Work*, 321쪽.

7장. 볼티모어 내항

1) 광역볼티모어위원회Greater Baltimore Committee 도시재개발위원회의 초대위원장은 제임스 라우스James W. Rouse였다. 그는 1950년대에 주로 볼티모어교외의 몰 건설사업을 했었고, 노스볼티모어에 타운하우스 단지를 짓기도 했었다. 볼티모어 시민계획 · 주거연합의 구성원으로도 활동했다. 라우스는 1956년에 계획위원회를 설립하여 데이비드 월러스David A. Wallace를 고용했다. 월러스는 필라델피아재개발국에서 베이컨과 함께 펜센터사업을 진행한 인물이다.

2) 부지면적은 총 33에이커(13.4헥타르), 사업비는 1억 2천 7백만 달러였다. 데이비드 월러스가 찰스센터의 마스터플랜을 작성했고, 개별건물들을 디자인한 건축가들로는, 원 찰스센터의 미스 반 데어 로에, 머컨틸 뱅크 트러스트 빌딩의 에머리 로스 · 선, 선 라이프 빌딩의 피터슨 · 브릭바우어 등이 있다.

3) 칸과 월러스의 1958년 서신교환, 칸 컬렉션 030.II.A.59.40 "Charles Center (David Wallace)"

4) "1957-58년 고층주택건물 세 동을 혼란한 거주지로부터 떼어 놓은 맨해튼 남단 재개발 프

로젝트, 1964년 볼티모어 찰스센터, 시카고 연방센터의 연방법원에서 미스는 역설에 이를 정도로 얇은 피막의 용적 안에 미세한 변화를 조정했는데, 그것은 은유적일 뿐 아니라 혼돈을 통제해서 그 안에 혼돈이 반영되게 했다.” Manfredo Tafuri and Francesco Dal Co, *Modern Architecture*, 314쪽.

5) “축제공간이란 말은 은유적 표현이 아니다. 실제로 1960년대 후반 시민동요에 의한 도심의 불안과 황폐화를 진정시킬 필요에서 또한 도시재개발을 진작할 방편으로 볼티모어박람회가 마련됐다. 이 박람회는 볼티모어의 근린과 인종의 다양함을 예찬했고 인종적 정체성을 부추기기까지 했다. 1970년 첫해 34만여 명, 1973년에 2백만 명까지 박람회장을 찾았다.” David Harvey, 『희망의 공간: 세계화, 신체, 유토피아』, 최병두 외 옮김(서울: 한울, 2001]); 또한, 동저자의 『포스트모더니티의 조건』, 구동회, 박영민 옮김(서울: 한울, 1994), ‘4장 도시에서의 포스트모더니즘’ 을 볼 것. 당시 볼티모어에서는 또한 도시간고속도로 건설과 관련되어 문화재와 항만경관을 보호하려는 여론이 드셌다.

6) Baltimore Sun 1970년 9월 3일자 기사, “Gateway Team Gets Nod to Develop Inner Harbor.”

7) 1971년 1, 2월 회의록.

8) 내항사업 전체부지면적은 150에이커(0.6제곱킬로미터)였다. 전체 마스터플랜은 1964년 WMRT(Wallace, McHarg, Roberts and Todd)사무소가 작성했다. 내항 1차사업은 볼티모어시와 ‘찰스센터-내항 경영회사’ 가 1965년에 실행계약을 맺고 1967년에 사업승인을 받았다. 칸은 1970년부터 게이트웨이개발이 이끄는 팀에 참여했고, 그들은 1970년 9월에 사업권을 부여 받았다. 칸은 1973년초 팀에서 해임된다.

9) 내항 2차사업인 내항서부(Inner Harbor West)개발은 도심업무지구 근로자를 위한 18개 블록 주거단지로서 각종 가족단위를 수용할 예정이었는데, 1971년에 볼티모어시로부터 사업을 승인받았다. 또한 내항에는 “셔틀버스와 기정이 콘스텔레이션 선함에서 포트 맥헨리까지 운행되고 호텔에서 이들 지점과 보트 정박장까지 확장될” 예정이라서 공간의 개방성이 매우 클 것으로 예상됐다.

10) 칸이 S. L. 햄머먼 기구의 브로디 회장에게 보낸 1970년 6월 3일자 편지. 칸 컬렉션 030.II.A.12.22 “S.L. Hammerman - All Correspondence 1969 - BIH”

11) 1964년에 작성된 내항계획의 목표는 다음과 같았다.

1. 상업 · 주거 · 공공용도의 질서 있는 확장과 수립을 위한 공간 마련.

2. 교통과 교통시설의 개선.

3. 내항을 대도시권역의 주민전체를 위한 여가공간으로 조성.

4. 계획구격과 도심에 일반적으로 경제활동을 촉진.

5. 도심에 인접한 시각적 공간적 어메니티로 내항을 복원.

6. 비위생적이고 불안전한 환경과 토지이용을 제거.

또한, 내항구역의 계획과 디자인의 틀로 수립한 기본개념은 다음과 같았다.

1. 공공의 수변접근과 수변이용을 최대화할 것.

2. 항만과 주변 길 사이의 땅은 공공이 직접이용하는 용도로 확보할 것.

3. 내항만과 그 주변 공공구역은 물리적으로나 시각적으로 남북쪽과 서쪽으로 기존도시조직과 내항서부계획과 연결할 것.

4. 주변 길들로부터 공공구역과 항만으로 조망을 확보할 것.

5. 공공공간의 보행적 성격에 부합하는 상대적으로 낮은 건물들만 수변에 인접하여 허용할 것. 단, 세계무역센터는 볼티모어의 상징으로 예외로 함.

6. 프랫길은 본질적으로 중심업무지구기능과 중심업무지구적 개발패턴의 남쪽종착지를 표시하도록 대로로 디자인할 것.

7. 내항구역 안에서는 토지이용과 기능을 풍부하고 혼합함으로써, 가장 폭넓은 사용자범위에게 가능한 최대로 다양한 경험과 연속된 활동이 가능하게 할 것.

8. 내항은 육지로나 바다로나 도시의 상징적 기능적 관문이 되게 할 것.

9. 적정한 주차와 서비스 시설을 도로에서 떨어져서 제공하고 공공에게 보이지 않게 할 것.

12) 1971년 1월 2일과 2월 1일에 있었던 업무회의 정리내용.

13) 22, 23구역 사이의 길을 병합하는 문제가 중요하게 다루어졌다. 15a구역의 외곽선을 WMRT가 작성한 마스터플랜의 건물외곽에 의해 설정됐고 칸의 디자인은 이것을 그대로 따랐다.

14) 칸 컬렉션 030.II.A.12. "Baltimore Inner Harbor Project I, telephoned to Owen 12.1.72 KC

15) 칸이 가르친 펜실베이니아대학교의 디자인 스튜디오에서는 1945년에 영어로 번역된 지테 Camillo Sitte 의 책, *City Planning according to Artistic Principles*)을 교재로 썼다.

16) 칸은 건물의 내벽 간 소음과 외부로부터 오는 소음의 기준을 정할 목적으로 음향전문가를 요청했다. 칸은 주거의 기본조건을 확보할 것을 중시했다.

17) 주차장 위를 인공대지로 활용하고 조경을 하는 아이디어는 캔자스시티 타워 디자인에도 있었다. 볼티모어에서는 이것의 조경적 성질을 더욱 강화하려 했던 것으로 짐작된다. 칸이 심사위원으로 참가한 샌프란시스코 골든게이트 사업에서 윌리암 워스트의 디자인도 연관된다.

18) 칸은 1960년대 초 샌프란시스코 골든게이트웨이 현상설계심사자로 참여했을 때도, 탑형 아파트를 선호했었다.

19) 초기계획은 콘크리트 트러스로 설정했다.

20) 내부경관의 깊이와 연속성을 노리는 전략은 칸의 집합건축물 디자인에서 흔히 읽을 수 있다. 예를 들어, 밀크릭Mill Creek 주거단지 프로젝트에서도 확인가능하다.

8장. 필라델피아 이백주년 기념사업

1) 1963년에 케네디대통령이, 1964년에 존슨대통령이 국제박람회기구에 1976년 엑스포의 미국개최를 요청하며 미국도 회원국이 됐다.

2) Russell F. Weigley, *Philadelphia A 300-Year History* (New York: W. W. Norton, 1982), 725쪽.

3) 이 건축가들은 데이비드 크레인(David Crane)의 캐피털 웹(capital web) 전략, 즉 '상징적 장소, 공간-셸터의 연속성, 구조물의 일반성, 체계적 리듬' 같은 상징적 특질이 도시공간의 물리적 소통에 중요하다는 접근법을 지지했다. 출처: 펜실베이니아대학교 건축자료실.

4) Joel Levinson · Architect, "Development of the Commuter Village Concept" (1968년 6월 15일).

5) 보스턴은 사업유치여부가 중앙정치의 소용돌이에 빠질 것으로 보고 1969년 중반에 사업유치를 포기했다. 미국혁명위원회American Revolution Commission가 필라델피아의 기념사업 유치를 권고하자 1970년 9월에 닉슨 대통령이 이를 승인했다. 1971년 1월 국제엑스포기구는 필라델피아에서 1급 엑스포를 열 것을 승인하고 일반규정을 제시했는데 이에 따라 600에이커 이상 면적의 연속된 부지가 필요해졌다.

6) 칸 컬렉션 030.II.A.50. 1972년 1월 16일 필라델피아 신임 시장인 리초의 박람회위원장인 가드너Stephen Gardner에게 보낸 편지; 루이스 칸의 고가교 계획에 대한 설명으로는 Peter S. Reed, 앞의 책을 볼 것.

7) 1971년 5월 브리핑 내용에 의하면, 전체기념사업은 1) 인디펜던스 홀을 중심으로 한 3개 주의 역사적 장소를 활용한 역사기념행사 2) 문화프로그램으로서 국내 · 국제 행사 3) "'76을 위한 목표" 프로그램(지역커뮤니티 개발 · 참여관련 프로그램) 4) 국제엑스포로 이루어질 예정이었다.

8) 루이스 칸은 1969년의 강연에서 말하기를, "이백주년사업의 뚜렷한 차이는 국가관 건립에

있는데 다른 엑스포의 국가관에서 할 수 없던 이벤트를 이백주년사업에서 지원할 것이다. 그것은 근거나 프로그램으로부터 창출되는 실행과 구분된다. 환경을 예상 못 하듯이 이벤트도 예상 못 한다. 예술에 속하지 않는 것으로서, 전승되는 것을 젊은이들이 정신으로 느끼는 그런 정신이 존재하는 것 같다"고 했다.

9) 반(反)보편주의란 다원주의사회를 지향한다는 의미이고 반(反)건축이란 건축적 혁신보다 사회적 혁신을 우위에 둔다는 뜻이었다. Denise Scott Brown and Robert Venturi, "The Bicentennial Commemoration 1976," *Architectural Forum* (Oct. 1969): 66-69을 볼 것.

10) "우리는 도시문제와 직면하는 데 엑스포를 이용해야 한다. 이 경우 시각경관에서 자유와 통제의 문제가 생긴다. 개별 국가관과 상업관을 배제하기보다 엑스포의 전통적 활기로서 받아들이고 이것들을 도시자체처럼 복잡한 질서로 통합함으로써, 지금의 제어방식보다 덜 강압적인 상업환경 통제술을 배울 수 있을 것이다."

11) 이에 대해 당시 국제엑스포기구의 대표인 필립스William Phillips는 유럽적 전통을 강조했는데, 그는 대부분의 미국인이 국제엑스포의 진정한 성격을 여전히 잘 모른다고 지적했다. 즉, "유럽인에게 엑스포는 문화적 성취의 정점을 의미하는 것으로서 개별 국가들이 스스로 여행과 해외전시를 위해 지원하는 문화적 참여의 촉매로 작용하지만, 미국에서는 불행히도 이것을 페어라고 불러서 부차적이어야 할 돈과 결부시켜서 인식한다"고 하며 엑스포가 일차적으로 비상업적인 문화적 전시와 관련돼 있음을 내세웠다.

12) 이스트윅의 전체규모(국제관 · 주제관용 650에이커, 주차장 · 부대시설용 450에이커)는 필라델피아 센터시티의 면적보다 조금 작았다.

13) 루이스 칸, 바우어 프래들리Bower & Fradley, 에쉬바크 글래스 케일Eshbach, Glass, Kale & Associates, 미첼 주걸러Mitchell / Giurgola, 머피 레비 워먼Murphy Levy Wurman, 벤추리 라우치Venturi & Rauch, 어번 엔지니어 사Urban Engineers, Inc. 등이 이스트윅 마스터플랜에 참여했다. 이것을 1972년 9월까지 최종 마스터플랜으로 발전시킬 계획이었다.(벤추리Robert Venturi, 스콧-브라운Dennis Scott-Brown 아카이브의 관련자료열람을 허락해 준 그들 부부에게 감사드린다.)

14) "길은 두 가지 참여 형태를 조직한다. 즉 개별 파빌리언과, 다양한 형태로 집중 공유되어 표현되는 공간(주제공간)이다. 집중된 주제참여공간을 길 양 끝에 배치했고 입구에 가깝다. 각 공간에는 물 · 통행 · 보행로가 관통한다. 주제프로그램은 중앙의 만남의 장소와 회의장 주변에 집중돼 있다. 두 가지 "자원의 홀"과 "표현의 홀"은 길 쪽으로 오면서 탈중심화되기 시작하여 길에 확장된 주제 활동의 일부가 되기 시작한다."(회의록 내용)

15) "엑스포의 물리적 형태는 대중의 상호반응이라는 주제를 반영한다. 따라서 공공공간의 형

태와 특성이 모든 참가자에게 더 중요하다. 이전 엑스포들은 국가마다 필지에 따로따로 건물을 지었지만, 이제는 부지의 전체환경에 공동책임을 가져야만 한다. 전세계인들의 행위, 즉 공연예술 · 레스토랑 · 부티크가 눈에 띄도록 하고, 국제적 감각이 생기도록 그것들이 공공영역에 쏟아져 나오게 한다 […] 기본적 형태요소는 활용성의 길, 국가와 그 자원의 길이다. 이 길이 대지 한쪽에서 다른 한쪽으로 뻗어있고 모든 활동이 이 길과 관련 된다 […] 길은 큰 원호의 형태이기 때문에 지구를 감싸는 원의 일부로도 느껴질 수 있다."(회의록 내용)

16) "부지 동쪽 끝엔 길이 연장된 특별 공연홀이 있다 […] 기념플라자는 삼면이 물로 둘러싸인 독특한 장소다. 강에서 연장된 수공간을 향해 이 지점에서 길이 열리고 방문자는 강을 바라보며 쉴 수 있다. 수변은 보행 · 휴게 · 간이카페 · 선착장으로 디자인되어 고도로 조직된 '길의 삶' 과 대조된다" "국가간 상호작용이 전체환경에 얼마나 기여하는가에 박람회의 성공이 달려있다 […] 참가국은 모든 존에서 활동을 펼치도록 권장되며 세 개 존에 참여하게 된다 […] (회의록 내용)

17) 오사카 엑스포에 대해서 당시 서양 건축비평가들은 좋게 평가하지 않았다. 즉, 분리된 개별 전시관을 두는 기존 공식에서 못 벗어난 점, 기발한 표현의 여지가 별로 없었던 점, 색채조정계획이 없었던 점으로 인해 외관이 둔해 보였다는 평가다. E. Mattie, *World's Fairs* (New York: Princeton Architectural Press, 1998), 236쪽을 볼 것.

18) "국가관 존에서 참가국은 고유한 표현을 할 수 있다 […] 보행 존에는 통과동선을 위한 배려가 필요하고, 주제전 · 정원 · 옥외카페 · 그 밖의 활동들에 국제관의 사람들이 포함돼야 한다. 커뮤니케이션 존은 대형 그래픽사인과 퍼포먼스를 강조하며, 이웃국가와 긴밀한 협조가 요청된다." "세 개의 존 말고도 모두는 길 자체에 활동을 이바지하도록 초청된다. 부대 주제전시공연 · 분수 · 정원 · 놀이터 부티크가 권장되며, 길의 영역에서 주요 교통체계 · 식당 · 기타 방문자 서비스가 있을 것이다."(회의록 내용).

19) 1970년대 초 미국에서는 정치 · 경제 · 사회적 현안들로 인해 기념사업을 진행하기에 부적합했던 상황에 대해서는 Natasha Zaretsky, *The End of the American Century: Narratives of National Decline and Family Decline in the 1970s* (Ph.D. diss., Brown University, 2003)을 참조할 것. 여기서는 에너지위기 이후 실업률증가 · 인플레이션 등이 초래되자 전시기획자들은 이백주년사업을 단일국가로서 미국의 정체성을 회복시킬 수단으로 삼기보다 연방정부가 지역주의 · 다원성 · 차이를 강조할 기회로 삼게 됐다고 설명한다.

20) 필라델피아는 연방정부에서 최종적으로 받은 5천만불 중 3천만불을 인디펜던스 국립공원의 개선에 쓸 정도로 이 지역에 중점을 뒀다. 연방정부의 방침에 의해 필라델피아 엑스포가 개최될 수 없게 된 이후, 이백주년계획단(BPG, 디렉터 윌리엄 라프스키William L. Rafsky는 이백주년 사업구상을 새롭게 재편하고 시장의 승인을 받기 위해 잇따른 사업과 예산을 준비했다(1972년 9월). 칸의 기초 제안이 시장의 승인을 얻어 칸을 인디펜던스 몰 구역 계획을 맡도록 계약맺었다(1972년 9월 25일). 이백주년계획단의 존 갤러리는 기념사업관련 연방대표자들과의 조정모임 이후 자문위원 전원(Joanne E. Finley, M.D. Louis I. Kahn, Scott Killinger, Henry Magaziner, John D. Milner, Henry E. Putsch, Franklin Roberts, R. T. Schnadelbach, Robert Venturi, Richard Saul Wurman)에게 11월에 각자의 기획안을 설명하는 기초보고서, 경비, 그래픽스케치, 일정을, 12월 1일까지 최종보고서를 제출할 것을 공지했다. 이후 상원은 펜실베이니아 이백주년 위원회를 폐지하고 새롭고 더 독립적인 위원회로 대체하고 필라델피아의 기념사업에 국한하지 않기로 의안을 통과시킴으로써(1973년 10월 25일) 필라델피아 위주로 편성된 계획은 펜실베이니아 주의 다른 지역으로 분산됐다.

21) 1972년 9월 21일 존갤러리와 마샬 메이어의 전화통화 내용과 1972년 9월 25일 서신내용. 이백주년계획단은 칸이 크레인과 교통문제를 협의하여 디자인을 발전시켜 달라고 요청했고, 다음의 구체적 문제들을 고려할 것을 지적했다. 즉, 몰에 인접한 길과 건물과 관련된 공공공간을 폐쇄할 가능성 / 몰이 모든 연령의 사람에게 쓰일 주요 회합장소, 즉 '빌리지 그린village green으로 이용하고 특히 어린이 시설, 독립선언 사건을 어린이에게 보여주고 해석해 줄 용도에 중점을 둘 것, 특별행사를 수용하기 위해 몰의 물리적 성격의 변경가능성 / 둘째 블록 상공에는 천장을 덮은 셸터 형태를 가진 것을 포함하고 첫째 블록에 임시 보행구역과 전시구역 등을 둘 수 있을 것 / 지금 디자인에서 몰을 크게 변경하는 것을 바라지 않음 / 인디펜던스 홀과 거기에 일어난 일의 철학적 중요성을 반영할 디자인개념을 발전시키는데 특히 관심 둘 것이 이백주년계획단의 세부 요청사항이었다.

22) 인디펜던스 스퀘어는 1943년에 국가 사적National Historic Site으로 지정됐고, 이어서 몰 계획이 추진됐다. 인디펜던스 홀 협회가 라슨Larson의 디자인을 후원했고 페어마운트파크 예술연합에 의해 승인했다. 라슨의 디자인은 인디펜던스 홀 북쪽의 노후한 창고들이 국가성지에 화재위협이 된다며 그것들을 철거할 것을 제안했다. 폴 필립 크레의 1933년 안 같은 기존 디자인은 체스넛가와 마켓가 사이의 블록에 국한되어 있었지만, 이제 라슨은 프랭클린 스퀘어 북쪽으로 델러웨어 강 다리(현재 벤자민 프랭클린 다리)까지 몰을 확장시켰다. 라슨의 디자인을 변경한 하비슨 사무소의 1949년의 디자인에서는 몰의 동서쪽에 벽돌조 파

빌리언을 뒀으며 인디펜던스 홀로부터 세 번째의 블록은 조경건축가 킬리Dan Kiley가 디자인했다. 몰과 관련한 재개발계획에 대해서는 "Independence Mall Urban Renewal Ar. Technical Report"(1963년 5월)를 볼 것.

23) 1972년 11월 8일 하비슨이 칸에게 보낸 편지 내용.

24) 또한, 1972년 11월 9일 International Consultants Inc.(ICI)가 칸 사무소에 보낸 편지에 의하면, 평면도, 단면도, 척도스케치 각 한 장 (11월 8일 ICI 도착), HHLL의 Development of Independence Mall: A-2, A-3 & A-4, dated July 9, 1963 (revised November 12, 1963), 스터디 모형 사진 세 장, 11월 8일 사무소에서 칸과 나눈 대화를 통해 산정한 기본견적을 보여준다. 철거, 대지정비, 시설재배치 등이 고려됐고, 1976년까지 완공한다는 빠듯한 공사일정을 고려해서 총 61,355,000달러가 경비로 예측됐다. (코너 건물 12,285,000달러, 긴 건물 15,606,000달러, 샤토 12,286,000달러, 상업 · 오프닝 5,741,000달러, 시회합 건물 15,437,000달러)

25) 이백주년계획단의 존 갤러리와 칸 사이의 1973년 2월 27일 편지내용.

26) 칸의 제안서 "The Bicentennial of the Signing of the Declaration of Independence in Philadelphia: A Proposal for Independence Mall as the Seat of the Congress of the Institutions" (1973년 6월 29일)

9장. 테헤란

1) 루이스 칸, 이란의 건축가 아르덜런Nader Ardalan과 이란의 예술사학자 바흐티아르Laleh Bakhtiar의 공저 *The Sense of Unity*에 대한 커멘트의 일부.

2) 칸의 방글라데시 다카 프로젝트에 대해서는 Sarah Goldhagen의 저서를 볼 것; 1970년 봄에는 체코슬로바키아의 프라하에서 역사도심 개조사업을 칸에게 의뢰하려고 접촉했다. 관련자들은 칸이 베니스에서 한 프로젝트에 감명 받았다고 밝혔다.
칸 컬렉션 030.II.A.69.77. Praha, Czechoslovakia - Messrs. Brix and Goacak, 1970.6.19.

3) 이 회의에 초청된 건축가들은 다음과 같다. 미국출신 건축가로는 루이스 칸, 풀러Buckminster Fuller, 루돌프Paul Rudolph, 윌Philip Will, 서트Jose Luis Sert, 노이트라Dion Neutra, 서독의 웅거스Oswald Ungers, 이탈리아의 제비Bruno Zevi(불참), 아르간Guilio Carlo Argan, 콰로니Lodolvico Quaroni, 폰티Gio Ponti, 기타 국가의 매튜Robert Mattew, 탕게Kanzo Tange, 아시하라Yoshinobu Ashihara, 자바

로니Otello Zavaroni, 칸딜리스Georges Candilis, 우쫀Jorn Utzon, 니콜레스Marta Nicolescu, 미스트리Mino Mistri, 이란의 아르덜런Nader Ardalan 등 열 명의 건축가.

4) 1970년 이란 에스파헌에서 열린 국제건축회의에서 팔레비 국왕의 개회사 내용 중 일부.

5) 이 팀의 구성은, 개발자인 존 제이워드, 당게겐조 사무소와 루이스 칸 사무소, 아르덜런Nader Ardalan, 아프가니Ali Sardan Afghani 등 젊은 테헤란 건축가들이었다. 칸 컬렉션, 030.II.A.106 "Prospective, Tehran."

6) "The strength and beckoning of this ancient land offers ever so much more than I imagined. This new civic center place must be conceived as a whole presenting an indelible unique comprehensive and symphonic. There must be a way to impel its aspirations towards new thresholds of living and to inspire the talents of all of us to great exemplary work." 칸 컬렉션, 같은 자료.

7) 테헤란 시의 인구는 1955년 이후의 5.6퍼센트 인구증가율을 기준할 때 1965년 인구 298만 명으로부터 25년 후인 1990년에는 5백5십만 명으로 추산되었고, 압버스어버드 지구(테헤란 시의 10개 지구 중 하나) 인구는 1965년 155,442명으로부터 1990년에 412,000명으로 추산됐고, 압버스어버드 지구전체의 인구밀도는 첫 제안은 1헥타르당 76명에서 나중 제안은 1헥타르당 100명으로 설정됐다. 또한, 도시 내 지구단위의 규모에 대한 계획도 설정되어 있었다. 즉, (1) 도시유니트는 주택 250채와 유치원(100명; 주택과 유치원간 거리가 250미터를 넘지 않을 것), (2) 근린은 주택 1000채 + 초등학교 (학생 600명; 주택과 초등학교간의 거리는 10-15분 보행거리를 넘지 않을 것) + 상점들, (3) 지구는 주택 4000채 + 고등학교 (학생 1700명) + 쇼핑센터 + 일부 행정센터로 구성될 것이었다. 칸 컬렉션, 같은 자료.

8) 칸의 노트와 도면으로부터 유추할 수 있는 내용이다.

9) 저자의 추측상, 계획에 불필요한 기존군사시설을 철거할 의도가 있었던 것 같다.

10) 드롱 교수는 저자와의 인터뷰에서 칸이 유명한 중정형 호텔에 묵었을 법하며, 그런 유형의 건물을 잘 알게 됐으리라고 의견을 전했다.

11) 아르덜런이 6월에 칸 사무실에 보낸 자료..

12) 이후에 발전된 샤에스턴 팔라비Shahestan Pahlavi의 세부마스터플랜에 대해서는 다음을 볼 것. *Architectural Record*(Jan. 1976): 37; "Shahestan Pahlavi: Project for a New Centre for Tehran," *Royal Institute of British Architects Journal* LXXIV(1977): 136-147; "Robertson, Jacquelin T. Shahestan Pahlavi: Steps Toward a New Iranian Centre. Conference Lecture and Proceedings: Toward an Architecture in the Spirit of Islam(1978).

참고문헌

- 김광현. 「Le Corbusier와 Louis Kahn 건축의 비교를 통한 '시설'의 의미에 관한 연구」, 『대한건축학회』, 17권 10호. (2001): 129–138.
- 배형민. 「고전으로서 루이스 칸의 건축: 경험, 인식과 실천」, 『POAR』. (2001.7): 64–67.
- 서정일. 「20세기 후반 엑스포 어버니즘의 대두과정」, 『도시설계』 11권 3호 (2010.8): 49–62.
- ——. 「전후미국도시건축의 소통이념」, 『대한건축학회 논문집』 22권 6호 (2006.6): 229–236.
- ——, 오광석, 김광현. 「1960년대 후반 루이스 칸의 도시프로젝트의 소통적 특질」, 『대한건축학회 논문집』 21권 6호 (2005.6): 59–66.
- 서정일. 『루이스 칸의 도시건축 연구 1960–1974: 미국도시의 재현과 소통』. 서울대학교대학원 박사학위논문, 2006.
- 안웅희. 『루이스 칸의 건축존재론: 건축의 존재와 본래성에 관한 연구』. 서울대학교대학원 박사학위논문, 2002.
- 香山壽夫. 『ルイス・カーンとはだれか』. 彰國社, 2003.
- 原口秀昭. 『ルイス・カーンの空間構成—アクソメで讀む20世紀の建築家たち』. 彰國社, 1998.
- 前田忠直. 『ルイス・カーン研究—建築へのオデュッセイア』. 鹿島出版會, 1994.
- "Civic Design Symposium 1: Emerging Forces and Forms in the City Today: (Report of the Civic Design Symposium, Part 1, convened at the University of Pennsylvania the 10th and 11th of January 1963)". University of Pennsylvania, Graduate School of Fine Arts, 1963.
- "In Search of a New Monumentality: A Symposium," *The Architectural Review* (September, 1948): 116–128.
- "The FDR Memorial Competiton." *AIA Journal* (1962): 25–36.
- Alejandro, Roberto. *Hermeneutics, Citizenship, and the Public Sphere*. Albany: State University of New York Press, 1993.
- Altshuler, Alan and David Luberoff. *Mega-Projects: The Changing Politics of Urban Public Investment*. Washington, D.C.: Brookings Institution Press; Cambridge, Mass.: Lincoln Institute of Land Policy, 2003.
- American Institute of Architects, Kansas City Chapter. *Kansas City*. Kansas City, Mo.: The Chapter, 1979.
- Ayad, Irene E. *Louis I. Kahn and Neighborhood Design: The Mill Creek Redevelopment Area Pan, 1951–1954*. Ph. D. diss., Cornell University, 1995.
- Bacon, Edmund. *Design of Cities*. New York: Viking Press, 1967.
- Baird, George. *The Space of Appearance*. Cambridge, Mass.: MIT Press, 1995.

• Berman, Marshall. 『현대성의 경험: 견고한 모든 것은 대기 속에 녹아버린다』. 윤호병, 이만식 옮김. 서울: 현대미학사, 1994.
• Broadbent, Geoffrey, Richard Bunt, Charles Jencks, eds. *Signs, Symbols, and Architecture*. New York: Wiley, 1980.
• Brownlee, David B., and David G. De Long. *Louis I. Kahn, In the Realm of Architecture*. New York: Rizzoli; Los Angeles: Museum of Contemporary Art, 1991.
• Choay, Franoise. "Alberti: The Invention of Monumentality and Memory," Harvard *Architectural Review IV* (Spring 1984): 99–105.
• ——. *The Rule and the Model*. Cambridge, Mass.; London: MIT Press, 1997.
• ——. *The Invention of the Historic Monument*. Cambridge, U.K.; New York: Cambridge University Press, 2001.
• Ciucci, Giorgio, Francesco Dal Co, Mario Manieri–Elia, and Manfredo Tafuri. *The American City: From the Civil War to the New Deal*. trans. Barbara Luigia. Cambridge, Mass.: MIT Press, 1979.
• Collins, Christiane C., and George R. "Monumentality: A Critical Matter in Modern Architecture." *The Harvard Architectural Review IV*(Spring 1984): 15–35.
• Colquhoun, Alan. "Thoughts on Riegl." in *Oppositions* 25 (Fall 1982): 79–101.
• Cook, John W. and Heinrich Klotz, *Conversations with Architects: Philip Johnson, Kevin Roche, Paul Rudolph, Bertrand Goldberg, Morris Lapidus, Louis Kahn, Charles Moore, Robert Venturi & Denise Scott Brown*. New York: Praeger, 1973.
• Costa Xavier. *Mercurial Markers: Interpretations of Architectural Monuments in Early Nineteenth–Century France*. Ph.D. diss., University of Pennsylvania, 1990.
• Crane, David. "The City Symbolic", *Journal of the American Institute of Planners*, vol. 26 (1960): 280–292.
• Creighton, Thomas Hawk. *The Architecture of Monuments: the Franklin Delano Roosevelt Memorial Competition*. New York: Reinhold Pub. Corp., 1962.
• Curtis, William J. R. "Modern Architecture, Monumentality, and the Meaning of Institutions: A Reflection on Authenticity," *Harvard Architectural Review* IV (1984): 84–85.
• ——. *Modern Architecture since 1900*. 3rd ed., Upper Saddle River, N.J.: Prentice Hall, 1996.
• ——. "Presence of Absence." *Ptah* (Jan. 2002): 21–33.
• Debord, Guy. 『스펙터클의 사회』. 이경숙 옮김, 서울: 현실문화연구, 1996.
• Dewey, John. *Art as Experience*. New York: Minton, Balch & Company, 1934. 이재언 옮김. 『경험으로서의 예술』. 서울: 책세상, 2003.
• Dilthey, Wilhelm. 『체험 · 표현 · 이해』. 이한우 옮김. 서울: 책세상, 2002.
• Dorfles, Gillo. "Communication and Symbol in the Work of Art." *The Journal of*

Aesthetic and Art Criticism, vol. 15, no.3 (1957): 289-297.
• Frampton, Kenneth. *Modern Architecture: A Critical History*. New York: Oxford University Press, 1980.
• ——. *Studies in Tectonic Culture: The Poetics of Construction in Nineteenth and Twentieth Century Architecture*. Cambridge, Mass.: MIT Press, 1995.
• Frieden, Bernard, and Lynne Sagalyn. 1989. *Downtown, Inc.: How America rebuilds Cities*. Cambridge, Mass.: MIT Press, 1989.
• Gadamer, Hans-Georg. *Truth and Method*. [Translation revised by Joel Weinsheimer and Donald G. Marshall] 2nd. rev. ed. New York: Continuum, 1998.
• ——. 이길우 외 옮김. 『진리와 방법』: 1-1. 서울, 2000.
• ——. *The Relevance of the Beautiful and Other Essays*. trans. N. Walker. ed. R. Bernasconi, Cambridge: Cambridge University Press, 1986.
• Galbraith, John K. *The Affluent Society*, Boston: Houghton Mifflin, 1958.
• ——. 『풍요한 사회』. 박병규 옮김. 서울: 현대사상사, 1977.
• Gans, Herbert. *The Levittowners: Life and Politics in a New Suburban Community*. New York: Pantheon Books, 1967.
• Garvin, Alexander. *American City: What Works, What Doesn't*. New York: McGraw-Hill, 1996.
• Gehlen, Arnold. *Man, His Nature and Place in the World*. trans. Clare McMillan and Karl Pillemer. New York: Columbia University Press, 1988.
• ——. 『인간학적 탐구』. 이을상 옮김. 서울: 이문출판사, 1998.
• Giedion, Sigfried. *Architecture, You and Me: The Diary of a Development*. Cambridge: Harvard University Press, 1958.
• Goldhagen, Sarah W. and Rejean Legault, eds. *Anxious Modernisms*. Montreal: Canadian Centre for Architecture; Cambridge, Mass.: MIT Press, 2000.
• Goldhagen, Sarah W. *Louis Kahn's Situated Modernism*. New Haven, Conn.: Yale University Press, 2001.
• Gombrich, E. *Art and Illusion: a Study in the Psychology of Pictorial Representation*. New York: Pantheon Books, 1960.
• ——. 백기수 옮김, 『예술과 환영』. 서울: 이화여자대학교 출판부, 1985.
• ——. *Symbolic Images: Studies in the Art of the Renaissance*. London: Phaidon, 1972.
• Goodman, Nelson. *Languages of Art*. 2nd ed. Indianapolis, 1976.
• ——. 『예술의 언어들: 기호이론을 향하여』. 김혜숙, 김혜련 옮김. 서울: 이화여대 출판부, 2002.
• Goodwin, Philip L. "Monuments," in *New Architecture and City Planning*, ed. Paul Zucker. New York: Philosophical library, 1944.
• Gregotti, Vittorio. *Inside Architecture*. Cambridge: MIT Press, 1996.
• Hall, Peter, Sir. *Cities of Tomorrow*. 3rd ed. Oxford, UK; Malden, MA: Blackwell Pub.,

2002.
• Handlin, Oscar, and John Burchard, eds. *The Historian and the City*. Cambridge, Mass.: MIT Press, 1963.
• Harries, Karsten. *The Meaning of Modern Art: A Philosophical Interpretation*. Evanston, Ill.: Northwestern University Press, 1968.
• ——.『현대미술: 그 철학적 의미』. 오병남, 최연희 옮김. 서울: 서광사, 1988.
• ——. *The Ethical Function of Architecture*. Cambridge, Mass.: MIT Press, 1997.
• Hartoonian, Gevork. *Modernity and Its Other: A Post-script to Contemporary Architecture*. College Station, Tex.: Texas A&M University Press, 1997.
• Harvey, David. *Consciousness and the Urban Experience*. London: Basil Blackwell, 1985.
• ——. *The Urbanization of Capital: Studies in the History and Theory of Capitalist Urbanization*. Oxford: Blackwell, 1985.
• ——. 『포스트모더니티의 조건』. 구동회, 박영민 옮김, 서울: 한울, 1994.
• ——. 『희망의 공간: 세계화, 신체, 유토피아』. 최병두, 이상율, 박규택, 이보영 옮김, 서울: 한울, 2001.
• Hitchcock, H. Russell, and Philip Johnson. 『국제건축양식』. 최종현 옮김. 서울: 세진사, 1986.
• Howard, Ebenezer, Sir. 『내일의 전원도시』. 조재성, 권원용 옮김. 파주: 한울, 2006.
• Hyman, Isabelle. "Marcel Breuer and the Franklin Delano Roosevelt Memorial." *Journal of the Society of Architectural Historians* (Dec. 1995): 446-458.
• Jacobs, Jane. *The Death and Life of Great American Cities*. New York: Vintage Books, 1961.
• Jencks, Charles A. *The Language of Post-Modern Architecture*. New York: Rizzoli, 1977.
• Johnson, Eugene J., and Michael J. Lewis. *Drawn from the Source: The Travel Sketches of Louis I. Kahn*. Cambridge, Mass.: MIT Press, 1996.
• Kant, Immanuel. 『판단력 비판』. 김상현 옮김. 서울: 책세상, 2005.
• Komendant, August E. *18 Years with Architect Louis I. Kahn*. Englewood, N.J.: Aloray, 1975.
• Ksiazek, Sarah W. "Architectural Culture in the Fifties: Louis Kahn and the National Assembly Complex in Dhaka." *Journal of the Society of Architectural Historians* LII/4 (1993): 416-435.
• ——. "The Critiques of Liberal Individualism: Louis Kahn's Civic Projects, 1947-57." *Assemblage* 31 (1997): 57-79.
• Langer, Suzanne K. *Problems of Art: Ten Philosophical Lectures*. New York, C. Scribner, 1957.
• ——. 『예술이란 무엇인가』. 곽우종 옮김. 서울: 고려원, 1993.
• Latour, Alessandra. ed. *Louis I. Kahn: Writings, Lectures, Interviews*. New York: Rizzoli, 1991.

• Leatherbarrow, David. "Review on 'Studies in Tectonic Culture.'" *Journal of the Society of Architectural Historians* 56:1 (March 1997): 98.
• ——. *Uncommon Ground: Architecture, Technology, and Topography.* Cambridge, Mass.: MIT Press, 2000.
• ——. "Architecture, the City, and Nature: Part and Whole?" *Oz*, vol. 24 (2002): 14–18.
• Leatherbarrow, David. and Mohsen Mostafavi. *Surface Architecture.* Cambridge, Mass: MIT Press, 2002.
• Lefebvre, Henri. *The Production of Space.* Oxford; Cambridge, Mass.: Blackwell, 1991.
• LeGates, Richard T., and Frederic Stout, eds. *The City Reader.* London; New York: Routledge, 1996.
• Lobell, John. 『침묵과 빛』(원제: *Between Silence and Light: Spirit in the Architecture of Louis I.* Kahn. Boulder: Shambhala, 1979.) 김경준 편역. 서울: 미건사, 1992.
• Lynch, Kevin. *The Image of the City.* Cambridge, Mass.: Technology Press, 1960.
• ——. *A Theory of Good City Form.* Cambridge, Mass.: MIT Press, 1981.
• Markowitz, Arnold L. *Louis Kahn and Paul Zucker: Two Bibliographies.* New York: American Association of Architectural Bibliographers, Garland Press, 1978.
• Marwick, Arthur. The Sixties: *Cultural Revolution in Britain, France, Italy, and the United States*, c.1958–c.1974. Oxford and New York: Oxford University Press, 1998.
• McCarter, Robert. *Louis I Kahn.* London; New York: Phaidon, 2005.
• Meier, Richard L. *Communications Theory of Urban Growth.* Cambridge: MIT Press, 1962.
• Merleau-Ponty, Maurice. 『간접적인 언어와 침묵의 목소리』 (원제: *Le langage indirect et les voix du silence*). 김화자 옮김. 서울: 책세상, 2005.
• Mumford, Eric. *The CIAM Discourse on Urbanism, 1928–1960.* Cambridge, Mass.: MIT Press, 2000.
• Mumford, Lewis. *The Culture of Cities.* New York: Harcourt, Brace and Company, 1938.
• ——. *City Development: Studies in Disintegration and Renewal.* New York: Harcourt, 1945.
• ——. ed. *Roots of Contemporary American Architecture: A Series of Thirty-Seven Essays Dating from the Mid-nineteenth Century to the Present.* New York: Reinhold, 1952.
• ——. *From the Ground Up: Observations on Contemporary Architecture, Housing, Highway Building, and Civic Design.* New York: Harcourt, Brace, 1956.
• ——. 김영기 옮김, 『역사 속의 도시: 그 기원, 변형과 전망』(원제: *The City in History: Its Origins, its Transformations and its Prospects*) New York: Harcourt, Brace and World, 1961), 서울: 명보문화사, 1993.
• ——. *The Highway and the City.* New York: Harcourt, Brace & World, 1963.

- ——. *The Urban Prospect.* New York: Harcourt, Brace & World, 1968.
- Nadal, Luc. *Discourse of Urban Public Space, USA 1960–1995: A Historical Critique.* Ph.D. diss., Columbia University, 2000.
- Ockman, Joan, ed. Architecture Culture, 1943–1968: A Documentary Anthology. New York: Rizzoli, 1993.
- Page, Sasha. "Louis Kahn and the Hill Central Project: Looking for a Village Green in a Model City." 1982.
- Reed, Peter S. *Toward Form: Louis I. Kahn's Urban Designs for Philadelphia, 1939–1962.* Ph.D. diss., University of Pennsylvania, 1989.
- Perez-Gomez, Alberto, and Louis Pelletier. *Architectural Representation and the Perspective Hinge*, Cambridge, Mass.: MIT Press, 1997.
- Philadelphia City Planning Commission. *Center City, Philadelphia: Major Elements of the Physical Development Plan for Center City.* Philadelphia: The Commission, 1960.
- ——. *Center City Redevelopment Area Plan.* Philadelphia: The Commission, 1967.
- Porphyrios, Demitri. ed. *On the Methodology of Architectural History.* London: Architectural Design, 1981.
- Riegl, Alois. "The Modern Cult of Monuments: Its Character and its Origin", in *Oppositions* 25 (Fall 1982): 21–50.
- Roche, Kevin, John G. Dinkeloo, Futagawa, Yukio, *Kevin Roche, John Dinkeloo and Associates, 1962–1975.* Fribourg: Office du livre, 1975.
- Rossi, Aldo. *A Scientific Autobiography.* Cambridge, Mass.: MIT Press, 1981.
- ——. 『도시의 건축』. 오경근 옮김. 서울: 동녘, 2003.
- Rykwert, Joseph. *The Idea of a Town: The Anthropology of Urban form in Rome, Italy and the Ancient World.* London: Faber and Faber, 1976.
- ——. *The Seduction of Place: the City in the Twenty-first Century.* New York: Pantheon Books, 2000.
- ——. *The Dancing Column: On the Order of Architecture.* Cambridge, Mass.: MIT Press, 1996.
- —— and Roberto Schezen. *Louis Kahn.* New York: Harry N. Abrams; 2001.
- Schwartz, Frederic, ed. *Venturi, Scott Brown and Associates.* trans. Carolina Vaccaro, Barcelona: Gustavo Gili, 1995.
- Scott-Brown, Denise. "Between Three Stools: A Personal View of Urban Design Pedagogy." *Architectural Design* special issue "Urban Concepts" (London: Academy Editions, 1990: 8–20.
- ——. "The Public Realm: The Public Sector and the Private Interest in Urban Design," *Architectural Design*, vol. 60, no. 83 (1990): 21.
- —— and Robert Venturi. "The Bicentennial Commemoration 1976." *Architectural Forum*

(Oct. 1969): 66–69.

- Scott, Mel. *American City Planning since 1890: A History Commemorating the Fiftieth Anniversary of the American Institute of Planners. Berkeley*: University of California Press, 1971.
- Scully, Vincent, Jr. "Light, Form, and Power: New Work of Louis Kahn," *Architectural Forum* 121. (August/September 1964): 169.
- ——. *American Architecture and Urbanism*. New York: Praeger, 1969.
- Sennett, Richard. *Flesh and Stone: The Body and the City in Western Civilization*. New York: W.W. Norton, 1994.
- ——. The Spaces of Democracy. 1998 Raoul Wallenberg Lecture. 1998.
- Sitte, Camillo. *City Planning According to Artistic Principles*. Translated by George R. Collins and Christiane Crasemann Collins. New York: Random House, 1965.
- Smiley, David J. "A Tale of Two Conferences: Urban Design and Urban Discourse in the mid-20th Century," paper for Urban Design: Premises, Pedagogies, and Practices, Conference, Columbia University, April 5–6, 2002.
- Solomon, Susan G. *Secular and Spiritual Humanism: Louis I. Kahn's Work for the Jewish Community in the 1950s and 1960s*. Ph.D. diss., University of Pennsylvania, 1997.
- ——. *Louis I. Kahn's Trenton Jewish Community Center*. New York: Princeton Architectural Press, 2000.
- Stern, Robert A. M. *New Directions in American Architecture*. New York: G. Braziller 1969.
- ——. 『미국건축의 신경향』. 정영수, 정영철 옮김. 서울: 산업도서, 1986.
- ——. *New York 1960: Architecture and Urbanism between the Second World War and the Bicentennial*. New York: Monacelli Press, 1995.
- Tafuri, Manfredo and Francesco Dal Co. *Modern Architecture*. trans. Robert Erich Wolf. New York: Electa/ Rizzoli, 1979.
- Tafuri, Manfredo. 『건축의 이론과 역사도시의 건축』. 김일현 옮김. 파주: 동녘, 2009.
- Teaford, Jon C. *The Twentieth-Century American City: Problem, Promise, and Reality*. Baltimore: Johns Hopkins University Press, 1986.
- Twombly, Robert, ed. *Louis Kahn: Essential Texts*. New York: W. W. Norton, 2003.
- Venturi, Robert. *Complexity and Contradiction in Architecture*. New York: Museum of Modern Art, 1966.
- Venturi, Robert, Denise Scott Brown, and Steven Izenour, *Learning from Las Vegas*. Cambridge, Mass.: MIT Press, 1972.
- Verschaffel, Bart. "The Monumental: On the Meaning of a Form," *Journal of Architecture*, vol 4 (1999): 333–336.
- Vesely, Dalibor. "Architecture and the Ambiguity of Fragment." in *The Idea of the City*.

ed. Robin Middleton. London: Architectural Association; Cambridge, Mass.: MIT Press, 1996. 108-121쪽.

- ——. *Architecture in the Age of Divided Representation: The Question of Creativity in the Shadow of Production*. Cambridge, Mass.: MIT Press, 2004.
- von Moos, Stanislaus. *Venturi, Scott Brown & Associates: Buildings and Projects, 1986-1998*. New York: Monacelli Press, 1999.
- ——. "Penn's Shadow." *Harvard Design Magazine*, no. 9 (Fall 1999): 45-51.
- Warnke, Georgia. 『가다머: 해석학, 전통 그리고 이성』. 이한우 옮김. 서울: 민음사, 1999.
- Warren, E. Marion and Michael P. McCarthy, *The Living City: Baltimore's Charles Center & Inner Harbor Development*. Baltimore: Maryland Historical Society, 2002.
- Weigley, Russell F. ed. *Philadelphia A 300-Year History*. New York: W. W. Norton, 1982.
- Welsch, Wolfgang. 『미학의 경계를 넘어』. 심혜련 옮김. 서울: 향연, 2005.
- Wesley, Richard. "Architecture and Its Interpretation: A Study of Expressive Systems in Architecture." *Journal of the Society of Architectural Historians*, vol. 40, no. 1, 1981: 83-84.
- Whiffen, Marcus. *The Architect and the City*. Cambridge: MIT Press, 1962.
- Whiting, Sarah. *The Jungle in the Cleaning: Space, Form and Democracy in America—1940-1949*. Ph.D. diss., M.I.T., 2001.
- William H. Wilson, *The City Beautiful Movement in Kansas City*. Columbia: University of Missouri Press, 1964.
- Wittkower, Rudolf. *Architectural Principles in the Age of Humanism*. 2nd ed., London: A. Tiranti, 1952.
- Wojtowicz, Robert. *Lewis Mumford and American Modernism: Eutopian Theories for Architecture and Urban Planning*. New York: Cambridge University Press, 1996.
- ——, ed. *Sidewalk Critic: Lewis Mumford's Writings on New York*. New York: Princeton Architectural Press, 1998.
- Wright, Gwendolyn. "The Image of the City, by Kevin Lynch," *Harvard Design Magazine*, no.16 (Winter/Spring 2002): 79-80.
- Wurman, Richard S., ed. *What Will Be Has Always Been: The Words of Louis I. Kahn*. New York: Rizzoli, 1986.
- Zepp, Ira G. *The New Religious Image of Urban America: The Shopping Mall as Ceremonial Center*. Niwot, Colo.: University Press of Colorado, 1997.
- Zucker, Paul, ed. *New Architecture and City Planning: A Symposium*. New York: Philosophical Library, 1944.
- ——. *Town and Square, from the Agora to the Village Green*. New York: Columbia University Press, 1959.

도판출처

- 표지사진: Courtesy Esther Kahn Collection, The Architectural Archives of the University of Pennsylvania
- 1-1, 2-1, 3-1 , 3-2, 3-15, 4-1, 4-3 , 4-4 , 4-7, 5-1 , 5-6, 5-7, 5-8, 5-9, 5-10, 5-11, 5-12, 5-13, 5-14, 5-15, 5-16, 5-17, 5-19, 6-1, 6-3, 6-4, 6-6, 6-7, 6-8, 6-9, 6-10, 6-11, 6-12, 6-13, 6-14, 6-15, 6-16, 6-17, 6-19, 6-20, 6-21, 6-22, 6-23, 6-24, 6-25, 6-26, 6-27, 6-28, 6-30, 6-31, 6-32, 7-1, 7-14, 7-15, 7-16, 7-17, 7-18, 7-19, 7-20, 7-21, 7-22, 7-23, 7-24, 7-25, 7-26, 7-27, 7-28, 7-29, 7-30, 7-31, 7-32, 7-33, 7-34, 7-35, 7-29, 7-30, 7-31, 7-32, 8-6, 8-8, 8-13 8-14, 9-1, 9-2, 9-4, 9-5, 9-6, 9-7, 9-8, 9-9, 9-11, 9-12, 9-13, 9-14, 9-15, 9-18, 9-19, 9-20, 9-21: Courtesy Louis I. Kahn Collection, The University of Pennsylvania and the Pennsylvania Historical and Museum Commission
- 1-2: *Journal of the American Institute of Planners*
- 1-3, 8-2 , 8-3, 8-5: The Architectural Archives of the University of Pennsylvania
- 3-7, 3-8, 3-9: T. H. Creighton, *The Architecture of Monuments; the Franklin Delano Roosevelt Memorial Competition* (New York, 1962)
- 3-10, 8-12, 8-15: H. Ronner and S. Jhaver, *Louis I. Kahn: Complete Work, 1935–1974* (Boston, 1987)
- 3-11, 4-10, 8-4: S. von Moos, *Venturi, Scott Brown & Associates: Buildings and Projects, 1986–1998* (New York, 1999)
- 3-12: *Journal of the Society of Architectural Historians*
- 4-2: *Evening Bulletin Philadelphia*
- 4-5, 4-6: Philadelphia City Planning Commission
- 4-8, 4-10, 5-7, 6-2, 6-18, 7-13, 7-37, 8-11, 9-10: 서정일
- 5-2, 5-3, 6-5, 7-2, 7-3, 7-4, 8-4: *Architectural Forum*
- 5-18: R. A.M. Stern, *New Directions in American Architecture* (New York, 1969)
- 6-29: M. Scott, *American City Planning Since 1980.* (Berkeley, 1971)
- 6-34: American Institute of Architects Kansas City Chapter
- 7-6: E. M. Warren and P. M. Michael, *The Living City: Baltimore's Charles Center & Inner Harbor Development* (Baltimore, 2002)
- 7-8, 7-11, 7-12, 7-36: Thomas Todd Collection, The Architectural Archives of the University of Pennsylvania
- 7-25: 박은우

출판사와 저자의 의도와 달리 확인하지 못했거나 오류가 있는 경우, 가장 빠른 개정판에서 바로잡겠습니다.

도판목록

7-19 루이스 칸, 내항계획, 단면 및 남쪽 입면
7-20 루이스 칸, 내항계획, 호텔, 평면
7-21 루이스 칸, 내항계획, 호텔, 단면
7-22 루이스 칸, 내항계획. 배치디자인, 청사진도면 위 색지 콜라주
7-23 루이스 칸, 내항계획, 배치도
7-24 루이스 칸, 내항계획
7-25 루이스 칸, 내항계획
7-26 루이스 칸, 내항계획, 오피스 건물 평면
7-27 루이스 칸, 내항계획, 볼륨디자인
7-28 루이스 칸, 내항계획, 배치도
7-29 루이스 칸, 내항계획, 프레젠테이션 스케치
7-30 루이스 칸, 내항계획, 프레젠테이션 스케치
7-31 루이스 칸, 내항계획, 프레젠테이션 스케치
7-32 루이스 칸, 내항계획, 프레젠테이션 스케치
7-33 루이스 칸, 내항계획, 모형사진
7-34 루이스 칸, 내항계획, 스케치
7-35 루이스 칸, 내항계획, 아파트 평면
7-36 WMRT, 볼티모어내항 마스터플랜
7-37 볼티모어 내항 전경

8-1 루이스 칸, 이스트윅 엑스포(1972~73)
8-2 비버리 지역 엑스포계획
8-3 델라웨어 엑스포 계획
8-4 벤추리와 스콧브라운, 이스트윅 엑스포
8-5 이스트윅 엑스포 계획
8-6 루이스 칸, 이스트윅 엑스포, 스케치
8-7 인디펜던스 몰 지역
8-8 인디펜던스 몰 (1960년대)
8-9 빌리지 그린 (1934년 시카고박람회 메리 잉글랜드)
8-10 리버티 벨
8-11 인디펜던스 몰
8-12 인디펜던스 몰과 미크베 유대교회당디자인
8-13 루이스 칸, 인디펜던스 몰 계획
8-14 루이스 칸, 인디펜던스 몰 계획, 스케치
8-15 루이스 칸, 인디펜던스 몰 계획
9-1 루이스 칸, 테헤란 압버스어버드, 스케치

찾아보기

부록
〈미출간 원고〉

나는 모든 생명에 혼이 있다고 확신한다… 그 비밀이 해명되면, 우리는 훨씬 더 많은 것을 이해하게 될 것이다. 더 넓은 공동성의 감각이 예술의 표현으로 들어와 예술가의 작업에 더 큰 통찰을 줄 것이고 어디든 널리 퍼진 질서와 공동성에 응답할 것이기 때문이다.

– 루이스 칸, "건축: 침묵과 빛" (1968)

침묵의 본질은 진정 공동성이다. 피라미드를 볼 때 침묵은 느껴진다. 원래의 영감이 뭐든, 피라미드 건설을 시작한 동기는 경이로운 것이다… 모든 상황이 사라진 뒤에 보면 침묵이 다시 보인다. 그래서 피라미드는 위대한 작품으로 존재한다.

– 루이스 칸, "침묵과 빛" (1969)

고유한 각자와 서로 다른 경험의 집단들이 다양한 측면의 인간성을 드러내는, 이 많은 사람들로 이루어진 세계는 더 풍부하게 인간적 동의를 감지할 가능성으로 가득 차 있으며 이 동의로부터 새로운 건축은 도래한다. 세계는 새 표현영역을 찾기 위해 지금의 기술을 실행함으로써 나온다고 기대할 수 없다. 나는 기술에 영감을 줘야 한다고 믿는다. 좋은 평면은 그것을 요구한다.

사람들의 동의는 늘 있었고 또 늘 있을 것이다. 이것은 측정가능한 질이 아니라 영원한 성질에 속한다. 그 본성에 주어지는 기회는 주변환경에 좌우되며 인간본성 자체를 인식하는 사건에 좌우된다. 도시는 그 도시의 시설의 성격으로 파악된다.

– 루이스 칸, "방, 길, 인간동의"Room, Street and Human Agreement (1971).

이제 활용성란 말이 시설이란 말보다 의미가 더 많다고 본다. 도시의 척도는 도시의 활용성의 특성에 있다.[5)]

Myron Goldfinger, Village in the Sun:
"Mediterranean Community Architecture (1969)의 서문,
루이스 칸의 글

질서의 두루 퍼짐[prevailance]
공동성의 두루 퍼짐[prevailance]
존재는 질서로운 것.
질서잡혀 있으려는 바람이 삶.
사는 것은 표현하는 것.

화성의 대기가 옅은 것은 이런 두루 퍼짐이 있음을 말한다. 태도나 선택처럼, 삶의 형태와 모양의 성격에 대한 벡터들이 아니라 말이다.
지구는 우주공간에서 보면 처음인 듯 경이롭게 느껴진다. 태양계에서 독특한 이 푸르스름한 장밋빛 보석은 인간의 작품이 그 어떤 것과도 다르다는 사실을 깨닫게 한다.
시원Beginning을 추구하는 건설자라면 공동성에 대한 감정과 자연의 영감에 자극받는다.
한 조각 지식으로 인해 경이로움은 직관으로 직관은 표현의 행위로 향한다. 표현하려는 바람은 산, 물, 바람의 존재 속에서 가능성을 느낀다. 땅site은 가능성을 확인시켜 주고, 땅은 인간의 장소를 만드는 데의 시원에 대한 동의를 고무한다. 최초의 인간시설인 정주지가 단순한 기초에 의해 확인된다.
인간의 작품은 인간의 본성을 드러낸다.
한 작품의 시대는 자체적인 타당성을 지닌다. 그 타당성으로부터 진리의 감각이 끌어내어져 다른 시대의 작품에 영감을 준다.
단순한 정착지로부터 시작하여 도시는 제도가 모인 장소가 됐다.
더 높은 수준의 표현을 열망하는 인간의 바람에 대한 봉헌과 공동성에 민감한 사람들이 제도들을 세웠고, 한 도시의 위대함의 척도는 그 제도들의 성격에 있다.
섬 부락 산의 장소는 그것들의 단순한 진리를 위해 우리를 이끈다.
도시를 위해 그것들을 남겨두는 것은 새로운 시작에 대한 신념을 되살림에 틀림없다. 도시는 더 위대하고 더 위대해야 한다.
공통성이 예술 정신the spirit Art이다.
한 예술작품은 예술에 대한 하나의 공헌이다.

〈이백주년 사업에 대한 칸의 언술〉

내 생각은, 자신의 삶을 위한 선택의 자유를 미국국민에게 심어준 영감의 저력을 세상에 내보이는 것이다. 미국에서는 심지어 폭력배가 돼서 그 비사회적 저항의 헌법적 권리를 미국의 자유의 법에서 찾아 내 줄 수 있는 변호사도 구할 수 있다. 이런 자유의 감각, 그리고 그 덕택에 모든 개인에게 표현의 기회가 주어지는 것은, 인간에게 속한 제도를 세우는 미국인의 위대한 감각을 잘 보여준다.

중동전쟁을 어떻게 봐야 할지, 왜 그런 이상한 일에 대항해서 이스라엘은 적절한 행동시점과 권리의 힘을 느낄 수 있었나 생각하던 중이었다. 그 용기의 기반이 된 것은, 이스라엘이 주변국과 달리 국민에게 시설을 부여한 나라로는 유일했기 때문이라고 생각한다. 이집트가 모든 개인이 수용할 수 있는 교육제도를 가지고 있는가? 아마 요르단, 시리아, 레바논, 이집트의 국민 3퍼센트만 교육을 받을 것이며 그 나라를 다 합쳐도 작은 나라인 이스라엘에 있는 진료소, 병원, 레크리에이션 장소의 1할도 안 될 것이다. 이런 소속감과 그 결과로서 자기 소속에 대한 충성심은 살려는 의지, 능가하려는 의지를 일으키며, 이스라엘이 전쟁을 이긴 것은 그 능가하려는 정신과 열망이라고 믿는다. 탱크 수와 군인 수가 아닌 것이다.

미국엔 이런 특질이 여러 가지 방식으로 있다. 처음엔 영국과 프랑스의 제도를 채택해서 시작했지만 이제 미국은 우리의 영감에 대한 자체의 믿음을 가지고 있음이 분명하다. 나는 독립선언서 서명 이백주년 기념은 인간제도의 의미의 집회가 될 수 있으리라 믿는다.

미국이 교육, 정치, 보건, 종교, 복지의 제도를 설립하는데 있어서 미국 자체의 독특함에 기대는 것 같은 방식으로, 다른 나라들은 선택된 소수만이 아닌, 자기 국민 모두를 새로운 기쁨과 존엄의 느낌에 끌어올릴 제도를 채택함으로써 나라마다 특성을 찾을 것이다.

내 제안은, 이백주년집회가 제도의 도덕적 힘을 의식하게 하는 집회가 돼야 한다는 것이며, 또한 그토록 많은 것과 앞으로 만들어질 것을 만들 우리가 모든 나라에서 독특한 제도들을 설립하는 욕망을 낳을, 철학, 신념, 실행에 있어서 우리가 모든 나라의 주최자가 돼야 한다는 것이다. 이것은 무기력한 포기와 죽은 정신에 대한 전쟁선포가 될 것이다.

미망인 케네디 여사가 우리 사무소를 찾아 왔을 때도 나는 비슷한 생각을 케네디기념도서관에 대해서 전했다. 나는 그 도서관이 고대와 현대의 제도의 기록을 모을 수 있다고 생각했고, 인간에게 주어진 제도의 의미와 특성에 대한 토론과 모임의 중심이 될 수 있다고 봤다. 정치인의 궁극적 목표가 제도와 그것이 효과를 낳을 환경을 만드는 것임을 고려함으로써, 존 F.

케네디에게 불어 넣어진 정치적 삶의 의미가 갈피를 잡게 된다.

첫 회의 정리문서를 읽고 나는 우리에게 이미 인디펜던스 몰, 서사이어터 힐, 파크웨이의 박물관, 학교—물리적 계획의 핵으로서의 환경—가 있지만 이 장소들에 연결의 건축이 부족할 뿐이란 것, 즉, 기념의 중심목적과 연결의 건축에 생각을 기울여야 할 것이라 말할 수 있다.

또한 말하고 싶은 것은 미국전체가 이 기념사업에 동참해야 한다는 리차드 워먼의 제안에 깊이 공감하며, 초기 13개주에 중심을 둔 국가적 투어라는 아이디어가 시작돼야 한다는 데 공감한다. 하지만, 시간이 충분히 없어서 이것이 부담된다면, 필라델피아가 그 규모와 이 기념사업의 정신에 있어서 그 정신을 포괄할 자연스런 중심부인 것은 확실하다.

물리적 필요방식에서 맨 먼저 떠오르는 것은 입구에 가득 모인 군중, 그리고 이곳에 건축적 표현을 부여하는 것에 대한 인식이다. 달리 말해, 항공 · 철도 · 자동차 · 헬리콥터 · 버스로 들어오는 관문의 건축적 사실주의와 영광스러움이다. 지금 건축가에게 이 문제가 주어진다면, 나는 현재 있는 아마도 행위의 새 장소에 연결하는 건축이 더 자연스럽게 자리를 차지할 거라 본다.

기념사업 목적이 인간제도의 철학적 토론, 채택의 정치적 도구에 관해 지도자들과 세계의 민중을 유치하는 것이 된다면, 물리적인 것과 정신적 프로그램이 통일될 것이다.